大數據分析與應用

基於IBM客戶預測性智能平台

蹇潔 主編

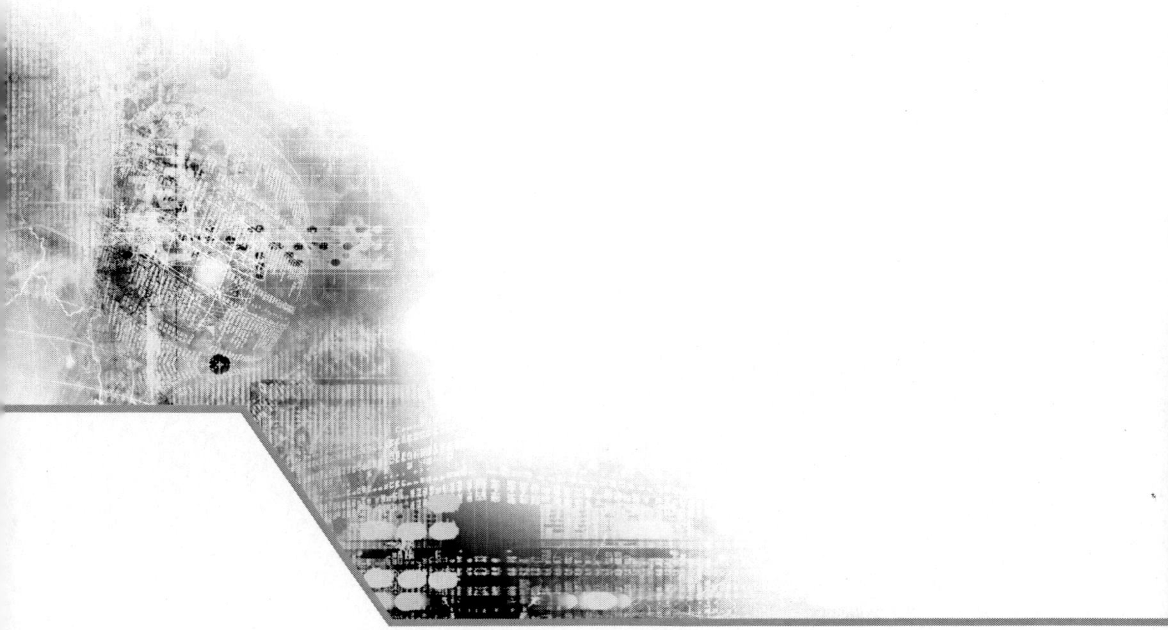

崧燁文化

前言

《大數據分析與應用——基於 IBM 客戶預測性智能平臺》是 IBM Predict Customer Intelligence 數據分析軟件的指導教程，用於大數據分析與應用、數據挖掘等與數據分析相關的綜合性課程。該指導書注重理論與實踐相結合，把上機實驗作為課程實踐的重要環節，是教學過程中不可或缺的部分。實驗課程與理論課程不同，要充分體現「以學生為中心」的模式，應以學生為主體，充分調動學生的積極性和能動性，重視學生自學能力與動手能力的培養。本書是數據分析相關課程的配套實驗教材，編寫這本書的目的是滿足高校工商管理、電子商務、物流工程、信息管理與信息系統等專業學生學習之用。本書結合大數據的理論與實踐，突出數據分析的應用分析，在實驗中適當安排了具備認知性、操作性、驗證性、綜合性等特點的相關實驗，以培養學生的動手能力、創新能力。

本教材實踐環節通過對數據分析工具的詳細介紹和對相關的行業案例的引用，加深學生對課堂教學內容的理解，增加其對大數據的感性認識，增強學生的實際動手能力，培養數據分析的意識與能力。本書共分為五章：第一章是 IBM 預測性客戶智能介紹，引出大數據時代背景下的預測性客戶分析；第二章是 IBM 預測分析平臺系統介紹，涵蓋了 IBM 預測性客戶智能的整個框架、DB2 數據庫、Data Studio、SPSS Modeler、Cognos 系列；第三章是預測模型，主要介紹了在實驗部分所用的案例預測模型；第四章是預測性客戶智能平臺系統的基礎操作，針對 IBM 預測性客戶智能的 DB2、SPSS Modeler、Cognos 工具，介紹了數據庫連接以及工具的基本操作步驟；第五章是 IBM 預測性客戶智能平臺系統的應用，教師可根據理論課上課需要結合本章行業案例進行相關知識的講解。此外，本書所需的故障排除措施、術語解釋及資料來源均在附錄部分有所體現。

全書由寨潔教授負責主編，廖顯、餘海燕、陳思祁、餘若雪負責全書的統稿。具體參編人員分工如下：前言及第一章中 IBM 預測性客戶智能介紹（寨潔、牛舒），第二章 IBM 預測分析平臺系統介紹（廖顯、張燕雙），第三章行業案例預測模型介紹（餘海燕、張英培），第四章預測性客戶智能平臺系統的基礎操作（武建軍、楊夢麗），第五章預測性客戶智能平臺系統的應用（陳思祁、餘若雪）。此外，劉路元、王金波、盧敬芝、李東雲、羅才林等參與了本書所需資料的收集工作及相關文稿的翻譯。陳粵、左逸飛、王健林、龍文思等參與了本書的實驗

設計。

　　在本書的撰寫過程中，得到了諸多同仁的幫助，在此對大家的辛勤工作表示誠摯的感謝！在撰寫本書的過程中，編者參考和吸收了國內外相關領域的教學思想和教學內容，但由於數據分析所涉及的相關技術飛速發展，且鑒於我們的水平有限、時間倉促，書中難免有不妥之處，懇請讀者與同行批評、指正！

編　者

目 錄

第一章　IBM 預測性客戶智能簡介　/ 1
　　第一節　基於預測性客戶分析的大數據時代到來　/ 1
　　第二節　IBM 預測性客戶智能平臺方案簡述　/ 2
　　第三節　IBM 預測性客戶智能方案的價值　/ 3
　　第四節　IBM 預測性客戶智能的業務優勢　/ 3

第二章　大數據預測性客戶智能平臺系統介紹　/ 5
　　第一節　預測性客戶智能框架介紹　/ 5
　　第二節　DB2 數據庫　/ 6
　　　　一、DB2 介紹　/ 6
　　　　二、Data Studio 工具介紹　/ 6
　　第三節　SPSS Modeler 簡介　/ 7
　　　　一、SPSS Modeler 概述　/ 7
　　　　二、SPSS Modeler 節點介紹　/ 11
　　第四節　Cognos 系列簡介　/ 29
　　　　一、Cognos BI 概述　/ 29
　　　　二、Cognos Framework Management 簡介　/ 31

第三章　預測模型　/ 33
　　第一節　數據源　/ 33
　　第二節　電信呼叫中心案例的預測模型　/ 34
　　　　一、客戶流失率模型　/ 35
　　　　二、客戶滿意度模型　/ 36
　　　　三、客戶關聯模型　/ 37
　　　　四、客戶回覆傾向模型　/ 37
　　　　五、分析決策管理中的電信模型　/ 38
　　第三節　電信移動端的預測模型　/ 38
　　　　一、用於移動端案例的聚合模型　/ 38

二、預測流失模型　　／39
　　三、呼叫中心預測模型　　／39
　　四、建議接受傾向預測模型　　／39
第四節　零售案例的預測模型　　／39
　　一、數據準備為零售提供解決方案　　／40
　　二、客戶細分模型　　／41
　　三、購物籃分析模型　　／42
　　四、客戶親和模型　　／43
　　五、響應日誌分析模型　　／43
　　六、庫存建議模型　　／44
　　七、零售案例中的部署模型　　／45
　　八、使用零售案例模型分析 IBM 決策管理　　／45
第五節　保險案例的預測模型　　／46
　　一、保險案例中使用的數據　　／47
　　二、客戶分割模型　　／47
　　三、客戶流失預測模型　　／48
　　四、客戶終身價值模型（CLTV）　　／48
　　五、活動反饋模型　　／50
　　六、人生階段模型　　／50
　　七、購買傾向模型　　／50
　　八、保單推薦模型　　／50
　　九、數據處理模型　　／50
　　十、社群媒體分析模型　　／51
　　十一、情緒評分模型　　／51
　　十二、保險數據模型　　／51
第六節　銀行案例的預測模型　　／53
　　一、親和力分類模型　　／54
　　二、客戶流失率模型　　／54
　　三、拖欠信用卡模型　　／54
　　四、客戶分類模型　　／54

五、序列分析模型　　/ 54
　　六、訓練預測模型　　/ 55
　　七、評估模型　　/ 55
　　八、商務規則模型　　/ 55
　　九、部署　　/ 55

第四章　預測性客戶智能平臺系統的基礎操作　　/ 56
第一節　數據庫連接操作　　/ 56
　　一、實驗目的　　/ 56
　　二、實驗原理　　/ 56
　　三、實驗內容　　/ 58
　　四、實驗步驟　　/ 59
第二節　SPSS Modeler 中模型的建立　　/ 73
　　一、實驗目的　　/ 73
　　二、實驗原理　　/ 73
　　三、實驗內容　　/ 73
　　四、實驗步驟　　/ 74
第三節　Cognos Framework Management 創建元數據模型　　/ 94
　　一、實驗目的　　/ 94
　　二、實驗原理　　/ 94
　　三、實驗內容　　/ 94
　　四、實驗步驟　　/ 94
第四節　Cognos BI 製作可視化報表　　/ 112
　　一、實驗目的　　/ 112
　　二、實驗原理　　/ 112
　　三、實驗內容　　/ 113
　　四、實驗步驟　　/ 113

第五章　預測性客戶智能平臺系統的應用　/ 118

第一節　電信行業案例　/ 118
一、實驗目的　/ 118
二、實驗原理　/ 118
三、實驗內容　/ 118
四、實驗步驟　/ 118

第二節　保險行業案例　/ 135
一、實驗目的　/ 135
二、實驗原理　/ 135
三、實驗內容　/ 135
四、實驗步驟　/ 135

第三節　零售行業案例　/ 167
一、實驗目的　/ 167
二、實驗原理　/ 167
三、實驗內容　/ 167
四、實驗步驟　/ 167

第四節　銀行行業案例　/ 186
一、實驗目的　/ 186
二、實驗原理　/ 186
三、實驗內容　/ 186
四、實驗步驟　/ 186

附錄 A　使用報表的配置　/ 215

附錄 B　故障排除問題　/ 222

附錄 C　術語解釋　/ 224

附錄 D　資料來源　/ 227

第一章　IBM 預測性客戶智能簡介

第一節　基於預測性客戶分析的大數據時代到來

當前的企業擁有來源廣泛的大量客戶數據。儘管大多數企業認為這些數據可帶來潛在的收益，但是，在將信息有效地轉化為可行的洞察力方面，許多企業面臨著困難。有效的客戶分析戰略有助於企業增加收入，避免不必要的成本支出，並且提高客戶滿意度。消費者和企業每天產生 2.5 Quintillion（1 Quintillion 相當於 10 的 18 次方）字節的數據。事實上，當前，全球 90% 的數據是在過去兩年中創造的。這些數據來源多樣：用於收集氣候信息的傳感器、社交媒體中發布的帖子、在線發布的數碼照片和視頻、銷售點（POS）數據、在線購物交易記錄、電子郵件內容和移動電話 GPS 信號等。由於上網設備和雲服務的價格低廉，世界已經從現實互連向虛擬互連方式轉變，與以前相比，產生了更多與客戶相關的數據，並且能在更短的時間內完成數據的傳輸。如今，大多數企業高管都認識到了收集客戶相關數據的價值。然而，許多人面臨的挑戰是如何從這些數據中獲得洞察力，繼而創造智慧的、主動的、與客戶相關的交互通路。他們不確定如何有效地使用客戶數據做決策，才能將洞察力轉變為銷售業績的增長。採用業務分析的企業可以全面地利用數據、統計和定量分析、探索式和預防性建模以及基於事實的管理，從而在當前複雜的環境中做出更明智的決策。

IBM 預測性客戶智能可以幫助人們瞭解目前狀況以及下一步的目標，從依靠猜測進行決策轉變為依靠預測進行決策。它可以幫助用戶分析自己的結構化和非結構化數據中的趨勢、模式和關係，運用這些內容來預測將來的事件，並採取行動以實現期望的成果。無論用戶從事市場行銷、客戶服務、銷售、財務、營運還是其他業務領域的工作，都可以隨時運用 IBM 預測性客戶智能軟件中豐富的高級功能，包括在內部部署、在雲中部署以及混合解決方案的形式。本產品服務組合將統計分析、預測建模、決策優化和計分、數據收集等功能結合在一起，為用戶提供各種工具，解決組織所面臨的所有數據難題，實現更好的成果。IBM 的預測性分析解決方案能夠滿足不同用戶的各種需求，無論他們是剛剛入門的，還是經驗豐富的分析人員。這些解決方案支持各種規模的企業（無論是中小企業還是大

型企業）利用預測性智能的強大能力，為戰術性和戰略性的決策指引方向。因此，大數據時代對人類的數據駕馭能力提出了新的挑戰，也為人們獲得更為深刻、全面的洞察能力提供了前所未有的空間與潛力。

第二節　IBM 預測性客戶智能平臺方案簡述

IBM 預測性客戶智能（Predictive Customer Intelligence, PCI）平臺根據每個獨特客戶的購買行為、Web 活動、社交媒體參與情況等，提供與該客戶最相關的建議，從而個性化客戶體驗。通過使用自動化，該集成軟件解決方案將從多個內部和外部源收集客戶信息，並對客戶行為進行建模。然後，通過評分為用戶提供可執行的定制行動，以在正確的時間向正確的客戶提供正確的購物建議。

IBM 預測性客戶智能平臺包含以下功能，可幫助用戶在與客戶接洽的關鍵點自信地推薦個性化的相關建議：

1. 預測分析，可幫助用戶預測每個客戶的行為

（1）將數據轉變為洞察，幫助用戶判斷每個客戶很可能需要的產品或接下來的行動，如接受購物建議、拖欠抵押貸款或取消保單。

（2）通過預測技術指導一線客戶交互和體驗。

（3）使用高級客戶流失率模型預測並前瞻性地控制客戶保留時間。

（4）參與精準行銷活動，前瞻性地識別客戶服務問題。

2. 決策管理，可將預測模型評分轉換為相應的行動

（1）為每個具體的客戶交互提供推薦的行動。

（2）近乎實時地利用自動化且經過優化的交易決策。

（3）通過靈活且直觀的用戶界面，針對每個客戶交互開發和實施有針對性的配置和內容。

3. 實時評分，可隨需生成和重新生成預測

（1）對交易數據（例如大規模銷售、客戶服務和索賠交易）持續評分。

（2）為客服人員、行銷人員和業務分析員提供最新預測，而非預先計算好的靜態歷史記錄。

（3）支持一線人員在與客戶交互時根據預測採取行動，並在瞭解到新信息後做出反應。

4. 跨行銷活動進行優化，可識別針對每個客戶來說最有利的決策

（1）跨所有渠道，使行銷活動的成果增加 20%。

（2）掃描多個行銷活動和業務約束，以查找最符合行銷活動的客戶。

（3）將業務規則邏輯與通過預測建模獲得的洞察相結合。

5. 客戶生命週期價值細分，可對客戶進行分類，並提供保留時間建議

（1）根據生命週期價值的可能性，使用客戶細分方法對客戶進行分類。

（2）接收自動生成的行動分配策略，該策略已針對長期期望的獎勵進行了

優化。

（3）根據客戶生命週期價值細分，使用建議的行動留住客戶。
（4）使客戶細分和建議結果可視化。

第三節　IBM 預測性客戶智能方案的價值

1. 市場部門

（1）對每個客戶的交互數據、態度數據、描述數據以及行為數據進行整合，形成 360 度的獨特客戶視圖，並且加以細分。同時能夠基於數據流實時刷新客戶視圖，確保反應最真實的客戶記錄；
（2）能夠定義市場細分群體；
（3）在實時接觸當中，提供了交叉銷售及向上銷售方案；
（4）形成有效的市場活動——正確的時間、正確的地點、正確的方案；
（5）實時監測客戶異動，主動提供客戶挽留方案；
（6）客戶生命週期理論驅動；
（7）提供 IBM Unica 即插即用的鏈接。

2. 客戶服務部門

（1）線上、線下的任意接觸點，都能夠為客戶提供個性化的服務體驗；
（2）通過提供個性化或客戶最有可能響應的方案，延長客戶生命週期；
（3）為每個客戶匹配適合的客戶代表，提高服務質量以及效率；
（4）提供與客戶接觸的最優方式——線下溝通、智能手機、電子郵件、呼叫中心、社交網路等。

3. 銷售部門

（1）為銷售部門提供一致的全面客戶視圖，以便銷售人員全面洞察客戶；
（2）在與客戶的接觸當中，實時提供交叉銷售/向上銷售的專業洞察；
（3）通過提供價格敏感度分析來提升利潤和收入。

4. 客戶體驗及洞察部門

（1）基於客戶個體以及細分市場，均能提供一致的全面客戶視圖；
（2）通過全品牌分析，識別影響效益的重要驅動因素，並改善整個企業的戰略以及營運。

第四節　IBM 預測性客戶智能的業務優勢

IBM 預測性客戶智能綜合不同數據源數據，形成 360 度客戶視圖，獲得客戶洞察，並能根據客戶的獨特需求，提供個性化的客戶體驗，大大提高客戶的滿意度。

IBM PCI 解決方案是 IBM 全球智慧戰略的重要組成部分，從研發、銷售、服

務、支持等各個方面都得到了極大支持。

　　IBM 是全範圍的高級分析提供商，提供業界頂尖的分析廣度、深度。

　　IBM 預測性客戶智能提供開箱即用的預置分析模板，匯集行業專家經驗，盡享全球最佳實踐。

　　IBM 預測性客戶智能擁有靈活易用的操作界面，使整個企業都可以分享數據分析產生的價值。

　　IBM SPSS 西安研發實驗室擁有超過 200 人的專業技術力量，為中國用戶提供無與倫比的技術支持和響應。

第二章　大數據預測性客戶智能平臺系統介紹

第一節　預測性客戶智能框架介紹

IBM 預測性客戶智能的整體框架如圖 2.1 所示，其中主要是由三個部分構成，分別是分析、實時配置以及可操作視圖。而 Omni-channel 主要是整合業務流程和模型數據。

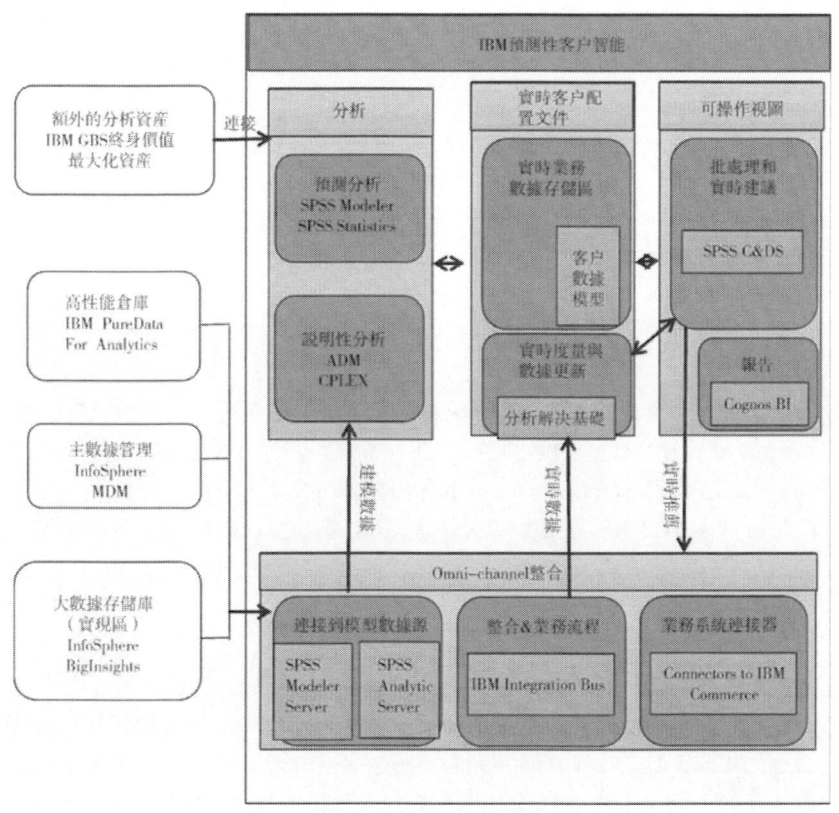

圖 2.1　IBM PCI 框架介紹

分析主要由兩部分構成，一部分是預測性分析 SPSS 系列，另一部分是說明性分析，這部分可對數據進行分析，獲得用戶的最大化資產。其中，建模數據通過 Omni 管道整合，實現數據的存儲。實時客戶配置主要包括實時業務存儲區、實時度量和數據更新，由 DB2 和客戶數據模型構成，並通過 IBM Integration Bus 軟件整合業務流程。可操作視圖包括批處理、實時建議、可視化報告，其中 SPSS C&DS 軟件與實時業務數據存儲區形成互動，及時反饋信息；Cognos 是呈現可視化視圖的最佳工具。

Omni 管道的主要功能是管理數據，其作用是一個高性能倉庫，實現主數據管理和大數據的存儲。

第二節　DB2 數據庫

一、DB2 介紹

IBM DB2 是美國 IBM 公司開發的一套關係型數據庫管理系統，它主要的運行環境為 UNIX（包括 IBM 自家的 AIX）、Linux、IBM i（舊稱 OS/400）、z/OS 以及 Windows 服務器版本。

DB2 主要應用於大型應用系統，具有較好的可伸縮性，可支持從大型機到單用戶環境，應用於所有常見的服務器操作系統平臺。同時提供了高層次的數據利用性、完整性、安全性、可恢復性，並且具備從小規模到大規模應用程序的執行能力，具有與平臺無關的基本功能和 SQL 命令。DB2 採用了數據分級技術，能夠使大型機數據很方便地下載到 LAN 數據庫服務器，使得客戶機/服務器用戶和基於 LAN 的應用程序可以訪問大型機數據，並使數據庫本地化及遠程連接透明化。DB2 以擁有一個非常完備的查詢優化器而著稱，其外部連接改善了查詢性能，並支持多任務並行查詢。DB2 具有很好的網路支持能力，每個子系統可以連接十幾萬個分佈式用戶，可同時激活上千個活動線程，對大型分佈式應用系統尤為適用。

DB2 除了可以提供主流的 OS/390 和 VM 操作系統，以及中等規模的 AS/400 系統之外，IBM 還提供了跨平臺（包括基於 UNIX 的 LINUX，HP‐UX，SunSolaris，以及 SCOUnixWare；還有用於個人電腦的 OS/2 操作系統，以及微軟的 Windows 2000 和其早期的系統）的 DB2 產品。DB2 數據庫可以通過使用微軟的開放數據庫連接（ODBC）接口，Java 數據庫連接（JDBC）接口，或者 CORBA 接口代理被任何的應用程序訪問。

二、Data Studio 工具介紹

IBM Data Studio 是一款用於開發數據庫應用程序、管理數據庫以及優化 SQL 查詢的集成工具。IBM Data Studio 不僅支持 DB2 LUW 的操作，還支持其他主流數據庫如 DB2 z/OS、ORACLE 等。它主要提供數據庫的管理，數據庫應用程序的開發功能，同時也集成了 IBM Optim 家族中另一款產品 OQWT 的 SQL 調優的基

本功能，而且這些功能都是免費的。另外 IBM Data Studio3.1.1 的工具包中還包括一個叫 Web Console 的工具，它允許用戶通過瀏覽器監測數據庫的性能和狀態。DB2 控制中心所能完成的所有的數據庫的管理功能，Data Studio 都可以實現，並且在 Data Studio3.1.1 中對這些功能還做了很多的改進，同時也增加了一些 DB2 控制中心不具備的數據庫管理功能。

Data Studio 包含三個組件：完整客戶端、管理客戶端 和 Web 控製臺。管理客戶端是一個輕量級工具，用於管理數據庫和滿足 DB2 for LUW 及 DB2 for z/OS 的大部分開發需求。完整客戶端擴展了管理客戶端的功能，可以支持 Java™、SQL PL 和 PL/SQL 例程、XML 編輯器及其他技術的開發。

第三節　SPSS Modeler 簡介

一、SPSS Modeler 概述

IBM SPSS Modeler 是業界領先的數據挖掘平臺軟件，通過這些工具可以採用商業技術快速建立預測性模型，並將其應用於商業活動，從而改進決策過程。SPSS Modeler 參照行業標準 CRISP-DM 模型設計而成，可支持從數據到更優商業成果的整個數據挖掘過程。IBM SPSS Modeler 提供了完全可視化的圖形化界面，構建數據挖掘模型且無需使用者進行編程，通過節點的拖拽連接就可以輕鬆快捷地進行自助式的數據處理與數據挖掘過程。接下來對 SPSS Modeler 中涉及的概念進行解釋。

1. 節點

節點代表要對數據執行的操作。

例如，假定用戶需要打開某個數據源、添加新字段、根據新字段中的值選擇記錄，然後在表中顯示結果。在這種情況下，用戶的數據流應由以下四個節點組成（圖 2.2）：

 📄	變量文件節點，設置此節點後可以讀取數據源中的數據。
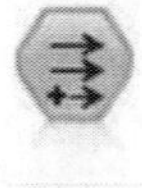 ⇅	導出節點，用於向數據集中添加計算的新字段。
 -?-	選擇節點，用於設置選擇標準，以從數據流中排除某些紀錄。
 ▦	表節點，用於在屏幕上顯示操作結果。

圖 2.2　節點示例

2. 數據流

SPSS Modeler 進行的數據挖掘重點關注通過一系列節點運行數據的過程，我們將這一過程稱為數據流。也可以說 SPSS Modeler 是以數據流為驅動的產品。這一系列節點代表要對數據執行的操作，而節點之間的鏈接指示數據的流動方向。如上面提到的四個節點可以創建如下數據流（圖2.3）：

圖2.3　數據流示例

通常，SPSS Modeler 將數據以一條條記錄的形式讀入，然後通過對數據進行一系列操作，最後將其發送至某個地方（可以是模型或某種格式的數據輸出）。使用 SPSS Modeler 處理數據的三個步驟：

（1）將數據讀入 SPSS Modeler；
（2）通過一系列操縱運行數據；
（3）將數據發送到目標位置。

在 SPSS Modeler 中，可以通過打開新的數據流一次性處理多個數據流。會話期間，可以在 SPSS Modeler 窗口右上角的流管理器中管理打開的多個數據流（圖2.4）。

圖2.4　流管理器

3. 節點選項板

節點選項板位於流工作區下方窗口的底部（圖2.5）。

圖2.5　節點選項板

每個選項板選項卡均包含一組不同的流操作階段中使用的相關節點，如：

（1）源：此類節點可將數據導入 SPSS Modeler，如數據庫、文本文件、SPSS Statistics 數據文件、Excel、XML 等。

（2）記錄選項：此類節點可對數據記錄執行操作，如選擇、合併和追加等。

（3）字段選項：此類節點可對數據字段執行操作，如過濾、導出新字段和確定給定字段的測量級別等。

（4）圖形：此類節點可在建模前後以圖表形式顯示數據。圖形包括散點圖、直方圖、網路節點和評估圖表等。

（5）建模：此類節點可使用 SPSS Modeler 中提供的建模算法，如神經網路、決策樹、聚類算法和數據排序等。

（6）數據庫建模：節點使用 Microsoft SQL Server、IBM DB2 和 Oracle 數據庫中可用的建模算法直接在數據庫裡進行建模及評估。

（7）輸出：節點生成數據、圖表和可在 SPSS Modeler 中查看的模型等多種輸出結果。

（8）導出：節點生成可在外部應用程序（如 IBM SPSS Data Collection 或 Excel）中查看的多種輸出。

IBM SPSS Statistics：節點將 IBM SPSS Statistics 數據導入或導出為 SPSS Statistics 數據，以及運行 SPSS Statistics 提供的功能。

隨著對 SPSS Modeler 的熟悉，用戶可以在收藏夾自定義常用的選項板內容。

4. 使用節點和流

要將節點添加到工作區，請在節點選項板中雙擊圖標或將其拖放到工作區。已添加到流工作區的節點在連接之前不會形成數據流，可以將各個圖標連接以創建一個表示數據流動的流，節點之間的連接指示數據從一項操作流向下一項操作的方向。

SPSS Modeler 中最常見的鼠標用法如下所示：

（1）單擊。使用鼠標左鍵或右鍵選擇菜單選項，打開上下文相關菜單以及訪問其他各種標準控件和選項。單擊節點並按住按鍵可拖動節點。

（2）雙擊。雙擊鼠標左鍵可將節點置於流工作區，編輯工作區現有節點。

（3）中鍵單擊。單擊鼠標中鍵並拖動光標可在流工作區中連接節點。雙擊鼠標中鍵可斷開某個節點的連接。如果沒有三鍵鼠標，可在單擊並拖動鼠標時通過按 Alt 鍵來模擬此功能。

創建了流以後，可以對流進行保存、添加註解、將其添加到工程。從文件主菜單中，選擇流屬性還可以為流設置各種選項，如日期和時間設置、參數和腳本。使用流屬性對話框中的消息選項卡，可以輕鬆查看有關運行、優化和模型構建以及評估所用時間等流操作有關的消息，流操作的錯誤消息也將在這裡報告。

5. SPSS Modeler 管理器

可以使用流選項卡打開、重命名、保存和刪除在會話中創建的多個流（圖 2.6）。

圖2.6　流管理器

輸出選項卡中包含由 SPSS Modeler 中的流操作生成的輸出或圖形文件。用戶可以瀏覽、保存、重命名和關閉此選項上列出的表格、圖形和報告（圖2.7）。

圖2.7　輸出文件管理器

模型選項卡是管理器選項卡中功能最強大的選項卡。該選項卡中包含所有模型塊，如當前會話中生成的模型，通過 PMML 導入的模型等。這些模型可以直接從模型選項卡上瀏覽或將其添加到工作區的流中進行數據分析（圖2.8）。

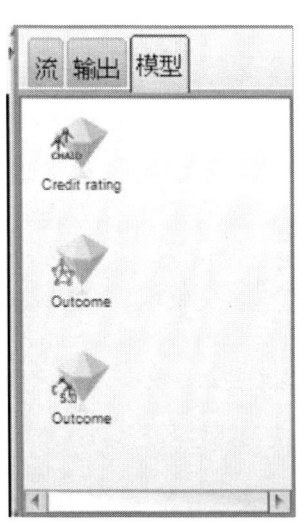

圖2.8　模型管理器

窗口右側底部是工程工具，用於創建和管理數據挖掘工程（與數據挖掘任務相關的文件組）。有兩種方式可查看用戶在 SPSS Modeler 中創建的工程—類視圖或 CRISP-DM 視圖。

依據跨行業數據挖掘過程標準，CRISP-DM 選項卡提供了一種組織工程的方

式。不論是有經驗的數據挖掘人員還是新手，使用 CRISP-DM 工具都會使用戶事半功倍（圖 2.9）。

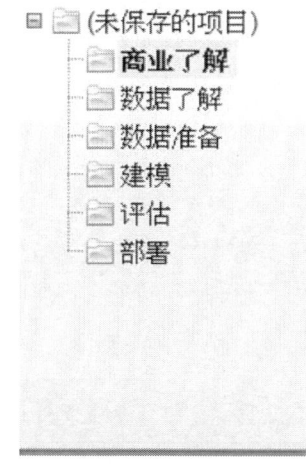

圖 2.9　工程工具 –CRISP-DM 視圖

類選項卡提供了一種在 SPSS Modeler 中按類別（按照所創建對象的類別）組織用戶工作的方式。此視圖在獲取數據、流、模型的詳盡目錄時十分有用（圖 2.10）。

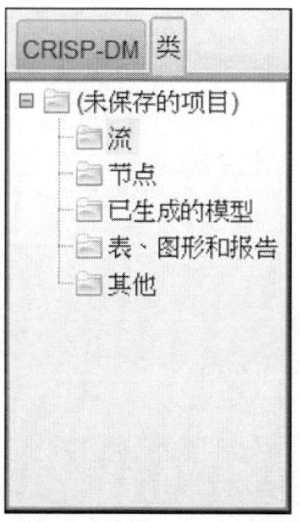

圖 2.10　工程工具 – 類視圖

二、SPSS Modeler 節點介紹

IBM SPSS Modeler 提供了多個數據源節點用於讀取各種（異構）數據源格式，這些格式包括平面文件、IBM© SPSS© Statistics（.sav）、SAS、Microsoft Excel 和 ODBC 兼容關係數據庫，也可以使用用戶輸入節點生成綜合數據。具體地說，

IBM SPSS Modeler 提供了以下的數據源節點:

企業視圖節點用於創建指向存儲庫的連接,使用戶可以將企業視圖數據讀入流中,並將模型打包裝入其他用戶可通過存儲庫訪問的方案。

數據庫節點可用於使用 ODBC(開放數據庫連接)從多種其他數據包中導入數據,這些數據包包括 Microsoft SQL Server、DB2、Oracle、Teradata 等。

自由格式文件節點讀取自由格式字段文本文件中的數據——記錄包含固定數量的字段,但包含不定數量字符的文件。此節點對於具有固定長度標題文本和某些特定類型註解的文件也非常有用。

固定文件節點會從固定字段文本文件(即文件字段不定界而是從相同的位置開始且長度固定)中導入數據。機器生成的數據或遺存數據通常以固定字段格式存儲。

SPSS Statistics 文件節點從 SPSS Statistics 使用的.sav 文件格式以及保存在 SPSS Modeler 中的高速緩存文件(其也使用相同格式)中讀取數據。

SPSS Data Collection 數據導入節點從符合 SPSS Data Collection 數據模型的市場調查軟件所用的各種格式中導入調查數據。必須安裝 SPSS Data Collection 數據庫才可使用此節點。

通過 IBM Cognos BI 源節點可將 Cognos BI 數據庫數據或單列表報告導入到數據挖掘會話中。

SAS 導入節點可將 SAS 數據導入到 SPSS Modeler 中。

Excel 導入節點可以從任何版本的 Microsoft Excel 中導入數據。不要求指定 ODBC 數據源。

XML 源節點將 XML 格式的數據導入到流中。可以導入某個目錄中的單個文件或所有文件。還可選擇指定架構文件,以從中讀取 XML 結構。

用戶輸入節點提供了一種用於創建綜合數據的簡單方式——可以從頭開始創建,也可以通過更改現有數據進行創建。此節點非常有用,例如,在希望為建模創建測試數據集時,即可使用此節點。

1. 提供多種數據整理方式

IBM SPSS Modeler 提供從多角度對數據進行整理的功能。對數據從字段和記錄兩個角度進行處理，包括：字段篩選、命名、生成新字段、值替換；記錄選擇、抽樣、合併、排序、匯總和平衡；字段類型的轉換。

2. 數據整合

能快捷地自行同時合併來自兩個或多個異構數據源的數據。具體功能節點如下：

合併節點獲取多個輸入記錄並創建包含某些或全部輸入字段的單個輸出記錄。這對於合併來源不同的數據非常有用，例如內部客戶數據和已購買人群統計數據。

「追加」節點連接各組記錄，也可以用於將數據集與結構類似但內容不同的數據合併起來。

以下是使用 IBM SPSS Modeler 合併多個異構數據源數據的數據流示意（圖 2.11）：

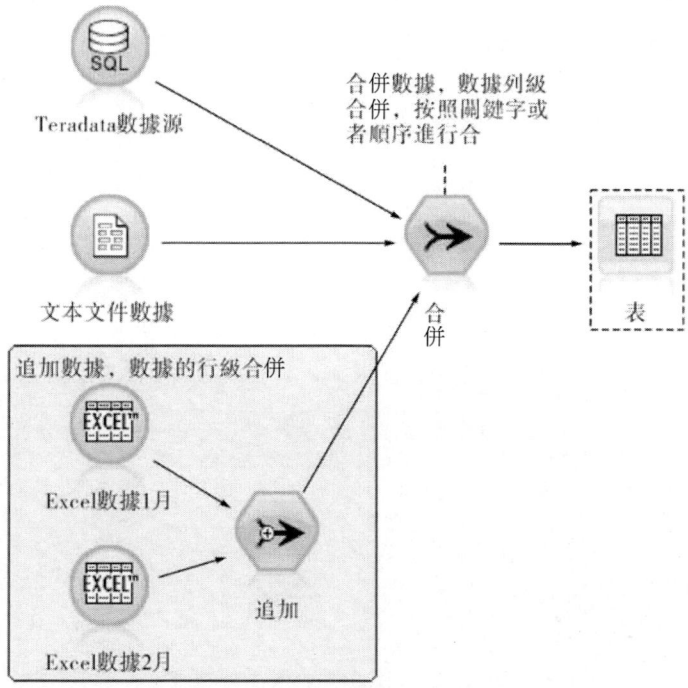

圖 2.11　合併異構數據源數據流

數據分段和排序能提供簡便的用戶自定義分段和基於目標函數的最優分段以及排序。詳細如下：

分箱節點根據一個或多個現有連續（數值範圍）字段的值自動創建新

的名義（集合）字段。例如，用戶可將連續收入字段轉換為一個包含各組收入的新的分類字段，作為其與平均值之間的偏差。一旦創建新字段分箱後，即可根據割點創建「衍生」節點。

使用分箱節點，可以採用以下技術自動生成分箱（類別）：
（1）固定寬度分箱；
（2）分位數（相等計數或總和）；
（3）均值和標準差；
（4）等級；
（5）相對於分類「主管」字段的最優化。

 排序節點可根據一個或多個字段的值將記錄按升序或降序排序。

在排序節點中，可以指定一個或多個字段作為排序依據，也可以指定其按照升序或者降序排列。

3. 數據過濾

用戶能輕鬆地進行多數據表的列級和行級複雜篩選處理，具體如下：

 過濾節點用於源節點之間過濾（丟棄）字段，對字段進行重命名和映射。

使用過濾節點時，可以使用以下界面進行字段的過濾和重新命名（圖2.12）。

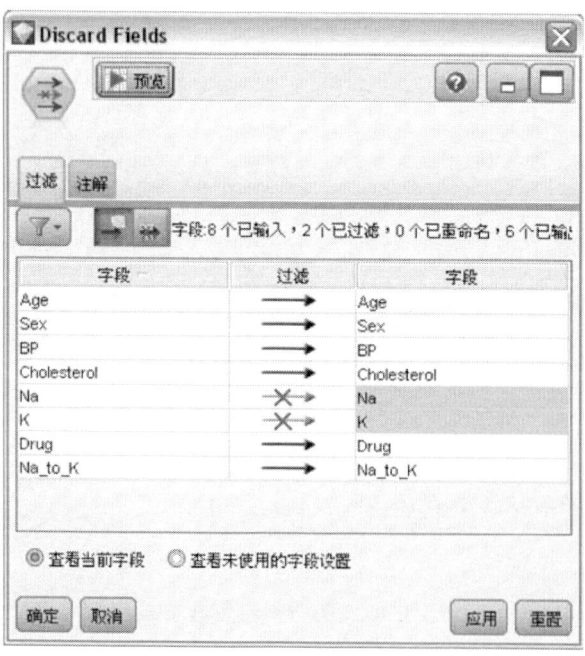

圖2.12 過濾節點界面

選擇節點可基於特定條件從數據流中選擇或丟棄記錄子集。例如，可以選擇有關特定銷售區域的記錄。

在選擇節點中，提供了包含和丟棄兩種模式，可以方便地根據需要對特定記錄進行保留或者丟棄，而在提供的表達式編輯框內則可以輸入任意的條件或者公式，從而根據複雜的業務邏輯或者分析需要進行記錄的選擇。

4. 數據轉換

除提供常規的數據匯總、轉置、排序處理外，還擁有豐富的數學、統計、財務等函數庫，用戶能輕鬆自如地生成不同的衍生字段，具體如下：

「匯總」節點：用匯總和合計的輸出記錄替代一列輸入記錄。

轉置節點：交換行和列中的數據，以便記錄變成字段，字段變成記錄。

重新結構化節點：可以進行複雜轉置操作，可將一個名義字段或標誌字段轉換為一組字段（該字段組由已成為另一字段的值填充）。例如，給定一個名為支付類型的字段，其值為貸方、現金和借方，則將創建三個新字段（貸方、現金、借方），每個字段可能包含實際支付的值。

排序節點：可根據一個或多個字段的值將記錄按升序或降序排序。

另外，IBM SPSS Modeler 還擁有強大的 CLEM 技術，提供了豐富的數學、統計、財務函數可以讓用戶方便地生成各種衍生變量，具體包括以下各類型函數（表2.1）：

表2.1　　　　　　　　　　函數類型

函數類型	描述
信息	用於深入瞭解字段值。例如，函數 is_string 針對類型為字符串的所有記錄返回真值。
轉換	用於構建新字段或轉換存儲類型。例如，函數 to_timestamp 會將選定字段轉換為時間戳。
比較	用於字段值的相互比較或與指定字符串進行比較。例如，<=用來比較兩個字段的值是否有一個更小或是相等。
邏輯	用來進行邏輯運算，例如，if、then、else 運算。
Numeric	用來進行數值計算，例如對字段值取自然對數。
三角法	用來進行三角計算，例如指定角度的反餘弦。
Probability	返回各種分佈的概率，例如，學生氏 t 分佈中某個值將小於特定值的概率。

表2.1(續)

函數類型	描述
位元	用於以位元模式操作整數。
Random	用於隨機選擇項或生成數值。
字符串	用於對字符串進行各種操作，例如 stripchar 用來刪除指定字符。
SoundEx	用於在不知道字符串準確拼寫的情況下根據某些字母的假設發音查找字符串。
日期和時間	用於對日期、時間和時間戳字段執行各種操作。
序列	用於深入瞭解數據集的記錄序列或根據該序列進行操作。
全局量	用於訪問由設置全局量節點創建的全局值。例如，@ MEAN 用於引用某個字段在整個數據集中所有值的平均值。
空值和 Null 值	用於訪問、標記或填充用戶指定的空值或系統缺失值。例如，@ BLANK (FIELD) 用於為存在空值的記錄添加一個真值標誌。
特殊字段	用於標示檢查中的特定字段。例如，在派生多個字段時使用@ FIELD。

5. 數據採樣

對簡單隨機抽樣、系統抽樣、整群抽樣、分層抽樣等全部數據抽樣方法進行了簡化封裝，易於用戶使用。

案例節點：選擇記錄的子集。受支持的案例類型有許多，其中包括簡單、系統（等距）、整群和分層抽樣。取樣對於提高性能和選擇相關記錄組或交易組用於分析會很有用。

（1）整群抽樣。屬於案例組或聚類，而不是單個單元。例如，假設用戶有一個數據文件，其中每個學生對應一條記錄。如果按學校聚類並且案例大小為50%，那麼便會選中一半的學校並從每所選定的學校中選出所有學生，而去除未選中學校的學生。一般而言，用戶可能期望選出大約一半的學生，但由於學校規模不同，則百分比也可能不太準確。同樣，用戶可以按交易 ID 對購物車項目進行聚類，以確保保留所選交易的所有項目。

（2）分層抽樣。在總體或分層的沒有重疊的子組中獨立選擇案例。例如，用戶可以確保以同樣的比例對男性和女性進行抽樣，或者可以確保在城市總體中顯示每個地區或每個社會經濟群體。還可以為每層指定一個不同的案例大小（例如，如果用戶認為一個組在原始數據中被低估了）。

（3）系統化或 n 中取 1 抽樣。如果隨機選擇難以實現，則可以以系統（以固定間隔）或順序方式抽取單元。

（4）抽樣權重。在繪製複雜案例時會自動計算抽樣加權，並且這些加權會與每個抽樣單元在原始數據中所表示的「頻率」大致對應。因此，案例的加權總和應該可以估計原始數據的大小。

（5）缺失值處理

提供自動化的常見缺失值處理方法（屬性數據：固定值、最大頻數值；數值數據：平均值、中位數、眾數等），以及基於內置模型的最優值填充方法。

IBM SPSS Modeler 提供了數據審核節點，可以對數據質量進行審核，數據審核節點中的「質量」選項卡提供用於處理缺失值、離群集和極值的選項。

數據審核報告列出每個字段完整記錄的百分比以及有效值、Null 值和空值的數量。用戶可以根據情況選擇填補特定字段的缺失值，然後生成超節點以應用這些變換。

在填補缺失值列中，指定要填補的值的類型（如果有）。用戶可以選擇填補空值、Null 值、兩者兼顧，或指定用於選擇待填補值的自定義條件或表達式。IBM© SPSS© Modeler 可識別的缺失值類型有以下幾種：

Null 值或系統缺失值。這兩種類型是數據庫或源文件中留空，並且尚未在源節點或類型節點中專門定義為「缺失」的非字符串值。系統缺失值顯示為 $null$。請注意，空字符串在 SPSS Modeler 中不被視為 Null 值，但它們可能會被某些數據庫視為 Null 值。n 空字符串和空白。空字符串值和空白（帶有不可見字符的字符串）不被視為 Null 值。對於大多數用途，空字符串都被視為相當於空白。例如，如果用戶選擇在源節點或類型節點中將空白視為空值的選項，則此設置也應用於空字符串。

空值或用戶定義的缺失值。這些是在源節點或類型節點中被明確定義為缺失的值（如 unknown、99 或-1）。用戶還可以將 Null 值和空白視為空值，這樣將使得它們被標記為進行特殊處理並排除在大多數計算之外。例如，用戶可以使用 @BLANK 函數將這些值以及其他類型的缺失值處理為空值。

在方法列中，指定要使用的缺失值填補方法，下列方法可用於輸入缺失值：

（1）固定。替換為固定值（可以是字段平均值、範圍中間值或用戶指定的常數）。

（2）隨機。替換為基於正態分佈或均勻分佈產生的隨機值。

（3）表達式。用於指定製表達式，例如用戶可以使用設置全局量節點創建的全局變量替換值。

（4）算法。基於 C&RT 算法替換為模型預測的值。對於使用此方法輸入的每個字段，都會有一個單獨的 C&RT 模型，還有一個填充節點會使用該模型預測的值替換空白值和 Null 值。然後使用過濾節點刪除該模型生成的預測字段。

數據審核節點：首先全面檢查數據，這些數據包括每個字段的匯總統計量、直方圖和分佈以及有關離群值、缺失值和極值的信息。結果顯示在易於讀取的矩陣中，該矩陣可以排序並且可以用於生成完整大小的圖表和數據準備節點。

6. 腳本語言

為高級用戶提供了簡單、靈活的腳本語言，以便用於處理複雜的數據變換。

IBM© SPSS© Modeler 中的腳本編寫是用於在用戶界面上實現過程自動化的強大

工具。用戶使用鼠標或鍵盤進行的操作，借助腳本同樣可以完成，而且使用腳本可以自動化那些手動執行將造成大量重複操作且高耗時的任務。

腳本的作用包括：

（1）限制在流中執行節點的特定順序。

（2）設置節點屬性並使用 CLEM（表達式操作控制語言）的子集來執行派生。

（3）指定通常包含用戶交互的操作的自動執行順序，例如用戶可以構建一個模型，然後對其進行測試。

（4）設置需要實際用戶交互的複雜過程，例如需要重複模型生成和測試的交叉驗證步驟。

（5）設置流操縱過程，例如用戶可以提取一個模型訓練流，運行它，然後自動生成相應的模型測試流。

7. 內嵌 SQL 語言

能通過內嵌的 SQL 語句直接處理分析數據。

SPSS 數據庫源節點除了可以使用圖形化界面進行設置之外，還可以使用標準 SQL 語句進行數據的讀取和處理等工作，已連接到數據源後，可以選擇使用 SQL 查詢導入字段。從主對話框中，選擇 SQL 查詢作為連接模式。此時將在對話框中添加一個查詢編輯器窗口。使用查詢編輯器可創建或載入一個或多個 SQL 查詢，其結果集合將被讀取到數據流中。

8. 強大的數據可視化、統計圖表功能

為探索性數據分析及成果展現提供全面、新穎的數據可視化分析技術。IBM SPSS Modeler 中提供了多種圖形節點，可以生成包括散點圖、分佈圖、直方圖、堆積圖、多重散點圖、網路圖和時間散點圖等在內的各種圖形。

圖形板節點可在一個節點中提供許多不同類型的圖形。使用此節點，可以選擇要探索的數據字段，然後從適用於選定數據的字段中選擇一個圖形。節點將自動過濾出適用於字段選項的所有圖形類型。

散點圖節點可顯示數值字段間的關係。可通過使用點（散點）或線創建散點圖。

條形圖節點顯示了標誌（類別）值的出現次數，例如抵押類型或性別。通常可以使用條形圖結點來顯示數據中的不均衡，然後可在模型創建前使用均衡節點來糾正此類不均衡。

直方圖節點顯示了數值字段的值的出現次數。它經常用來在數據操作和模型構建之前探索數據。與條形圖節點相似，直方圖節點經常用來揭示數據中的不均衡。

「收集」節點顯示一個數字字段的值相對於另一個數字字段的值的分

佈（它創建類似於直方圖的圖形）。當圖示說明值是不斷變化的變量或字段時，它是有用的。使用 3-D 圖形表示時，還可以使用按分類顯示分佈的符號軸。

使用多重散點圖節點可創建在一個 X 字段上顯示多個 Y 字段的散點圖。Y 字段被繪製為彩色的線；每條線相當於「樣式」設置為線且「X 模式」設置為排序的散點圖節點。當要研究幾個變量隨時間的變化情況時，多重散點圖非常有用。

Web 節點說明了兩個或多個符號（分類）字段值之間關係的強度。該圖使用不同粗細的線來表示關係強度。例如，用戶可以使用 Web 節點來研究電子商務網站上一系列商品的購買之間的關係。

時間散點圖節點顯示一個或多個時間序列數據集。通常情況下，用戶首先要使用時間區間節點創建一個 TimeLabel 字段，該字段用於為 x 軸設置標籤。

評估節點有助於評估和比較預測模型。評估圖表顯示了模型對特定結果的預測優劣。它根據預測值和預測置信度來對記錄進行排序。它將記錄分成若干個大小相同的組（分位數），然後從高到低為每個分位數劃分業務標準值。在散點圖中，將以單獨的線條顯示多個模型（圖 2.13）。

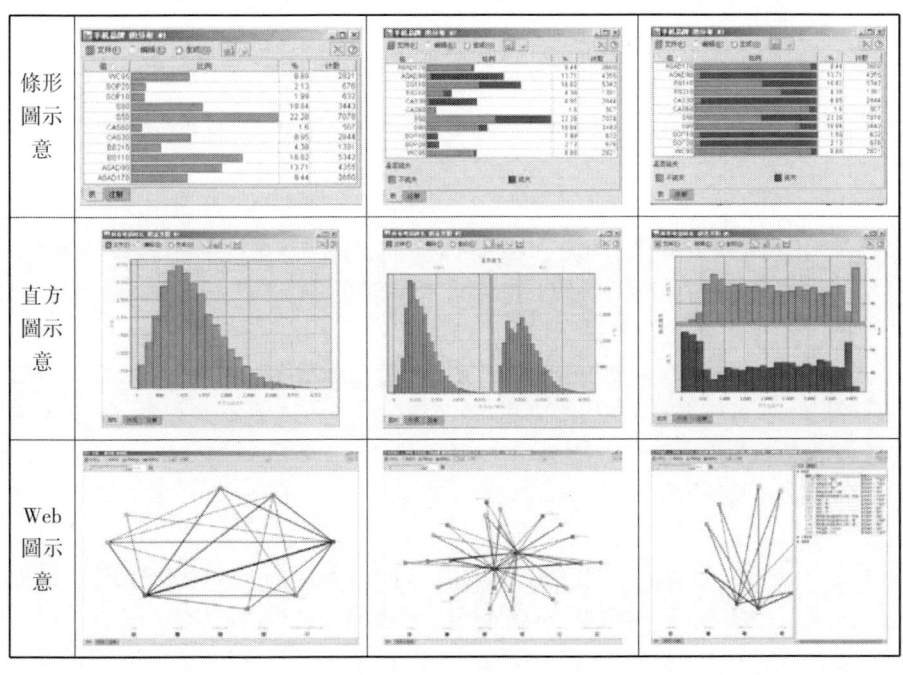

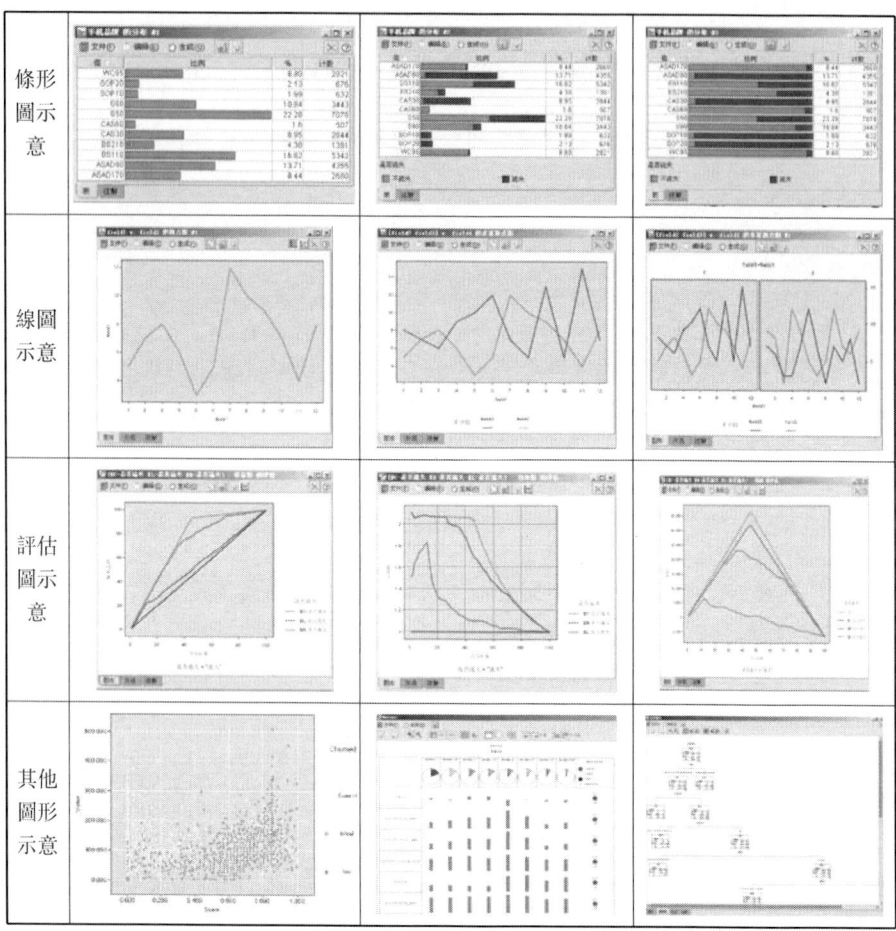

圖 2.13　數據圖形化展示

除了傳統圖形外，IBM SPSS Modeler 還提供了更多實用和新穎的可視化圖形，包括但不限於網路圖、地圖、箱線圖、熱度圖、帶狀圖、氣泡圖等。

9. 強大豐富的統計挖掘功能

IBM SPSS Modeler 中提供了完整的統計挖掘功能，包括來自統計學、機器學習、人工智能等方面的分析算法和數據模型，包括如關聯、分類、預測等完整的全面挖掘分析功能，且支持文本挖掘。此外，IBM SPSS Modeler 還提供接口支持外部分析算法的接入。

「自動分類器」節點：用於創建和對比二元結果（是或否，流失或不流失等）的若干不同模型，使用戶可以選擇給定分析的最佳處理方法。由於支持多種建模算法，因此可以對用戶希望使用的方法、每種方法的特定選項以及對比結果的標準進行選擇。節點根據指定的選項生成一組模型並根據用戶指定的標準排列最佳候選項的順序。

自動數值節點：使用多種不同方法估計和對比模型的連續數字範圍結果。此節點和自動分類器節點的工作方式相同，因此，在單個建模傳遞中，可以選擇使用多個選項組合進行測試的算法。受支持的算法包括神經網路、C&R 樹、CHAID、線性迴歸、廣義線性迴歸以及 Support Vector Machine（SVM）。可基於相關度、相對錯誤或已用變量數對模型進行對比。

自動聚類節點：估算和比較識別具有類似特徵記錄組的聚類模型。節點工作方式與其他自動建模節點相同，使用戶在一次建模運行中即可試驗多個選項組合。模型可使用基本測量進行比較，以嘗試過濾聚類模型的有效性以及對其進行排序，並提供一個基於特定字段的重要性的測量。

時間序列節點：可為時間序列估計指數平滑模型、單變量綜合自迴歸移動平均（ARIMA）模型和多變量 ARIMA（或變換函數）模型並基於時間序列數據生成預測。

C&R 樹節點：生成可用於預測或分類未來觀測值的決策樹。該方法通過在每個步驟最大限度降低不純潔度，使用遞歸分區來將訓練記錄分割為組。如果節點中 100% 的觀測值都屬於目標字段的一個特定類別，則樹中的該節點將被認定為「純潔」。目標和輸入字段可以是數字範圍或分類（名義、有序或標誌）；所有分割均為二元分割（即僅分割為兩個子組）。

QUEST 節點：可提供用於構建決策樹的二元分類法，此方法的設計目的是減少大型 C&R 樹分析所需的處理時間，同時也減少在分類樹方法中發現的趨勢以便支持允許有多個分割的輸入。輸入字段可以是數字範圍（連續），但目標字段必須是分類。所有分割都是二元的。

CHAID 節點：使用卡方統計量來生成決策樹，以確定最佳的分割。CHAID 與 C&R 樹和 QUEST 節點不同，它可以生成非二元樹，這意味著有些分割將有多於兩個的分支。目標和輸入字段可以是數字範圍（連續）或分類。Exhaustive CHAID 是 CHAID 的修正版，它對所有分割進行更徹底的檢查，但計算時間比較長。

決策列表節點：可標示子組或段，顯示與總體相關的給定二元結果的似然度的高低。例如，用戶或許在尋找那些最不可能流失的客戶或最有可能對某個商業活動作出積極響應的客戶。通過定制段和並排預覽備選模型來比較結果，用戶可以將自己的業務知識體現在模型中。決策列表模型由一組規則構成，其中

每個規則具備一個條件和一個結果。規則依順序應用，相匹配的第一個規則將決定結果。

線性模型節點：根據目標與一個或多個預測變量間的線性關係來預測連續目標。

線性迴歸節點：是一種通過擬合直線或平面以實現匯總數據和預測的普通統計方法，它可使預測值和實際輸出值之間的差異最小化。

因子/主成分分析節點：提供了用於降低數據複雜程度的強大數據縮減技術。主成分分析（PCA）可找出輸入字段的線性組合，該組合最好地捕獲了整個字段集合中的方差，且組合中的各個成分相互正交（相互垂直）。因子分析則嘗試識別底層因素，這些因素說明了觀測的字段集合內的相關模式。這兩種方式的目標都是找到有效概括原始字段集中的信息的一小部分導出字段。

神經網路節點：使用的模型是對人類大腦處理信息方式的簡化模型。此模型通過模擬大量類似於神經元的抽象形式的互連簡單處理單元而運行。神經網路是功能強大的一般函數估計器，只需要最少的統計或數學知識就可以對其進行訓練或應用。

C5.0 節點：構建決策樹或規則集。該模型的工作原理是根據在每個級別提供最大信息收穫的字段分割案例。目標字段必須為分類字段。允許進行多次多於兩個子組的分割。

「特徵選擇」節點：根據某組條件（例如缺失值百分比）篩選可刪除的輸入字段；對於保留的輸入，將相對於指定目標對其重要性進行排序。例如，假如某個給定數據集有上千個潛在輸入，那麼哪些輸入最有可能用於對患者結果進行建模呢？

判別式分析節點：所做的假設比 logistic 迴歸的假設更嚴格，但在符合這些假設時，判別式分析可以作為 logistic 迴歸分析的有用替代項或補充。

Logistic 迴歸節點：是一種統計方法，它可根據輸入字段的值對記錄進行分類。它類似於線性迴歸，但採用的是類別目標字段而非數字範圍。

「廣義線性」模型節點：對一般線性模型進行了擴展，這樣因變量通過指定的關聯函數與因子和協變量線性相關。另外，該模型允許因變量呈非正態

分佈。它包括統計模型大部分的功能，其中包括線性迴歸、logistic 迴歸、用於計數數據的對數線性模型以及區間刪失生存模型。

Cox 迴歸節點：可為時間事件數據構建預測模型。該模型會生成一個生存函數，該函數可預測在給定時間 t 內對於所給定的預測變量值相關事件的發生概率。

SVM（Support Vector Machine）節點：使用該節點，可以將數據分為兩組，而無需過度擬合。SVM 可以與大量數據集配合使用，如那些含有大量輸入字段的數據集。

貝葉斯網路節點：可以利用該節點對真實世界認知的判斷力並結合所觀察和記錄的證據來構建概率模型。該節點重點應用了樹擴展簡單貝葉斯（TAN）和馬爾可夫毯網路，這些算法主要用於分類問題。

自學響應模型（SLRM）節點：利用該節點可以構建這樣的模型——隨著數據集的增長，可以不斷對其進行更新或重新估計，而不必每次使用整個數據集重新構建該模型。例如，如果有若干產品，而用戶希望確定某位客戶獲得報價後最有可能購買的產品，那麼這種模型將十分有用。此模型可用於預測最適合客戶的報價，以及該報價被接受的概率。

「先驗」節點：從數據抽取一組規則，即抽取信息內容最多的規則。「先驗」節點提供五種選擇規則的方法並使用複雜的索引模式來高效地處理大數據集。對於大問題而言，「先驗」通常用於訓練時，比 GRI 處理的速度快；它對可保留的規則數量沒有任何限制，而且可處理最多帶有 32 個前提條件的規則。「先驗」要求輸入和輸出字段均為分類型字段，但因為它專為處理此類型數據而進行優化，因而處理速度快得多。

CARMA 節點：使用關聯規則發現算法來發現數據中的關聯規則。例如，用戶可以使用此節點生成的規則來查找一系列產品或服務（條件），其結果是用戶要在此假期內進行促銷的項目。

序列節點：可發現連續數據或與時間有關的數據中的關聯規則。序列是一系列可能會以可預測順序發生的項目集合。例如，一個購買了剃刀和須後水的客戶可能在下次購物時購買剃須膏。序列節點基於 CARMA 關聯規則算法，該算法使用有效的兩步法來發現序列。

K-Means 節點：將數據集聚類到不同分組（或聚類）。此方法將定義固定的聚類數量，將記錄迭代分配給聚類，以及調整聚類中心，直到進一步優化無法再改進模型。K-means 節點作為一種非監督學習機制，並不試圖預測結果，而是揭示隱含在輸入字段集中的模式。

Kohonen 節點：會生成一種神經網路，此神經網路可用於將數據集聚類到各個差異組。此網路訓練完成後，相似的記錄應在輸出映射中緊密地聚集，有差異的記錄則應彼此遠離。用戶可以通過查看模型塊中每個單元所捕獲觀測值的數量來找出規模較大的單元。這將讓用戶對聚類的相應數量有所估計。

TwoStep 節點：使用兩步聚類方法。第一步完成簡單數據處理，以便將原始輸入數據壓縮為可管理的子聚類集合。第二步使用層級聚類方法將子聚類一步一步合併為更大的聚類。TwoStep 具有一個優點，就是能夠為訓練數據自動估計最佳聚類數。它可以高效處理混合的字段類型和大型的數據集。

「異常檢測」節點：確定不符合「正常」數據格式的異常觀測值（離群值）。即使離群值不匹配任何已知格式或用戶不清楚自己的查找對象，也可以使用此節點來確定離群值。

KNN（k-最近相鄰元素）節點：將新的個案關聯到預測變量空間中與其最鄰近的 k 個對象的類別或值(其中 k 為整數)。類似個案相互靠近，而不同個案相互遠離。

另外，在 IBM SPSS Modeler 中還提供了 Statitics 模型節點，因此可以通過菜單或者語法的方式調用 SPSS Statistics 的功能，實現經典的統計分析算法。

Statistics 模型節點使用戶能夠通過運行生成 PMML 的 IBM© SPSS© Statistics 程序分析和處理數據。然後，創建的模型塊可按常規方式在 IBM© SPSS© Modeler 流中進行評分等操作。

Text Mining Text Analytics for SPSS Modeler 採用了先進語言技術和 Natural Language Processing（NLP），以快速處理大量無結構文本數據，抽取和組織關鍵概念，並將這些概念分為各種類別。抽取的概念和類別可以和現有結構化數據進行組合（例如人口統計學），並且可用於借助 IBM© SPSS© Modeler 的一整套數據挖掘工具來進行建模，以此實現更好更集中的決策。

IBM© SPSS© Modeler Social Network Analysis 通過將關係信息處理為可包括在模型中的附加字段，導出的關鍵績效指標以衡量個人的社交特徵。將這些社交屬性與基於個人的衡量結合起來，提供對個人的更好概覽，因此可提高用戶模型的預測精度。

IBM SPSS Modeler 中提供了專門的整體節點，因此可以對多個預測模型按照指定方式進行組合。

整體節點：可結合使用兩個或多個模型塊，這樣所獲得的預測會比通過任意一個模型獲得的預測更為準確。

通過結合多個模型的預測，可以避免單個模型的局限性，從而使整體準確性更高。一般情況下，以這種方式組合的模型所得的結果不但可以與使用單個模型所得的最佳結果相媲美，而且結果通常會更理想。在 IBM SPSS Modeler 中提供了一些組合模型的方法：投票、置信度加權投票、原始傾向加權投票、調整傾向加權投票、贏得最高置信度。

組件級擴展框架（CLEF）是一種允許向 IBM SPSS Modeler 的標準功能添加用戶提供的擴展的機制。擴展通常包含可添加到 IBM SPSS Modeler 中的共享庫（例如數據處理例程或建模算法），並且可通過某個菜單上的新條目或節點選項板上的新節點訪問該庫。

要執行該操作，IBM SPSS Modeler 需要有關該自定義程序的詳細信息，例如其名稱、應傳遞給該程序的命令參數以及 IBM SPSS Modeler 如何向程序顯示選項和如何向用戶顯示結果等。要提供此信息，用戶應當提供 XML 格式的文件，即規範文件。IBM SPSS Modeler 會將該文件中的信息轉換為新菜單條目或節點定義。

使用 CLEF 的好處包括：

（1）提供簡單易用、異常靈活且穩定的環境，可供工程師、顧問和最終用戶將新功能集成到 IBM SPSS Modeler 中。

（2）確保擴展模塊的外觀和功能與本地 IBM SPSS Modeler 模塊相同。

（3）使擴展節點具有與本地 IBM SPSS Modeler 節點盡可能接近的執行速度和效率。

10. 建模數據集劃分

IBM SPSS Modeler 中提供了專門的分區節點，可以將數據集拆分為訓練數據集、驗證數據集和測試數據集。

分區節點：可生成分區字段，該字段可將數據分割為單獨的子集以便在模型構建的訓練、測試和驗證階段使用。IBM SPSS Modeler 分區節點具體界面如圖 2.14 所示。

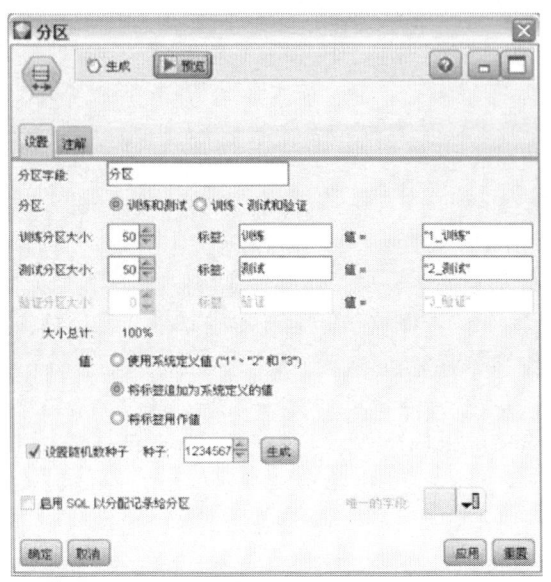

圖 2.14 分區節點具體界面

11. 模型參數調整

IBM SPSS Modeler 中幾乎所有模型都提供了簡單模式和專家模式兩種模式，普通用戶不需要進行任何參數設置就可以運行模型得出不錯的預測結果，而高級用戶可以選擇專家模式對相應的模型參數進行靈活設置和調整。

12. 模型評估

IBM SPSS Modeler 提供了矩陣節點，用戶使用這個節點即可完成混淆矩陣，並列出相應的行百分比、列百分比、總體百分比等細緻的指標。

矩陣節點：將創建一個字段關係表。此節點最常用於顯示兩個符號字段間的關係，但也可用於顯示標誌字段或數字字段間的關係。

IBM SPSS Modeler 中提供了評估節點，可以對模型評估結果以圖形化展示，包括 Gain、Response、Lift、Profit、ROI 等多種圖形。

評估節點有助於評估和比較預測模型。評估圖表顯示了模型對特定結果的預測優劣。它根據預測值和預測置信度來對記錄進行排序。它將記錄分成若干個相同大小的組（分位數），然後從高到低為每個分位數劃分業務標準值。在散點圖中，將以單獨的線條顯示多個模型（圖 2.15）。

| 評估圖示意 | 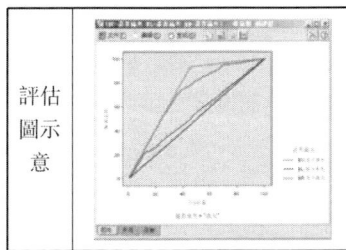 | 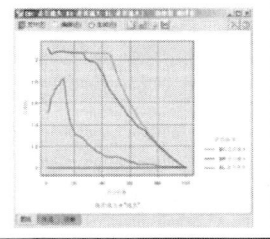 | 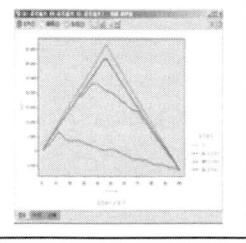 |

圖 2.15　評估結果圖形展示

13. 豐富的數據展現和導出功能

IBM SPSS Modeler 的分析結果可以支持多種結果的輸出，數據挖掘可以導出到各種格式的數據文件中，包括數據庫、文本文件、Excel 文件、XML 文件等。另外，分析結果也可以以文本文件和 HTML 文件進行保存。另外，IBM SPSS Modeler 的結果可以以 PMML 格式進行保留，也可以讀取和解析其他數據挖掘工具軟件所生成的 PMML 文件。

IBM Cognos BI 導出節點允許用戶採用 UTF-8 格式將數據從 IBM© SPSS© Modeler 流導出到 Cognos BI。這樣，Cognos BI 可利用來自 SPSS Modeler 的轉換或評分數據。

表節點以表格式顯示數據，這些數據還可以寫入文件中。每當用戶需要檢查數據值或將其導出為可輕鬆讀取的形式時，該節點便非常有用。

矩陣節點將創建一個字段關係表。此節點最常用於顯示兩個符號字段間的關係，但也可用於顯示標誌字段或數字字段間的關係。

「分析」節點評估預測模型生成準確預測的能力。「分析」節點執行一個或多個模型塊的預測值和實際值之間的各種比較。「分析」節點也可以對比各個預測模型。

數據審核節點將首先全面檢查數據，這些數據包括每個字段的匯總統計量、直方圖和分佈以及有關離群值、缺失值和極值的信息。結果顯示在易於讀取的矩陣中，該矩陣可以排序並且可以用於生成完整大小的圖表和數據準備節點。

通過變換節點可首先選擇以可視方式預覽變換結果，然後再將其應用於選擇的字段。

統計量節點可提供有關數值字段的基本匯總信息。它可計算單個字段以及字段間的相關性的匯總統計量。

027

平均值節點在獨立組之間或相關字段之間進行平均值比較以檢驗是否存在顯著差別。例如，用戶可以比較開展促銷前後的平均收入，或者將來自未接受促銷客戶的收入與接受促銷客戶的收入進行比較。

報告節點可創建格式化報告，其中包含固定文本、數據及得自數據的其他表達式。可使用文本模板指定報告的格式以定義固定文本和數據輸出結構。通過使用模板中的 HTML 標記和在「輸出」選項卡上設置選項，可以提供自定義文本格式。通過使用模板中的 CLEM 表達式，可以包括數據值和其他條件輸出。

設置全局節點掃描數據並計算可在 CLEM 表達式中使用的匯總值。例如，可以用該節點為一個名為年齡的字段計算統計量並通過插入函數 @GLOBAL_MEAN(age) 在 CLEM 表達式中使用年齡的總均值。

數據庫導出節點將數據寫到與 ODBC 兼容的相關數據源。要寫到 ODBC 數據源，數據源必須存在且用戶必須擁有對數據源的寫權限。

平面文件導出節點將數據輸出到已分隔的文本文件。這對導出可由其他分析或電子表格軟件讀取的數據非常有用。

SPSS Statistics 導出節點以 SPSS Statistics.sav 格式輸出數據。.sav 文件可由 SPSS Statistics Base 和其他產品讀取。這種格式也用於 PASW Modeler 中的某些緩存文件。

SPSS Data Collection 導出節點以 SPSS Data Collection 市場調查軟件使用的格式輸出數據。必須安裝 SPSS Data Collection 數據庫才可使用此節點。

SAS 導出節點可以以 SAS 格式輸出數據，以便讀入 SAS 或與 SAS 兼容的軟件包中。有以下三種 SAS 文件格式：SAS for Windows/OS2、SAS for UNIX、SAS Version 7/8。

Excel 導出節點以 Microsoft Excel 格式（.xls）輸出數據。也可以選擇在執行節點時自動啓動 Excel 並打開導出的文件。

XML 導出節點將數據以 XML 格式輸出到文件。還可選擇創建 XML 源節點，以將導出的數據讀回到流中。

第四節　Cognos 系列簡介

一、Cognos BI 概述

IBM Cognos Business Intelligence 10.1 是最新的商業智能解決方案，用於提供查詢、報表、分析、儀表板和記分卡功能，並且可通過規劃、方案建模、預測分析等功能進行擴展。它可以在人們嘗試瞭解業績並使用工具做出決策時，在思考和工作方式方面提供支持，以便人們可以搜索和組合與業務相關的所有方面，並與之進行交互。

（1）查詢和報表功能為用戶提供根據事實做出決策所需的信息。

（2）儀表板使任何用戶都能夠以支持其做出決策的方式來訪問內容、與之交互，並對其進行個性化設置。

（3）分析功能使用戶能夠從多個角度和方面對信息進行訪問，從而可以查看和分析信息，幫助用戶做出明智的決策。

（4）協作功能包括通信工具和社交網路，用於推動決策過程中的意見交流。

（5）記分卡功能可實現業務指標的捕獲、管理和監控的自動化，使用戶可將其與自己的戰略和營運目標進行比較。

1. Cognos Connection

Cognos BI 服務器安裝成功之後，我們就可以通過 Web 的方式接入到 Cognos Connction 當中進行設計和管理操作（圖 2.16）。

圖 2.16　Cognos Connection Software

Cognos Connection 是 Cognos 門戶——提供信息的集成和用戶訪問的統一入口。管理員可以通過它實現用戶、角色管理、服務器配置、權限控制等各種管理功能；最終用戶可以通過 Cognos Connection 訪問到文件夾、報表、個性化展現、訪問 Cognos Viewer、Report Studio、Business Insight 和 Event Studio 的內容。

2. 報表管理（Report Studio）

Report Studio 是專業的報表製作模塊。報表製作人員可以通過它製作各種類

型的報表，包括中國特色的非平衡報表、地圖、動態儀表盤、KPI 報表等。報表製作人員可以分頁面設計，每頁可以有多個查詢，每個查詢可以連接多個數據源，甚至異構數據源。報表的內容採用化繁為簡的方式，可以精確控製報表中每一個對象的各種屬性（圖 2.17）。

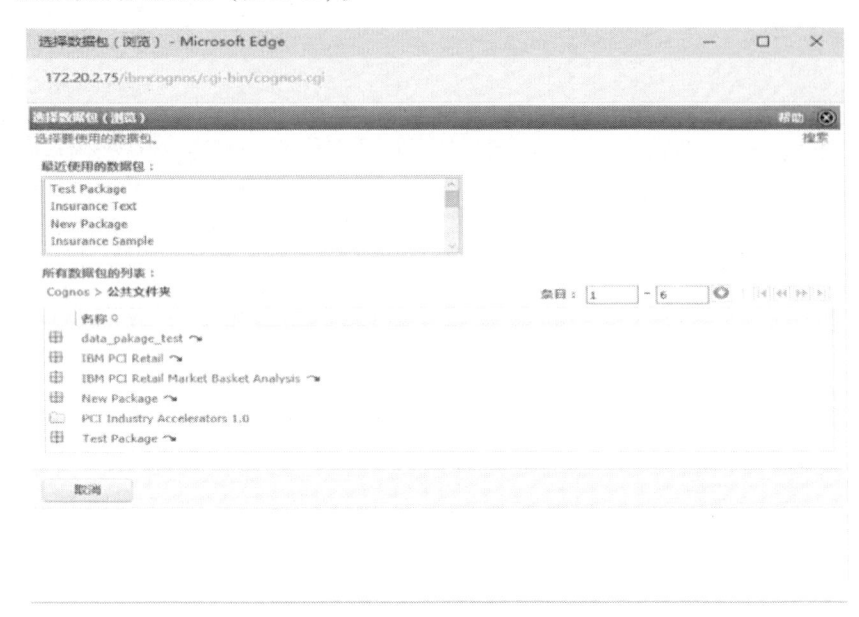

圖 2.17　Report Studio

3. 工作區（Workspace）

工作區是創建使用 IBM Cognos 內容的頁面，以及根據用戶的具體信息需求創建外部數據源的交互工作區網路的產品（圖 2.18）。

圖 2.18　工作區界面

4. Cognos Administration

進入 Cognos Administration 界面，用戶就可以執行服務器管理、數據管理、安全和內容管理、活動管理和門戶服務管理。此外，用戶還可以執行以下管理任務：

（1）任務自動化；
（2）設置環境和配置數據庫的多語言報表；
（3）安裝字體；
（4）設置打印機；
（5）配置 Web 瀏覽器；
（6）允許用戶接入系列從 IBM Cognos Connection7 報告；
（7）限制訪問 IBM Cognos 軟件。

除了典型的管理任務，還可以自定義不同 IBM Cognos 組件的外觀和功能（圖 2.19）。

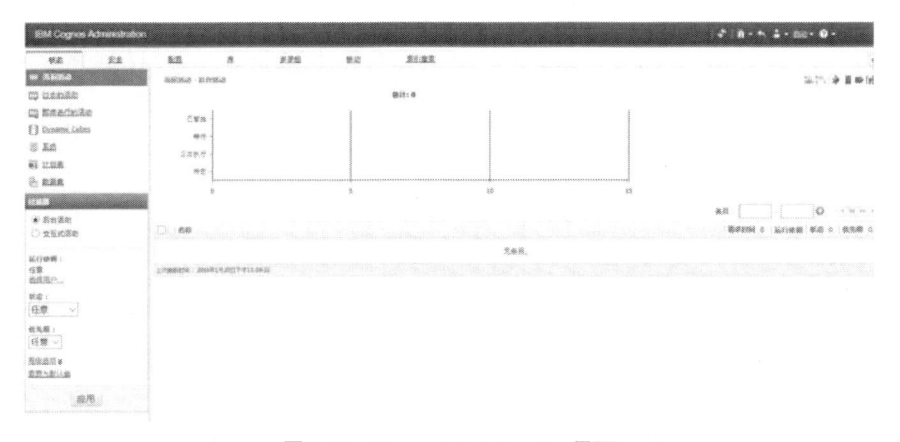

圖 2.19　Cognos Administration 界面

二、Cognos Framework Management 簡介

Framework Manager 是將數據倉庫或者數據立方體中的元數據經過組織發布到 Cognos 設計環境中的工具，如果需要在 Cognos 的 Report Studio 裡面設計報表的話，必須要由 Framework Manger 將數據倉庫中的數據發布到 Cognos 設計環境（Cognos 商業智能服務器的內容數據庫）當中。

可以在 Framework Manager 當中新建工程，並導入數據倉庫或者立方體的數據描述。Framework Manager 會自動地將數據描述轉化為查詢主題顯示在工程當中，用戶還可以根據已有的查詢主題自定義其他的查詢主題，或者分級的維度以及和維度相關聯的量度。最後可選擇的將查詢主題或者維度、量度打包並發布到 Cognos 設計環境當中（圖 2.20）。

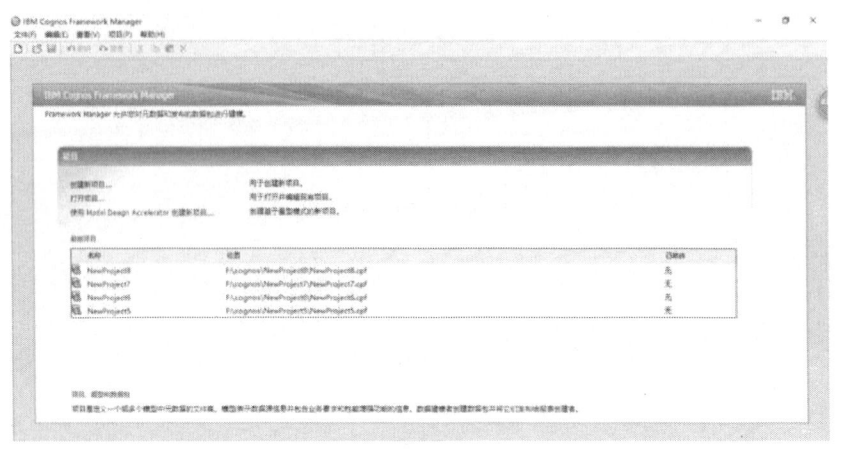

圖 2.20　IBM Cognos Framework Management 界面

第三章　預測模型

利用模型去預測未來可能發生的事情，取決於過去數據中的模式。

例如，模型能夠對以下情形進行預測：

（1）客戶在下季度流失的可能性有多高。

（2）客戶會成為服務的擁護者還是誹謗者。

（3）通過預測客戶未來的收入來判斷其是否會成為重要的客戶。

模型的作用和業務規則類似，但是，規則可能基於公司策略、業務邏輯或者其他假設，模型則是建立在對過去結果的實際觀測，並且可以發現數據的模式，否則那些模式難以變得顯而易見。儘管業務規則讓普通業務變得有理可依，但是模型提供了預測力和洞察力。將規則和模型結合起來是一項十分強大的功能。

第一節　數據源

用戶需要指定 IBM 預測性客戶智能為建模、分析、模擬和測試、評分提供解決方案中需要使用的數據源。

使用 IBM 決策分析管理規劃模型並決定使用哪個數據源，在建模的過程中用戶需要使用到以下幾類數據源：

（1）歷史數據和分析數據：用戶需要與預測對象相關的信息來進行建模。例如，如果用戶想要預測客戶流失，那麼用戶需要瞭解客戶投訴的歷史數據，更新計劃的月份數、情緒指數、人口統計數據、收入估計。這通常被稱為歷史數據或分析數據，並且它必須包含數據建模字段中的全部或部分數據，還要加上記錄預測結果的附加字段。這種附加字段通常是建模的目標。

（2）操作或者評分數據：使用該模型來預測未來的數據，用戶需要瞭解用戶感興趣的人口或某一分類的信息，例如收入要求。這些通常被稱為操作數據或評分數據。項目數據模型通常基於該數據。

用戶可以使用以下類型的數據源：

（1）支持 ODBC 的數據庫，例如 IBM DB2。

（2）在 IBM SPSS Collaboration and Deployment Services 中定義了的企業視角。

（3）IBM SPSS Statistics 中應用的文件，例如文本文件（TXT）或逗號分隔的

文件（CSV）。

　　當用戶添加新的數據源，需要映射所有的字段，以確保兼容該項目所有的數據模型。例如，如果項目數據模型需要一個購買字段，其值為「是」或「否」的測量級別標誌，因此用戶使用的任何數據源都必須有一個兼容的字段。如果字段名稱不一致，它們應該能夠互相映射。注意：輸入和相關聯的映射字段必須具有相同的數據類型。

　　用戶可以表徵每個字段表示的信息。定義測量級別來確定一個給定字段在業務規則、模型或者其他應用中具有什麼作用。

　　通過使用表達管理器，用戶可以為相關應用導出附加字段或屬性。例如，如果用戶使用銀行數據，用戶可能希望創建顯示客戶的收入和貸款客戶的數量之間比率的表達式，表達式總是數值型的，並且是可以連續測量的，這點不能改變。

　　要執行合作範圍的策略，使用全局選項來選擇應用程序包括或者排除掉的記錄。例如，用戶可能有一個合作範圍的策略，以排除信用不良或利用抵押貸款進行付款的客戶。全局選擇與共享規則結合使用時是非常有作用的。共享規則保存為可以由多個應用程序使用的獨立對象。如果共享規則改變了，那麼所有使用這種規則的對象都需要更新。

　　使用 IBM SPSS Modeler 的數據挖掘重點關注一系列數據節點的運行過程，這一過程被稱為數據流。這一系列的節點表示要對數據執行的操作，而節點之間的鏈路表示數據流的方向。通常情況下，用戶可以使用數據流讀取進入 IBM SPSS Modeler 中的數據，並通過一系列的操作運行，將其發送到目的地，如表或視圖。

　　例如，打開一個數據源時，用戶需要添加一個新的字段，基於新字段的值進行選擇記錄，然後在一個表中顯示結果。在這個例子中，用戶的數據流包括以下節點：

（1）可變字段節點，從數據源中讀取數據。
（2）導出節點，增加新的計算字段到數據集。
（3）選擇節點，使用選擇標準從數據流中排除記錄。
（4）表節點，在屏幕上顯示操作結果。

　　有關這些功能的更多信息，請參閱 IBM SPSS Modeler 的幫助文檔（http://www-01.ibm.com/support/knowledgecenter/SS3RA7_16.0.0/com.ibm.spss.modeler.help/clementine/entities/clem_family_overview.htm）。

第二節　電信呼叫中心案例的預測模型

　　電信呼叫中心案例提供了大量的預測模型。

　　為安裝這些案例，查閱微軟操作系統的 IBM 預測性客戶智能安裝指南（IBM Predictive Customer Intelligence Installation Guide for Microsoft Windows Operating Systems），或者 Linux 操作系統的 IBM 預測性客戶智能安裝指南（IBM Predictive Customer Intelligence Installation Guide for Linux Operating Systems）。

以下模型組成了電信呼叫中心案例預測模型的基礎：
1. 客戶流失率模型
從當前的活躍客戶列表中可以預測到客戶的流失率。
2. 客戶滿意度模型
通過網路支持者分數來確認客戶滿意度。
3. 客戶關聯模型
對客戶進行概要分析，並將其進行區間劃分。
4. 回覆傾向模型
用戶可以定義一個指向客戶的正確渠道，這一渠道是客戶最有可能回覆的。

一、客戶流失率模型

客戶流失率是指用戶結束他們的合同或服務的度量。電信案例中的流失率預測模型，是為了從當前的活躍客戶中預測哪些客戶有流失傾向。

流失預測模型案例中的輸入包括投訴歷史、多個月以來的客戶升級計劃、情緒分數、客戶人口統計歷史、預計收入。預測流失客戶的流名為 Churn Prediction.str（圖3.1）。

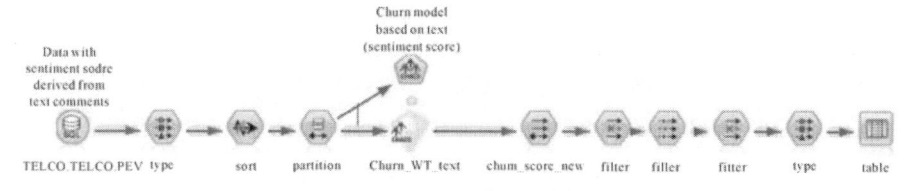

圖3.1 計算客戶流失率的模型

為流失預測準備的數據從聚集客戶的有用信息開始。這些數據從預測流失的分類中獲得，包含以下種類：
（1）交易和結算的數據，例如訂閱服務的種類、月均帳單。
（2）人口統計數據，如性別、教育程度和婚姻狀況。
（3）行為數據，如投訴的數據和價格計劃改變數據。
（4）使用數據，如通話次數和短信次數。

為了建模，將數據篩選分為兩個階段：
（1）與一些客戶不相關的數據。
（2）沒有足夠的預測意義的變量。

CHAID算法用於預測流失率。CHAID算法來源於決策樹。決策樹模型中選擇了迴歸分析，因為從決策樹得到的規則能幫助更好地理解流失的根本原因。

該情緒指數從客戶的意見文本中產生，是客戶流失的一個重要指標。情緒指數綜合考慮了現有的和歷史的情緒指數。在數據理解和建模階段中，確定了其他的重要預測指標，是預計收入、公開投訴數量、秘密投訴數量、自上次計劃升級的時間和客戶的受教育水平。隨著流失可能性的發生，模型可以計算流失的傾

向。流失傾向廣泛應用於 IBM 分析決策管理程序。

二、客戶滿意度模型

電信案例的客戶滿意度由淨推薦值（NPS）來決定。

淨推薦值基於一些觀點，每個公司的客戶可分為三類：

（1）支持者是忠實擁護者，一直購買該公司的產品並促使他們的朋友一同這樣做。

（2）中立者對公司的產品滿意度一般，沒太多熱情，很容易在同類競爭產品中搖擺不定。

（3）厭惡者是不滿意的客戶，與公司的關係不好。

淨推薦值通過向一組客戶詢問同一個問題得到：「用戶向朋友或同事推薦本公司產品的可能性有多大？」要求客戶回答 0~10 分評級量表。根據他們提供的分數，他們會被歸類為支持者（如果分數為 9 或者 10），被動者（如果分數為 7 或者 8），厭惡者（如果分數為 6 以下）。

淨推薦值的目標是確定顯著的客戶特徵，將其分為三種類型。把淨推薦值模型應用於預測客戶屬於哪種類型，而不需要問他們問題，比如「用戶向朋友或同事推薦我們公司產品的可能性有多大？」這個模型能幫助我們動態追蹤客戶的淨推薦值。

確定淨推薦值的案例流名為 Satisfaction.str（圖 3.2）。

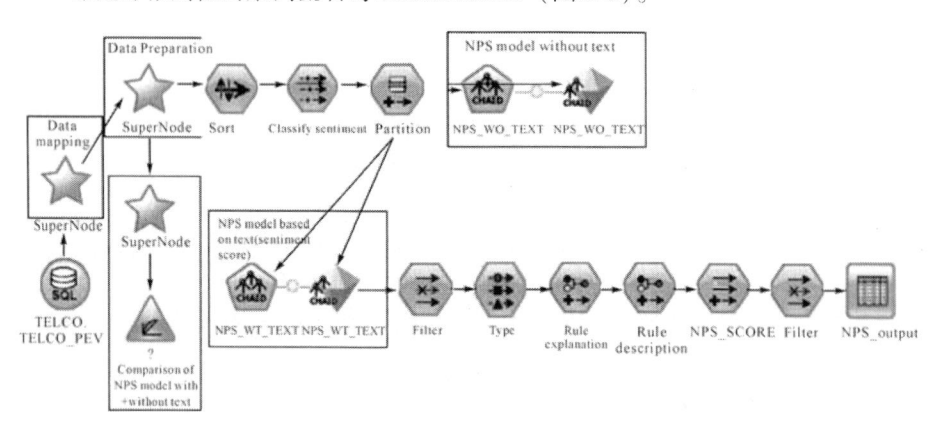

圖 3.2 識別客戶滿意的流

歷史數據來源於客戶回答的問題案例。對他們來說，沒有分數的客戶都被認為是需要操作的數據，滿意度的組別需要第一次預測。客戶滿意度模型可以用來預測沒有淨推薦值的客戶分數。

情緒值、公開投訴數量、就業情況和預計收入，是影響滿意度組別的預測關鍵變量。該情緒值專注於捕捉跨多重屬性的消極情緒，比如網路和服務。情緒值為零意味著客戶沒有表示出任何負面情緒，最大的情緒值為 6。

當客戶在一個類別中表達了負面情緒並接著又表達大量的積極評論時，儘管

接近於零，情緒值是輕度負面。以滿意模擬為目的，為避免將客戶分類到輕度負面組，情緒值低於 0.6 的客戶被劃為 0。

三、客戶關聯模型

關聯模型用於分配正確的建議給客戶。它使用了客戶的分類（例如白金客戶），並且預測了淨推薦值組別（比如支持者），以確認建議（例如手機計劃）。

分類是一個過程，分析具有相似需求的客戶群體共有的特點。分析客戶的示例流名為 AssoiationModel.str。圖 3.3 展示了關聯模型案例。

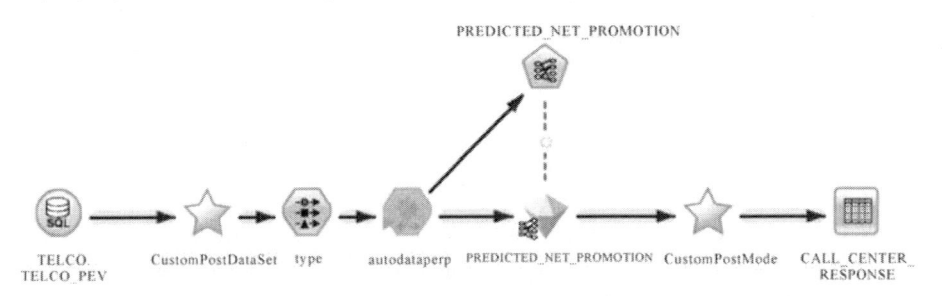

圖 3.3　電信案例分析的關聯模型

四、客戶回覆傾向模型

通過正確的渠道提供給客戶正確的建議是很重要的。回覆傾向模型確認了通向客戶的正確渠道，而且確定了客戶回覆的概率。

確定回覆傾向的示例流名為 ResposePropensity.str（圖 3.4）。

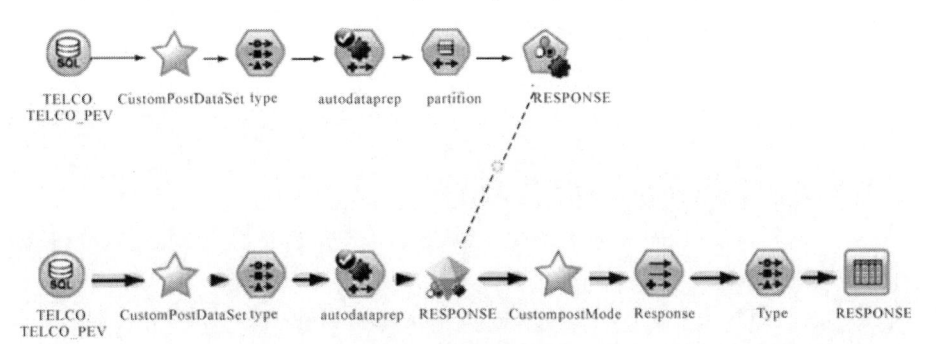

圖 3.4　回覆傾向模型

用戶可以通過這一模型的結果，得到目標客戶有可能作出的反應，這是因為客戶的值可能高於某個閾值，或者直接忽略客戶可能得到的最低利潤。

該模型的輸入值有人口統計信息、帳單歷史、客戶終身價值、流失率、淨推薦值、終身制。客戶的前一個提議回覆數據可用於輸入到當前模型中。歷史數據交互點的客戶回應的建議是基於訓練的模型。

五、分析決策管理中的電信模型

在 IBM 分析決策管理中，用戶可以把預測模型和規則聯合起來，指定建議，保證與業務目標一致。用戶可以通過組合來自預測模型的輸出和分配規則來做到這一點。

有兩個主要步驟：
（1）確定需要指派的建議，來確定提供給哪一位享有服務的客戶。
（2）優先建議以確定哪一位客戶收到該建議。

第三節　電信移動端的預測模型

電信移動案例提供了大量的預測模型。

為了安裝這些案例，參閱微軟操作系統的 IBM 預測性客戶智能安裝指南（IBM Predictive Customer Intelligence Installation Guide for Microsoft Windows Operating Systems）或 Linux 操作系統的 IBM 預測性客戶智能安裝指南（IBM Predictive Customer Intelligence Installation Guide for Linux Operating Systems）。

電信移動案例包括以下幾個模型，匯集了一些數據和 3 個預測模型。

一、用於移動端案例的聚合模型

IBM 預測性客戶智能移動案例包括一小部分的 IBM SPSS 模型，在建模過程中的不同階段收集並編輯了數據，然後用於更多的預測模型，比如流失率模型、接受傾向模型、呼叫中心預測模型。

1. 創建初始的分析數據集

這一階段轉換數據，並創建移動生活方式措施。這個階段的輸出結果代表客戶日常行為。基於相似的特徵來劃分客戶不同的生活方式，如探索式、循規蹈矩式。

在這個階段的案例包括以下模型：

（1）Phase One Lifestyle Model Data Builder.str 模型轉換數據，並創建移動生活方式措施。

（2）Phase One Dwell Model Data Builder.str 模型為客戶位置創建初始數據集。

（3）Phase One QoS Model Data Builder.str 建立了服務質量數據集。

（4）Phase One Usage Model Data Builder.str 創造了使用分析的中間數據集。

2. 增強數據集

這一階段的模型用於完成需要分析的使用措施。

例如，Phase Two Usage Model.str 是基於使用類型分割數據（數據、語音和文本），然後使用自動數據準備（ADP）來轉換模型以減少任何偏差。最後，計算總的數據、語音和文本消息全部使用值。

Phase Two Location Affinity Data Builder.str：為位置關聯創建最終集。

Phase Two Buddy Model Data Builder.str 創建一個表，顯示聊天對象，假設兩個客戶有相同的供應商在何時、何地以及聯繫頻率。

3. 最終分析數據集

這個階段的模型創建了最終數據集。

例如，Phase Three Location Affinity Analysis.str 為用戶位置偏好創建了最終集。例如，模型確認了用戶的使用習慣，如周末到達一個地點的頻繁程度。

Phase Three Merge Subscriber Data.str 創建了最終客戶 ID 等級分析集。

4. 報告、地圖和分析

Phase Four Tower Reports.str 顯示了 20 個蜂狀塔報告，包括每個塔的坐標。

二、預測流失模型

使用移動分析，可以增強現有的流失預測概率。

流失率是客戶結束他們的合同或者服務的度量。流失預測模型目的是為了預測現有活躍客戶列表中，客戶的流失可能性。

為了更好地理解客戶的個性化，通過對每位客戶的特別度量，是有可能更好地瞭解他們的未來行為的。移動分析為每位客戶創建了唯一的情況，可用作細節上的理解——他們如何使用服務，在使用過程中、生活方式中或者個人偏好中觀察客戶的變化，這些都能代表流失的過程。

三、呼叫中心預測模型

通過使用中心聯繫人的詳細信息和用戶的意見，可以確認客戶情緒和聯繫呼叫中心的傾向。

呼叫中心聯繫人有不同的來源，如網路互動、語音回覆單位交互，或者目前的呼叫中心交互。可通過輸入用戶評論，來自呼叫中心交談的記錄，社交媒體或者郵件來實現預測。

四、建議接受傾向預測模型

基於各種分類客戶的歷史回覆，建議接受傾向模型預測每位客戶接受不同建議的過程。

第四節　零售案例的預測模型

零售案例中提供了許多預測模型。

若要安裝示例，請參閱 Linux 操作系統的 IBM 預測性客戶智能安裝指南，或 Microsoft Windows 操作系統的 IBM 預測性客戶智能安裝指南。

以下模型是構成預測模型的零售案例的基礎。

1. 客戶細分模型

客戶細分模型通過對人口細分，上網行為細分和購買行為分析來細分客戶。

2. 購物籃分析模型

市場購物籃分析允許零售商通過分析歷史銷售記錄和用戶的網上瀏覽行為，深入瞭解該產品的銷售模式。

3. 客戶親和模型

用戶可以通過瞭解客戶的人口統計信息來確定客戶對產品線的親和力、購買信息和瀏覽信息。

4. 響應日誌分析模型

響應日誌分析模型是通過與來自 IBM 分析決策管理業務規則的建議相比較來獲取客戶的反應。

5. 價格敏感度模型

價格敏感度是一個產品的價格影響客戶的購買決策的程度。

6. 庫存建議模型

庫存建議模型確定有多餘的庫存產品，並基於類別的近似程度和庫存過剩的組合，為客戶提供實時建議。

一、數據準備為零售提供解決方案

通過使用 IBM SPSS Modeler 流處理在線瀏覽數據。

1. 預處理在線數據

數據預處理流是從一個在線系統中處理客戶的瀏覽數據的行為，並將其加載到數據庫表中的格式，這適合建模分析。處理可以在分批處理模式中進行。

用於預處理數據的例子被命名為預處理數據加載 Stream.str。

要獲得網上瀏覽行為數據，部署 Web 分析解決方案。網路分析工具靈活地允許以不同的格式將瀏覽行為數據導出，如逗號分隔的文件，然後可以在 IBM SPSS Modeler 中進一步分析流。數據類型包括產品瀏覽，將產品放入購物車，廢棄產品，購買的產品，客戶瀏覽網頁以及產品類別等。

2. 確定分類相似性目標

相似性分析是一種關係數據分析和數據挖掘技術，由客戶表現出的一些行為來體現，是為了瞭解其他客戶的購買行為共性。客戶可以在線上線下同時存在。在網上購物，客戶可以瀏覽、搜索和查看不同的產品頁面，接著進行購買。範疇相似性模式的目的是通過對其中一個客戶在線瞭解和購買行為的愛好分析，獲得關於產品線的信息。

案例中包含的模型流是由類別相似性目標決定的流，名為類別相似目標 Determination.str。

使用類別相似性目標的模型流，可以在網上和店內的歷史交易數據中找出以下客戶信息：產品瀏覽、產品購買、產品廢棄、被放入購物車產品、現場搜索、頁面瀏覽。

流應分別處理每個活動，讓用戶可以排列購買商品、瀏覽、搜索和頁面瀏覽量活動的優先順序。

數據應分兩步進行處理：

（1）數據的聚合應該在產品線級別上完成，這樣就可以得到每個生產線上的商品的數量，以及為客戶提供商品的行為。

（2）確定客戶是否有通過比較某特定產品線的相似性：所購買的每一個類別與項目數、由總人口購買的商品的平均數目。

有些產品更可能大批量購買，而其他一些產品會小批量購買。例如，一個客戶可能購買大量可寫的 DVD，但他們可能在三年內只購買一臺電腦。如果用戶使用項目的數量或項目的價值，類別相似性模式會顯示幾個可選擇的產品的偏差。

客戶可能搜索具有不同名稱的產品，可以使用相關的關鍵字，或者訪問相關網頁。預處理流可以處理現有數據來得到相應的產品線的信息和導出該類別下的每個產品線的體積。

當客戶搜索具有精確的產品線名稱的產品時，一個權重便分配給該產品線。然而，當某個用戶搜索了一個超級類別，確定了該超級類產品線的數量，便給超級類別中的所有產品線都賦予相等的權重。例如，一個客戶搜索按類別命名的消費電子產品。這是不可能瞭解的客戶搜索信息，因為消費電子產品包含三個產品線，電腦、MP3、智能手機。在這種情況下，所有三個產品線有 1/3 = 0.333,333,333 的權重。

用戶可以比較客戶的瀏覽行為、購買行為以便更深入地瞭解客戶。當不存在購買信息時只考慮瀏覽行為。同樣，如果沒有瀏覽行為，可以考慮搜索行為，如果沒有搜索的行為，可以考慮頁面視圖的信息。

二、客戶細分模型

當用戶定義了客戶分類，可將具有類似需求特點的群體劃分到同一組別裡。

劃分用戶基於統計數據、上網行為和購買行為，有助於在合適的時間為客戶提供合適的建議。

零售案例中確定客戶群的示例流被命名為 Customer_Segmentation.str。

1. 人口統計細分

人口統計細分的依據是年齡、性別、婚姻狀況、家庭、教育、職業和收入成員的數目。為了通過數據得到有意義的分類，丟失的信息是基於其他變量的。連續變量如年齡和收入被分為更小的組。

當有多個變量需要考慮時，分類是具有挑戰性的。K-均值聚類可用於將客戶群分成不同的組。與試圖預測結果不同的是，K-均值聚類嘗試從統計數據中揭示模式，並用於輸入。使用這樣的方式形成的分類，各個區段內的每個客戶都是相似的，存在於其他區段的客戶才是不同的。K-均值聚類的多次迭代劃分為客戶群，用來達到六個組別，並用於定位的廣告活動。教育、收入、婚姻狀況是前三個變量，以決定客戶在其中屬於哪個組別。

2. 上網行為細分

在上網行為細分開始前，數據必須有所準備。之後聚合數據顯示的趨勢在一

個特定的會話中為個人客戶和總人口分類。

兩步集群模型生成的方法是基於在數據準備階段編制的匯總信息，使用在線瀏覽歷史數據。使用兩步聚類方法是因為它可以處理混合的字段類型，並能有效地處理大量的數據集。它也可以測試多個群集解決方案，並選擇最好的，所以簇的數量不必在過程的起始點進行設置。不必設置簇的數量是一個重要的特徵，因為在線數據在本質上是動態的，而所使用的算法在新用戶生成時，必須能夠識別新的集群。所述兩步聚類方法可設為排除不尋常的情況，即可能變異的結果。由該兩步聚類方法形成的集群描述了在網上購買過程中的各個階段的客戶的品質。

3. 購買行為細分

客戶的購買歷史在由網上和店內收集的。這涉及收集客戶所購買產品額外的細節。額外的細節可能包括：當有一個提議被該項目購買的時候，究竟是什麼折扣？什麼是賣產品的保證金？此信息用於導出多個變量，如所購買的物品在這兩個渠道、折扣和常規的購物過程中的平均購買值和平均數量。

過去的購買行為有助於預測客戶購買商品的可能性，以及對各種優惠的反應。過去購買行為也有助於預測的活動更適合客戶。一個 K-均值聚類模型用於推導的各個環節是根據該客戶在線上及線下支付的交易過程，以及在訂單交易期間的購買行為，或在其他時間的購買行為。該模型確定了兩個集群主要為線上的客戶，三個集群主要為線下的客戶。對於網上和實體店集群，一個段被確定為報價尋覓者。網上報價一般的尋覓者購買高價值的物品和實體店優惠尋覓者通常購買低價值的物品。沒有接受報價的尋覓者通常購買高價值的物品。

三、購物籃分析模型

購物籃分析模型允許零售商通過分析歷史銷售記錄和用戶的網上瀏覽行為，以深入瞭解該產品的銷售模式。

購物籃分析是用來提高行銷效果，並通過給正確的客戶合適的報價，提高交叉銷售和向上銷售的機會。對於零售商，良好的促銷活動可以增加收入和利潤。市場購物籃分析模型的目標是確定客戶可能有興趣購買或瀏覽的下一個產品。

購物籃分析是對零售商相關產品的歷史交易進行分析。關聯規則是通過使用特定項目的頻率組合產生的。選擇具有高級提升力、信任度和支持的規則進行部署。

對於購物籃分析的例子流的名稱如下：① Market_Basket_Analysis_Product_Recommendations.str，② Market_Basket_Analysis_Export_to_Table.str，③ Market_Basket_Analysis 產品 Lines.str。輸入流是購買瀏覽產品的類別。輸出是 IBM 分析決策管理用於提供客戶一個合適的報價。

購物籃分析的在線零售商需要兩種類型的數據：銷售交易數據和客戶的在線瀏覽行為數據。這是在數據處理步驟中製作的在線數據，它提供了關於在線購買和瀏覽的信息。

一個 Apriori 算法是用來尋找不同的產品類別之間的關聯規則。購物籃分析是

分開進行的，以找到在商店購買哪些瀏覽產品以及網上購買產品的產品之間的關聯。瀏覽行為數據進行匯總可以得到所有由客戶購買的產品和所有由客戶瀏覽的產品。然後 Apriori 算法應用於聚合數據，以找到不同的產品類別之間的關聯對那些購買的產品和提供瀏覽的產品的影響。有關 Apriori 算法的詳細信息，請參閱 IBM SPSS Modeler 用戶指南（http://www01.ibm.com/support/knowledgecenter/SS3RA7_16.0.0/com.ibm.spss.modeler.help/clementine/ understanding_modeltypes.htm? LANG = EN）。

四、客戶親和模型

用戶可以通過瞭解客戶的人口統計信息、購買信息和瀏覽信息來確定客戶對產品線的親和力。

確定產品線的親和力和產品選擇，客戶的零售案例中的示例流命名為 Category_Affinity_MBA_Segmentation.str。

親和度模型的輸入是為了輸出親和度確定的目標模式、客戶細分模型和在線事務數據。模型的輸出存儲在中間數據庫表中，並包含有關產品線客戶最感興趣的客戶段和客戶市場購物籃的信息。這個輸入使用邏輯迴歸算法。邏輯迴歸是用於基於輸入字段的值記錄進行分類的統計技術。因為目標有多個產品線，所以採用多項模型。模型輸出存儲在 CUSTOMER_SUMMARY_DATA 數據庫表以及 IBM 分析決策管理應用中被使用。

五、響應日誌分析模型

響應日誌獲取客戶的反應與建議與 IBM 的分析決策管理業務相比，響應日誌記錄了客戶的反應與建議。

響應日誌給出的建議數量是由客戶提供的形式來接受提供或拒絕提供。此信息記錄在 IBM SPSS 協作和部署服務系統中的表形式的 XML 響應日誌中。響應日誌分析模型的目的是發現以下信息：

（1）客戶轉換為買家。

（2）哪些 IBM 的分析決策管理規則觸發高轉化率，確定有高影響的業務規則。

響應實例日誌分析模型的示例流被命名為 ResponseLog_Model.str。

輸入產品反饋日誌，日誌的響應。

使用下面的模型：①自學響應模型（Self-Learning Response Model，SLRM）算法；②貝葉斯網路算法。

響應日誌數據由響應服務抓取。響應服務日誌的所有客戶對 IBM SPSS 協作和部署服務系統表用 XML 標記的形式展現。日誌中包含的客戶反應，如接受提議、提出的報價、客戶人口統計、實際利潤、接受 IBM 提供的分析決策管理規則和其他元數據。

類似的方法可以用來記錄客戶對每個產品線的文本格式，並給出產品的反

饋。此數據由 XQuery 查詢，查詢和查詢 XML 數據的集合函數式編程語言。然後加載到一個視圖和數據中，並以此作為建模的數據來源。

自學響應模型（SLRM）算法用於預測最適合提供給客戶的產品和客戶人口統計數據。通過使用 SLRM 節點，可以建立一個模型，隨著一個數據集不斷更新或被重新估計，而無需使用完整的數據集重建模型，該模型預測哪些報價對客戶最合適，並預測被接受報價的可能性。這個模型預測提供最適合客戶和預測提供了被接受的概率。模型還分析 IBM 分析決策管理規則，以確定哪些是最有效的規則。

六、庫存建議模型

零售商通常有庫存過剩的問題，由於產品變得過時，庫存的價值迅速貶值。為了防止這個問題，零售商使用相應的優惠策略，以清除多餘的庫存。基於庫存的建議模型識別產品過多的庫存，然後使基於類的親和力和庫存過剩的組合，為客戶提供實時建議。

基於庫存的建議模型流命名為 Suggestion.start。

模型的輸入為在線交易數據、物理存儲和產品的細節，包括當前的庫存。把產品名稱、價格和成本數據輸出給客戶。

該模型使用時間序列建模的建模技術，並使用 IBM SPSS Modeler 導出的庫存分析節點的功能。

1. 庫存預測

可以提前一個星期預測產品的需求。

採購是通過客戶每天在店內和網上產品需求信息的聚合。這個信息被用作時間序列建模的輸入。在時間序列模型中，IBM SPSS Modeler 專家選項被選中，這樣選擇的最佳擬合模型是根據他們的個人特徵設計每個產品。

2. 庫存成本分析

你可以計算出多餘的庫存持有成本。過多的庫存是由使用現貨、預測需求的考慮和需求的變化來確定。

過剩庫存=現貨 – 預測需求 – 對服務水平要求的 Z 評分×預期需求的差異

現貨由產品表中包裝尺寸得出。時間序列模型可以得到接下來七天的預測需求。通過使用聚合節點計算一天的標準偏差，得到所有產品的標準偏差值。再利用方差除以長度（七天）方差乘以 SQRT（7）。在較長時間內方差是加成預期每天的方差，標準差是方差的平方根。那麼持有成本取為全部，即過剩的庫存產品成本的 25%。

3. 實時建議

當客戶在 IBM 分析決定管理系統中輸入數據，客戶的生產線實時選擇中親和力最高。如果有一個產品在生產線有多餘的庫存，則把該產品推薦給客戶。如果客戶客戶親和力高的產品線庫存不足，那麼默認的產品，它具有所有產品線最高的持有成本，並把其推薦給客戶。

七、零售案例中的部署模型

得分流的預測模型是基於零售中描述的案例研究。得分流使用相同的輸入作為 IBM 的分析決策管理應用程序。

在零售案例中，有三個得分流：
（1）在線行為細分。
（2）瀏覽購物籃分析在產品層面的客戶。
（3）購買購物籃分析在產品層面的客戶。

執行市場購物籃分析，必須查找產品的價格信息表或產品的市場購物籃分析的建議。在一個實時評分服務中，這是不可能的，所以要使用腳本。把信息，比如價格和成本，填充到查找表中使用這些腳本。有兩種方法來執行該腳本。

選擇工具→流的屬性→執行。示例腳本運行產品表格的輸出節點，該節點能在產品的價格、成本和物品全稱上提供信息。然後腳本會刪除現有的查詢表，並創建基於產品表輸出的新的查詢表下一行；第二種執行方法是創建一項作業，並通過在網頁服務中使用該項作業的 URI 來調用腳本。

八、使用零售案例模型分析 IBM 決策管理

在 IBM 分析決策管理中，可以結合預測模型與規則來分配符合的業務目標。組合選擇和分配規則，可以基於簡單的屬性，如年齡或工作狀況，或基於預測模型的輸出。

零售案例的分析決策管理應用程序名為零售促銷活動，並在零售場景設計的行銷活動中管理。它由兩個分析決策模型進行，一個模型進行在線促銷活動，另一個模型進行店內促銷活動。

1. 線上促銷活動

線上促銷活動的目的是針對特定的客戶群。

所使用的應用程序的數據，包括人口、行為數據、購買歷史和屬性，如段的會員和類別親和力是從預測模型得出的。

2. 店內促銷活動

店內促銷活動圍繞業務目標展開，如減少庫存是通過特殊促銷活動或獎勵最忠誠的客戶來實現的。

3. 輸入到分析決策管理應用程序

IBM 的分析決策管理應用程序使用以下預測模型的輸出作為輸入：
（1）類別親和力模型輸出

該客戶喜歡特定產品線的概率。
（2）細分模型輸出

人口結構，上網行為和購買行為分類輸出。
（3）購物籃分析的輸出

市場購物籃分析的輸出基於瀏覽和購買。

第五節　保險案例的預測模型

保險案例中使用了很多預測模型。

安裝案例，可參考微軟 Windows 操作系統 IBM 預測性客戶智能安裝指南，或 Linux 操作系統 IBM 預測性客戶智能安裝指南。

下面的模型是在保險案例中的預測模型基礎上得出：

1. 客戶分割模型

根據客戶的經濟複雜度將客戶細分。這種模型使保險公司能出售定期保險給合適的人。

2. 客戶流失預測模型

通過利用客戶信息，如家庭和金融數據、交易數據和行為數據等信息預測客戶流失傾向。

3. 客戶終身價值模型（CLTV）

客戶終身價值模型基於客戶給公司帶來的收入、保持使用定期險的成本、維護客戶的成本、客戶在將來使用定期險的可能性來預測客戶終身價值。

4. 活動反饋模型

預測客戶將回應目標報價的可能性，因此用戶只是向反應傾向高於某一特定閾值的客戶發送報價。

5. 自動流失模型

預測客戶可能會從當前的活動客戶列表中流失。這種模型只考慮擁有汽車定期險的客戶。

6. 人生階段模型

根據客戶目前的生活階段將他們分組，這將有助於根據他們當前的生命階段所在的客戶段推薦準確的定期保險。

7. 購買傾向模型

識別購買人壽保險的客戶，判斷其在哪個生命階段的客戶段中，其中在「生命階段客戶段模型」中定義客戶段。

8. 保單推薦模型

基於歷史數據，通過考慮一些因素，如客戶在不同生命階段的客戶段的網路活動數據以及人壽保險購買傾向建議正確的保險單。

9. 數據處理模型

通過客戶訪問保險公司網站來獲得轉換和聚集數據，以便它可以被用來定義規則，為每個客戶推薦正確的定期保險。

10. 社群媒體分析模型

從客戶的社交媒體帖子中提取客戶生命階段事件信息。

11. 情緒評分模型

從記錄客戶投訴時的評論中提取情緒得分。

一、保險案例中使用的數據

在保險案例中，保險公司經營多種業務，一般使用下列類型的數據。

1. 客戶主數據

客戶主數據包括客戶的人口統計數據、就業和收入數據，以及有關家庭的信息。POLICYHOLDER 和 HOUSEHOLD 捕獲大部分數據。一般情況下，主數據管理系統是客戶主數據的來源。

2. 客戶策略數據

客戶策略數據包括匯總客戶信息，如客戶所擁有的保單數量和類型、客戶支付的全部保費、平均索賠金額、客戶使用時間的長短、投訴的數量、索賠的數量和客戶的情緒數據。POLICYHOLDER_FACT 和 POLICY_FACT 捕獲大部分數據。

3. 客戶交易數據

客戶交易數據包括客戶所有的交易數據，如購買保單的數據，這些保單的成立和到期/更新日期數據，有關客戶在過去的所有投訴的數據，與客戶有關的所有投訴的數據。POLICIES，CLAIMS，COMPLAINTS，COMPLAINT_DETAILS 表包含這些數據。

4. 客戶社群媒體數據

除了企業內部可獲得的客戶數據，保險機構也希望從外部來源的數據中獲取洞察。例如，在社會化媒體渠道中，關於客戶在保險公司購買保險的經歷，以及關於他們的需求和生活事件的留言，這些可能會產生一個機會，以便出售適當的保險產品。SMA_DATA 和 SMA_DATA_ANALYSIS 表捕獲這樣的外部數據，並對這一社會媒體數據進行歸納分析。

5. 客戶網路瀏覽數據（customer web browsing data）

許多保險機構允許他們的客戶通過他們的網站在線購買或查看他們的保險產品。技術使網上跟蹤客戶的活動具有可能性，給保險機構至關重要的洞察，主要是關於客戶在當前對特定保險產品的興趣。網路分析工具可用於分析客戶在網站上的活動，並使用此信息與其他客戶數據進行比較，以便在正確的時間給客戶正確的建議。ACTIVITY_FEED_DATA，ONLINE_BROWSING_HISTORY 和 ONLINE_BROWSING_SUMMARY 表包含客戶的網路活動數據。

二、客戶分割模型

當用戶定義客戶細分時，用戶將具有相似的需求特性的客戶分到同一個客戶群中。在保險的案例中，客戶根據自己的財務複雜度被劃分。

客戶被細分為複雜類別和新手類別。這意味著，保險公司可以針對每一個客戶段結合交叉銷售保險，可以適當提高交叉銷售活動的有效性。

定義客戶段的實例流名稱為 Segmentation.str。

該模型採用的是兩步聚類。

實例分割模型的輸入是客戶主數據和客戶策略數據，特別是：

（1）人口統計數據：年齡、性別、婚姻狀況、就業狀況。
（2）保險單相關數據：保險額度、保單、保費、使用權、保險分。
（3）財務數據：收入、退休計劃、家庭擁有狀況、車輛所有權。

匯總這些輸入，讀取每個記錄。基於距離準則，兩步聚類算法決定是否應該與現有的集群合併，或用於生成一個新的集群。如果簇的數目變得太大（用戶可以設置的最大數目），則距離標準增加，以及集群的距離小於修改距離標準而被合併。通過這種方式，記錄就聚集在一組初步的單通數據集群中。

三、客戶流失預測模型

客戶流失預測模型通過使用客戶的信息，如家庭和金融數據、交易數據和行為數據，預測客戶流失傾向。

客戶流失預測模型的輸入是過去調查中的客戶的人口統計數據、保險單、保費、使用時長、索賠、投訴和情緒得分等數據。

預測客戶流失的案例流為 churn.str。

為客戶流失預測的數據準備開始於聚合所有可用的客戶信息。預測的客戶流失的數據被分為以下幾類：

（1）人口統計數據，如年齡、性別、教育、婚姻狀況、就業狀況、收入、家庭擁有狀況、退休計劃。

（2）保單相關的數據，如保險額度、在家庭中擁有的保單數、家庭中保險使用時長、保費、可支配收入和投保的車。

（3）索賠，如索賠結算時間、提交和否認的索賠數量。

（4）投訴，如公開和關閉投訴的數量。

（5）調查情緒數據。情緒分數通過兩方面來獲得，分別是從過去的調查中抓獲的最新的數據以及平均注意力得分。注意力得分僅來自客戶的負面反饋。如果客戶的注意態度是零，客戶就更滿意，而隨著數量的增加，滿意度會降低。

卡方自動交互檢測（CHAID）算法用於預測客戶流失。CHAID 算法是一種分類方法，通過採用卡方統計建立決策樹，找出最佳的位置分離決策樹。CHAID 模型輸出的是決策規則、決策樹和預測的重要性圖。這個輸出顯示給用戶一個結果，即客戶流失中，哪一個預測因素是最重要的。例如，最重要的預測因素可能是 HOUSEHOLD_TENURE、LATEST_NOTE_ATTITUDE 和 NUMBER_OF_POLICIES _IN_HOUSEHOLD。

四、客戶終身價值模型（CLTV）

保險示例使用客戶終身價值模型（CLTV）瞭解客戶盈利能力。

CLTV 是一種常用的方法，用來確定每個客戶的貨幣價值。它可以幫助保險公司確定必須花多少錢來獲取或保留客戶。CLTV 是指一個客戶隨著時間的推移對業務貢獻的預期淨利潤。在如何計算客戶終身價值方面，先進的分析提供了新的洞察。

案例流為 cltv.str。

該模型的輸入是客戶的人口統計數據、保單、保費、使用時長、保單維護成本、投訴和客戶調查的情緒。CLTV 由客戶每月的保證金金額和客戶可能在任何一個月流失的概率確定。客戶在高利潤的金額和低流失率的情況下有較高的客戶終身價值（CLTV）。

CLTV 由以下公式推導：

$$\sum_{i=1}^{n} \frac{\text{NetProfit} * C_i}{(1+d)^t}$$

NetProfit：淨利潤

C_i = 客戶 i 在 t 時刻可以產生收入的概率；

N = 期間總數；

d = 月貼現率；

t = 現金流時間。

C_i 的概率可以通過使用 Cox 迴歸估計。Cox 迴歸分析是考察幾個變量在指定事件發生時的效果的一種方法。在客戶流失的結果下，這稱為客戶存活分析的 Cox 迴歸。

CLTV 計算考慮以下：

（1）給 Cox 模型賦值，考慮客戶過去的「生存」時間，並且預測 1～5 年的客戶流失率。

（2）淨利潤值通過以下表達式獲得。

NET_PROFIT =（TOTAL_PREMIUM － MAINTENANCE_COST）* 12

淨利潤=（所有的保費－維護費用）* 12

・客戶終身價值來源如下：

CLTV =（NET_PROFIT * C1/（1 + 0.12））
+（NET_PROFIT * C2/（1 + 0.11）* * 2）
+（NET_PROFIT * C3 /（1 + 0.1）* * 3）
+（NET_PROFIT * C4 /（1 + 0.09）* * 4）
+（NET_PROFIT * C5 /（1 + 0.08）* * 5）
+（NET_PROFIT * POLICYHOLDER_TENURE）

POLICYHOLDER_TENURE：投保人使用年限

CI =（1,2,3,4,5）是更新概率，這是客戶未來可以帶來的價值。最後一項是一個客戶的歷史價值和當前價值。

・CLVT 的值通過使用下面的計算進一步被分為低、中、高三類：

CLTV_CAT =

if CLTV <= 30,083.625 then 'LOW'

elseif CLTV > 30,083.625 and CLTV <= 46,488.000,000,000,007 then 'MEDIUM'

elseif CLTV > 46,488.000,000,000,007 then 'HIGH'

else 'LOW'

Endif

五、活動反饋模型

向正確的客戶提供有針對性的報價是促銷計劃和活動設計的一個重要部分。保險案例使用活動反饋模型預測客戶反饋有針對性的報價的概率。

該活動反饋模型有助於向特定的客戶發送報價,這類客戶的反應傾向高於特定的閾值。

預測客戶的響應一個活動案例流為 Campaign Response Model.str。

模型的輸入是客戶先前的報價反饋數據,該模型是基於該數據進行訓練的。

基於以前的活動數據,決策列表算法用於識別反饋度較為良好的客戶特點。該模型生成的規則是通過一個二進制(1 或 0)的結果表示一個更高或更低的可能性。活動反饋模型只考慮保險公司目前擁有的客戶,而不是流失的客戶。

六、人生階段模型

保險示例使用年齡段模型根據用戶當前的人生階段進行分組。

將客戶分為當前生命階段的例子流為 Lifestage Current Segment.str。

該模型使用簡單的規則,以獲得目前客戶的人生階段的客戶段。定義段的一些例子有:①新婚;②年輕家庭;③年輕和富裕;④單身;⑤離異。

七、購買傾向模型

保險示例利用 Apriori 模型將客戶購買人壽保險的傾向按人生階段分類。

案例流為:Buying Propensity_Model.str。

Apriori 模型是一個從數據中提取關聯規則的關聯算法。該算法使用過去的保險單購買數據以及為每個客戶生命階段級別的保單提供購買傾向評分。輸出被進一步處理成一個概要格式,然後通過 IBM 分析決策管理提供合適的報價給客戶。

八、保單推薦模型

保險案例採用保險單推薦模型,為客戶推薦正確的保單。

案例流為 Insurance Policy Recommendation.str。

保險政策推薦模型比較的保險政策,保單推薦模型把顧客瀏覽的保險政策與對顧客人生階段有更高購買趨勢的保險政策單進行比較。

保險單推薦模型將客戶瀏覽的保險單與客戶人生階段中有較高的購買傾向的保險單列表進行比較。該模型根據這一數據向客戶推薦正確的保單。

九、數據處理模型

保險示例使用 Data Processing Stream.str 流轉換和匯總客戶在保險公司網站上的活動數據。

為了獲得在線瀏覽行為數據,需要部署一個網路分析解決方案。

流在一個網路分析工具中預處理活動的數據,並將其加載到一個易於分析的

表格中。轉換後的數據存儲在 ONLINE_BROWSING_HISTORY 表中。

十、社群媒體分析模型

用戶可以使用社交媒體來獲得對客戶有價值的洞察。保險案例採用了 SMA 文本分析模型，從社會媒體信息中提取信息。IBM 預測客戶智能不檢索社交媒體數據，該方案假設社會媒體的數據是可用的。

SMA 文本分析模型採用文本分析法來讀取社會媒體數據，並提取人生階段的事件信息。人生階段事件的一些例子如：新生兒出生、新的工作、新的房子、生日、結婚等。這些信息被用來幫助建議適當的保險單給客戶。

十一、情緒評分模型

呼叫中心代理的客戶交互活動是一個可以用來確定客戶的滿意度水平的有價值數據來源。保險案例使用的情緒評分模型從記錄客戶投訴時的評論中提取情緒得分。輸入的是客戶投訴細節。

提取情感得分的案例流為 Sentiment.str。

文書分析模型讀取客戶投訴細節，並從信息中提取有意義的詞彙和概念。消極的概念是用來推導的情緒得分。情感得分反應了客戶在抱怨時所使用的負面詞彙的數量。

例如這些概念：「壞」「不可訪問」「慢」「錯誤」。

十二、保險數據模型

在 IBM 預測性客戶智能中用於預測模型的歷史數據存儲在 IBM DB2 數據庫中。

預測企業視圖（PEV）的數據通過數據的實時評分服務創建。數據庫視圖（DB 視圖）也被創建用於 IBM SPSS Modeler 中的流。表 3.1 描述了部分預測企業視圖和數據庫視圖的一些數據列。

表 3.1　　　　　　　　　保險案例中的關鍵數據列

名稱	描述
年齡（AGE）	投保人的年齡
客戶終身價值（CLTV）	客戶終身價值
教育（EDUCATION）	投保人的受教育程度
就業現狀（EMPLOYMENT_STATUS）	人的就業狀況
性別（GENDER）	人的性別
收入（INCOME）	投保人的年收入
婚姻狀況（MARITAL_STATUS）	人的婚姻狀況
維護費用（MAINTENANCE_COST）	維持保單的成本

表3.1(續)

名稱	描述
保單持有月數 (MONTHS_SINCE_POLICY_INCEPTION)	投保人從保單生效開始持有保單時長
無索賠請求的月數 (MONTHS_SINCE_LAST_CLAIM)	從投保人最後一次提出索賠到現在為止 有幾個月
索賠被拒絕數量 (NUMBER_OF_CLAIMS_DENIED)	被拒絕索賠的數量
索賠成功數量 (NUMBER_OF_CLAIMS_FILED)	被歸檔的索賠的數量
索賠結算持續時間 (CLAIM_SETTLEMENT_DURATION)	索賠開始的日期和索賠結束的日期之間相隔 多少天,根據索賠現狀確定客戶滿意度
投訴量 (NUMBER_OF_COMPLAINTS)	投保人提交的投訴數量
關閉投訴量 (NO_OF_CLOSED_COMPLAINTS)	已關閉的投訴數量
開啓投訴量 (NUMBER_OF_OPEN_COMPLAINTS)	開啓的投訴數量
最近的注意態度 (LATEST_NOTE_ATTITUDE)	最後一次溝通的態度
平均注意態度 (AVG_NOTE_ATTITUDE)	平均溝通注意態度
保單量(NUMBER_OF_POLICIES)	投保人擁有多少份保單
保單持有者ID(POLICYHOLDER_ID)	任何值,沒有商業意義,唯一區分這個實體的信息
保單ID(POLICY_ID)	任何值,沒有商業意義,唯一區分這個實體的信息
保單類型(POLICY_TYPE)	指示該保單類型,例如:固定期限和彈性項
車輛所有權 (VEHICLE_OWNERSHIP)	指示該保單持有人是否擁有車輛
車輛類型(VEHICLE_TYPE)	車輛的類型
車輛型號(VEHICLE_SIZE)	車輛型號
房屋所有權情況 (HOME_OWNERSHIP_STATUS)	住宅租賃狀況
保險業務量(INSURANCE_LINES)	投保人持有保險產品的種類
保險評分(INSURANCE_SCORE)	根據信用評分以及如索賠申請歷史等 其他因素,得出的保險評分
人壽保險客戶(LIFE_CUSTOMER)	指示客戶是否擁有人壽保險單

表3.1(續)

名稱	描述
非壽險客戶 (NON_LIFE_CUSTOMER)	指示是否一個人擁有非壽險保單
孩子數量 (NUMBER_OF_CHILDREN)	投保人有幾個孩子
投保車的數量 (NUMBER_OF_INSURED_CARS)	投保人在保險公司投保的車的數量
投保人使用年限 (POLICYHOLDER_TENURE)	投保人使用該保險公司的產品年限
保費總額 (TOTAL_PREMIUM)	在所有的保單中由投保人支付給保險公司的保費總額
退休計劃 (RETIREMENT_PLAN)	投保人退休計劃的名稱
家庭孩子數量 (HOUSEHOLD_NUMBER_OF_CHILDREN)	家庭子女數量
家庭投保汽車數量 (HOUSEHOLD_NUMBER_OF_INSURED_CARS)	家庭在保險公司投保的汽車的數量
家庭保單數量 (NUMBER_OF_POLICIES_IN_HOUSEHOLD)	家庭保單數量
家庭投保年限 (HOUSEHOLD_TENURE)	一個家庭在其客戶狀態的年數
家庭保費(HOUSEHOLD_PREMIUM)	家庭支付給保險公司的保費總額
家庭可支配收入 (HOUSEHOLD_DISPOSABLE_INCOME)	家庭可以在支付完如租金、按揭還款等的款項的所有固定費用後剩餘錢的數額

第六節 銀行案例的預測模型

部分預測模型用於銀行案例，用戶可以通過安裝獲得銀行案例。
銀行案例中，以下模型構成預測模型的基礎：
(1) 親和力分類模型
預測客戶會對哪些產品或服務最感興趣。
(2) 客戶流失率模型
預測客戶是否想要更新家庭保險政策。
(3) 拖欠信用卡模型
預測客戶是否有拖欠信用卡債務的趨勢。
(4) 客戶分類模型
根據客戶相似的特點劃分客戶群，如中等收入的受教育年輕人或中年富

有者。

(5) 序列分析模型

基於客戶所購買的產品，預測推薦給客戶的優惠信息。

一、親和力分類模型

用戶可以通過瞭解客戶的人口信息、購買信息和瀏覽信息來確定客戶對產品線的親和度。

親和力分類模型使用客戶交易數據作為輸入（交易數據、商品、分類、價格）和預測客戶的親和力類型。該模型使用了一個邏輯迴歸模型。邏輯迴歸根據輸入的值分類記錄。

決定客戶對生產線的親和度的案例流名稱為 Category Affinity.str，其輸出是一個確定客戶購買產品可能性的預測性分數。

二、客戶流失率模型

在銀行案例中的流失模型用於預測客戶是否有更新家庭保險政策的傾向。

在銀行案例中預測客戶流失率模型的案例流名稱為 Churn.str。

這個流失模型把多個變量納入考慮中。例如，客戶每月的保險費、目前已投保的月數、保險失效的月份、更新保險的月份、婚姻狀況、收入和年齡等。該模型使用 CHAID 算法。

三、拖欠信用卡模型

拖欠信用卡模型用於預測客戶是否有拖欠信用卡債務的趨勢。

用於預測客戶是否會拖欠信用卡債務的案例流名稱為 Credit Card Default.str。該模型使用的客戶信息有年齡、受教育程度、工齡、收入、住址、信用卡債務、其他債務和該客戶過去是否有拖欠債務記錄等。該模型使用貝葉斯網路算法。

四、客戶分類模型

當用戶需要定義客戶群時，用戶會把有相似需求特徵的客戶歸為一體。

在銀行案例中客戶分類流名稱為 Customer_Segmentation.str。模型輸入的是客戶信息，如年齡、受教育程度、工齡、住址、收入和債務收入比等。該模型使用兩步模型的集群方法把客戶劃分為不同的群體，如中等收入的受教育年輕人或中年富有者。使用兩步模型中的集群方法是因為它能夠解決混合字段類型和大型數據集。

五、序列分析模型

序列分析模型基於客戶所購買的產品，推薦給客戶相應的優惠信息。例如，一個客戶剛取得抵押貸款，可能會想要購買房屋保險。一個剛購買旅遊保險的客戶可能需要激活信用卡的全球使用功能。

序列分析使用序列模型，該模型發現序列型或面向時間型的數據模式。這個

模型檢測頻繁出現的序列，並建立一個用於形成預測的生成模型節點。

用於序列分析的案例流名稱為 Sequence Analysis.str。

六、訓練預測模型

必須把預測模型訓練得能夠辨別數據的有用性。當預測模型提供用戶一個精確的預測，用戶就可以使用預測模型來做實時評估了。

使用一套訓練數據來建立預測模型，並且使用數據測試集來確認使用訓練數據建立的預測模型的有效性。

模型必須定期用新的數據集來重新訓練，為改變行為模式作調整。通過查看 IBM SPSS Modeler Help 獲取更多使用 IBM SPSS Modeler 的信息。

七、評估模型

評估模型意味著該模型能夠通過輸入的數據獲得一個結果或預測，用於決策。

該評估結果能夠表現在數據庫表或普通文件中，或被輸入到應用程序的驅動決策中的分群、選擇和分配規則，這都取決於該應用程序。

查看 IBM SPSS Collaboration and Deployment Services Deployment Manager User's Guide 來獲得更多信息。

八、商務規則模型

使用 IBM Analytical Decision Management 把公司商務規則、預測模型和優化集中在一起，通過預測模型獲取的洞察能夠被轉換成特定的行為。

用戶可以把規則和預測模型結合到一起來分配與商業目標一致的優惠信息。完成此項工作，使用在預測模型輸出結果的基礎上的選擇和分配規則的結合。

用戶所採取的步驟為：
（1）定義可能採取的行為。
（2）如果一個客戶對服務不滿意，用戶應該說些什麼。
（3）分配優惠信息。
（4）哪一類客戶是哪一種優惠的最佳人選。
（5）優先決定了客戶會接受哪一類優惠。

九、部署

用戶可以把應用程序部署到一個測試環境或一個現實產品環境中，例如一個呼叫中心或一個網頁。用戶也可以把應用程序部署為利於批量處理的形式。

用戶可以在 IBM SPSS Modeler 存放處部署一個流。被部署的流能被多個用戶通過企業進入，也可以自動評估和更新。例如，一個模型能夠在定期間隔中自動更新為一個新的可用數據。

第四章　預測性客戶智能平臺系統的基礎操作

第一節　數據庫連接操作

一、實驗目的

1. 掌握 ODBC 數據源的配置過程；
2. 掌握 IBM SPSS Modeler 與 DB2 連接過程；
3. 掌握 IBM Cognos BI Server 的 ODBC 連接配置過程；
4. 掌握 IBM Cognos BI Server 的 JDBC 連接配置過程。

二、實驗原理

1. ODBC 數據庫接口（圖 4.1）

```
        IBM SPSS Modeler   IBM Cognos BI Server
              ↓                    ↓
          ODBC 數據源           ODBC API
                                   ↓
                           ODBC Driver Manager
                                   ↓
                              ODBC Driver
                                   ↓
                              DB2 Server
```

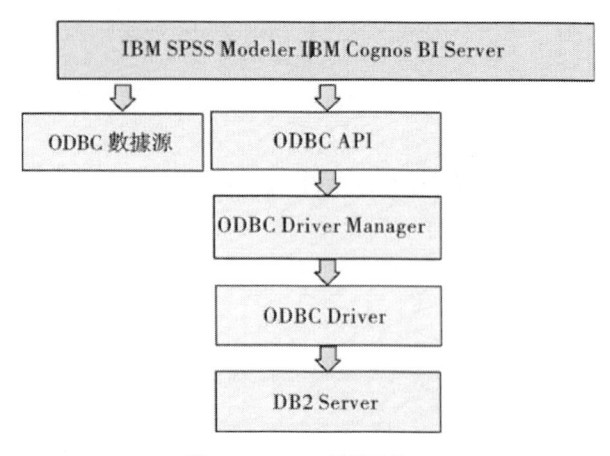

圖 4.1　ODBC 數據庫接口

開放數據庫連接（Open Database Connectivity，ODBC）是微軟公司開放服務結構（Windows Open Services Architecture，WOSA）中有關數據庫的一個組成部分，它建立了一組規範，並提供了一組對數據庫訪問的標準 API（應用程序編程

接口）。這些 API 利用 SQL 來完成其大部分任務。ODBC 本身也提供了對 SQL 語言的支持，用戶可以直接將 SQL 語句發送給 ODBC。ODBC 是 Microsoft 提出的數據庫訪問接口標準。開放數據庫互連定義了訪問數據庫 API 的一個規範，這些 API 獨立於不同廠商的 DBMS，也獨立於具體的編程語言。

ODBC 包括四個層次：

（1）應用層，比如 IBM SPSS Modeler 和 IBM Cognos BI Server：①請求與數據源的連接和會話（SQLConnect）；②向數據源發送 SQL 請求（SQLExecDirct 或 SQLExecute）；③對 SQL 請求的結果定義存儲區和數據格式；④請求結果；⑤處理錯誤；⑥如果需要，把結果返回給用戶；⑦對事務進行控製，請求執行或回退操作（SQLTransact）；⑧終止對數據源的連接（SQLDisconnect）。

（2）ODBC API，為應用層提供了統一的應用編程接口 API，使得應用層不用關心底層的數據庫，只需要調用相應的 API 就可以與數據庫進行交互。

（3）驅動程序管理器（Driver Manager）

由微軟提供的驅動程序管理器是帶有輸入庫的動態連接庫 ODBC．DLL，其主要目的是裝入驅動程序，此外還執行以下工作：

①處理幾個 ODBC 初始化調用；

②為每一個驅動程序提供 ODBC 函數入口點；

③為 ODBC 調用提供參數和次序驗證。

（4）驅動程序（Driver）

驅動程序是實現 ODBC 函數和數據源交互的 DLL，當應用程序調用 SQL Connect 或者 SQLDriver Connect 函數時，驅動程序管理器裝入相應的驅動程序，它對來自應用程序的 ODBC 函數調用進行應答，按照其要求執行以下任務：

①建立與數據源的連接；

②向數據源提交請求；

③在應用程序需求時，轉換數據格式；

④返回結果給應用程序；

⑤將運行錯誤格式化為標準代碼返回；

⑥在需要時說明和處理光標。

IBM SPSS Modeler 和 IBM Cognos BI Server 可以通過 ODBC 接口與數據庫進行數據的交互，在使用 ODBC 接口的時候需要首先建立 ODBC 數據源，ODBC 數據源描述了需要連接的數據庫類型、數據存儲的位置，以及登錄的帳號等參數。可以通過 ODBC 管理程序建立數據源。

2. JDBC 數據庫接口（圖 4.2）

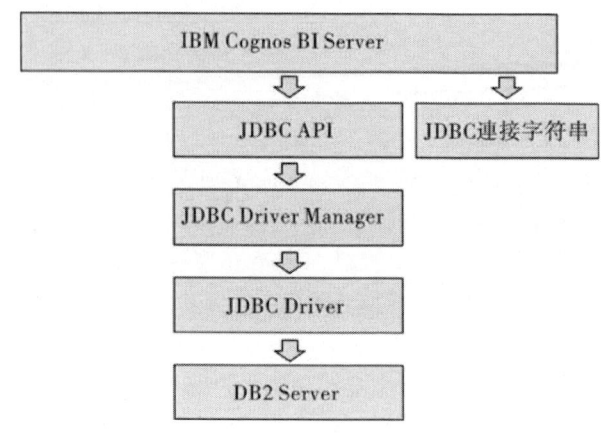

```
┌─────────────────────────┐
│   IBM Cognos BI Server  │
└─────────────────────────┘
       ↓            ↓
┌──────────────┐  ┌──────────────┐
│   JDBC API   │  │ JDBC連接字符串 │
└──────────────┘  └──────────────┘
       ↓
┌──────────────────────┐
│  JDBC Driver Manager │
└──────────────────────┘
       ↓
┌──────────────┐
│  JDBC Driver │
└──────────────┘
       ↓
┌──────────────┐
│  DB2 Server  │
└──────────────┘
```

圖 4.2　JDBC 數據庫接口

　　JDBC（Java Data Base Connectivity，Java 數據庫連接）是一種用於執行 SQL 語句的 Java API，可以為多種關係數據庫提供統一訪問，它由一組用 Java 語言編寫的類和接口組成。JDBC 提供了一種基準，據此可以構建更高級的工具和接口，使數據庫開發人員能夠編寫數據庫應用程序。

　　JDBC 與 ODBC 類似，也包括四個層次：

　　（1）應用層，比如 IBM Cognos BI Server，通過調用 JDBC API 實現數據庫的連接、執行數據查詢、數據操作等過程。

　　（2）JDBC API，為應用層提供了統一的應用編程接口 API，使得應用層不用關心底層的數據庫，只需要調用相應的 API 就可以與數據庫進行交互。

　　（3）驅動程序管理器（Driver Manager），負責調用相應的數據庫驅動程序對數據庫進行訪問。

　　（4）驅動程序（Driver）。不同的數據庫具有不同的驅動程序，當用戶訪問數據庫時，由驅動程序管理器裝入相應的驅動程序，由驅動程序實際執行數據庫的訪問過程。

　　相比 ODBC，JDBC 盡量保證簡單功能的簡便性，而同時在必要時允許使用高級功能。如果使用 ODBC，就必須手動地將 ODBC 驅動程序管理器和驅動程序安裝在每臺客戶機上，並在使用之前創建數據源。

　　如果使用「純 Java」機制，則不需要在客戶機上安裝 JDBC 驅動程序，移植性更好。在配置上也相對簡單，不需要創建數據源，只需要簡單配置一個連接字符串即可。

三、實驗內容

　　（1）IBM SPSS Modeler 與 DB2 連接過程；

　　（2）IBM Cognos BI Server 與 DB2 數據庫連接配置過程。

四、實驗步驟

1. IBM SPSS Modeler 與 DB2 連接過程

（1）在安裝 IBM SPSS Modeler 客戶機中創建 ODBC 數據源。

依次單擊控製面板→系統和安全→管理工具→數據源（ODBC），打開 ODBC 數據源管理器。單擊添加按鈕，創建系統 DSN。如圖 4.3 所示。

圖 4.3　打開 ODBC 數據源管理器

選擇 IBM DB2 ODBC DRIVER 數據庫驅動程序，單擊完成。如圖 4.4 所示。

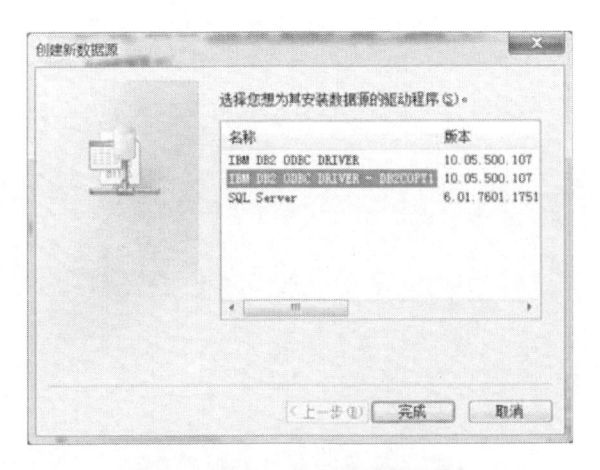

圖 4.4　選擇 ODBC 數據庫驅動程序

輸入數據源名稱，單擊添加，添加數據庫別名。如圖 4.5 所示。

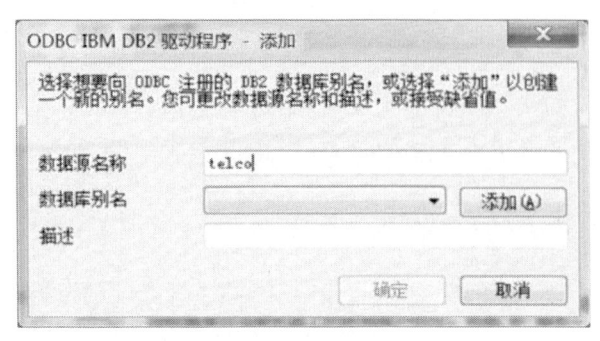

圖 4.5　添加數據源名稱

輸入數據庫帳號密碼，如圖 4.6 所示。

圖 4.6　輸入數據庫帳號密碼

輸入數據庫名稱、數據庫所在服務器 IP 地址和端口號，單擊確定。如圖 4.7 所示。

圖 4.7　輸入其他信息

ODBC 數據源創建完成，如圖 4.8 所示。

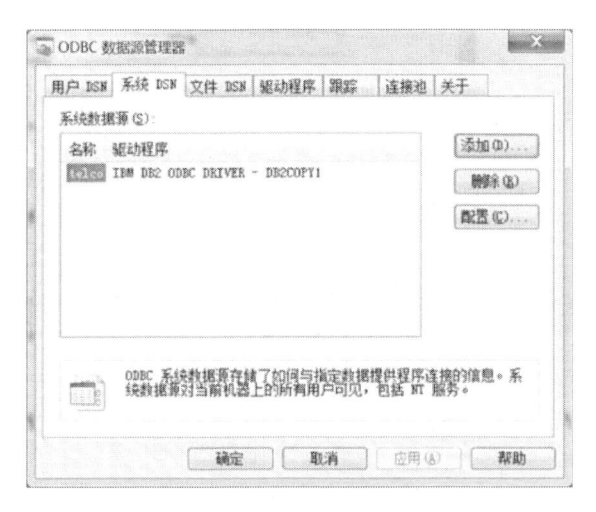

圖 4.8 數據源創建完成

（2）IBM SPSS Modeler 中使用數據源節點與 DB2 數據庫連接並導入導出數據。

單擊開始按鈕，打開 IBM SPSS Modeler 17，選擇創建新流，單擊確定。如圖 4.9 所示。

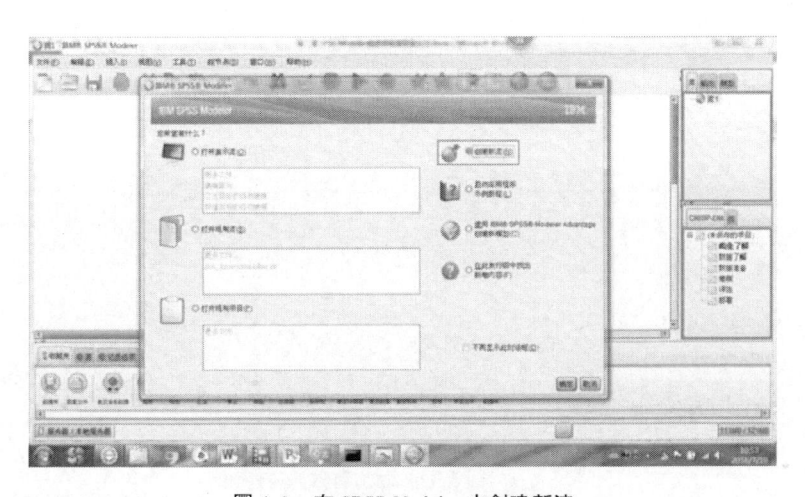

圖 4.9 在 SPSS Modeler 中創建新流

在下邊的源 tab 頁中，選擇數據庫源，並拖動到工作區中。如圖 4.10 所示。

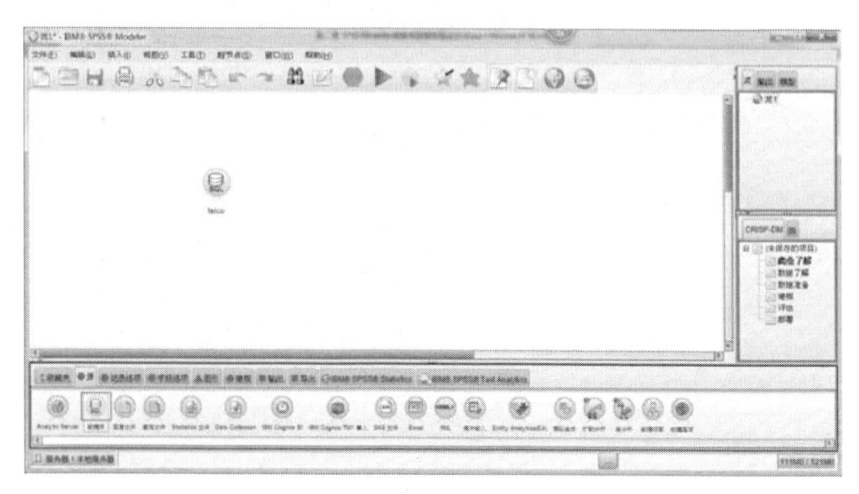

圖 4.10 拖動數據源

在數據庫源單擊右鍵,選擇編輯,打開數據庫源編輯對話框。在數據庫下拉框中選擇<添加新數據庫連接…>。如圖 4.11 所示。

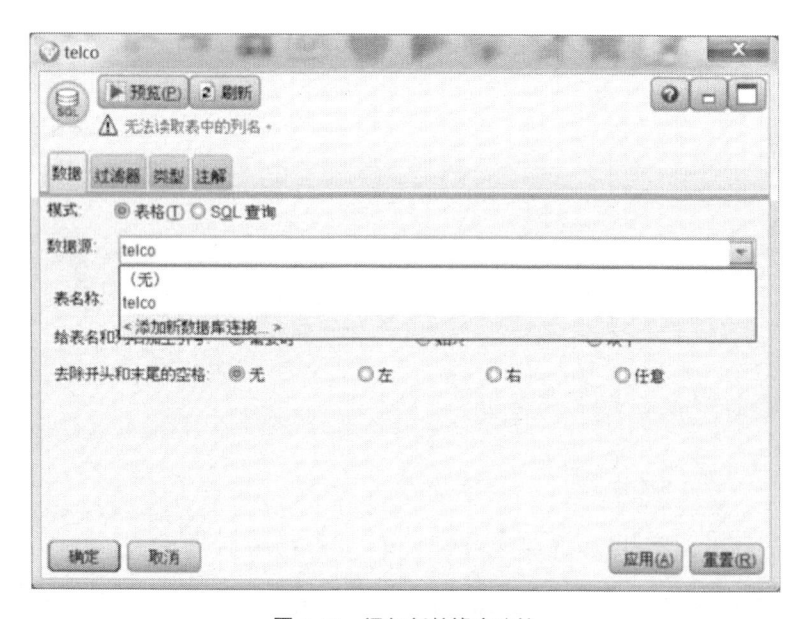

圖 4.11 添加新數據庫連接

選擇數據源 telco,輸入用戶名密碼,單擊連接,如果連接成功,單擊確定。如圖 4.12 所示。

圖 4.12　連接數據庫

單擊表名稱右邊的選擇按鈕，打開選擇表/視圖對話框，選擇一個要導入的表或視圖，單擊確定。如圖 4.13 所示。

圖 4.13　選擇數據庫中的表

數據庫源配置完成，單擊確定完成。如圖 4.14 所示。

图 4.14 配置数据库源完成

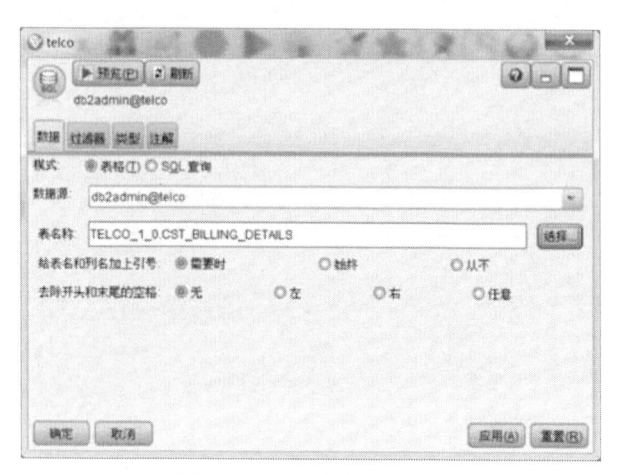

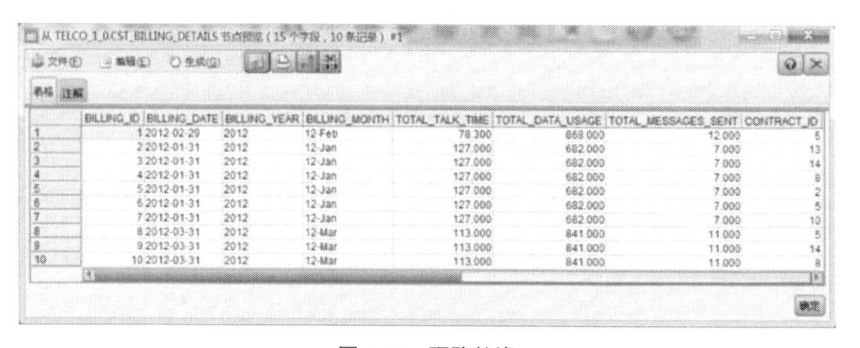

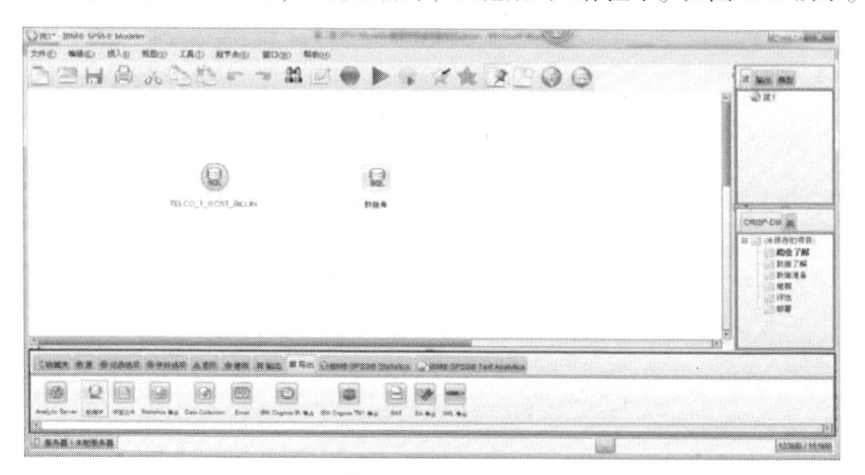

进行数据预览，在数据库源单击右键，选择预览，如果数据配置正确，将显示数据库中表中的数据。如图 4.15 所示。

图 4.15 预览数据

在下图的导出 tab 页中，选择数据库，并拖动到工作区中。如图 4.16 所示。

图 4.16 导出数据

在數據庫圖標上單擊右鍵，選擇編輯，打開數據庫導出編輯對話框，選擇數據源和導出的表名稱，可以新建表或將數據導出已有表。點擊確定完成。如圖 4.17 所示。

圖 4.17　編輯導出節點

連接數據庫源和數據庫導出圖標，單擊工具欄中的運行流按鈕，執行數據的導入和導出過程。如圖 4.18 所示。

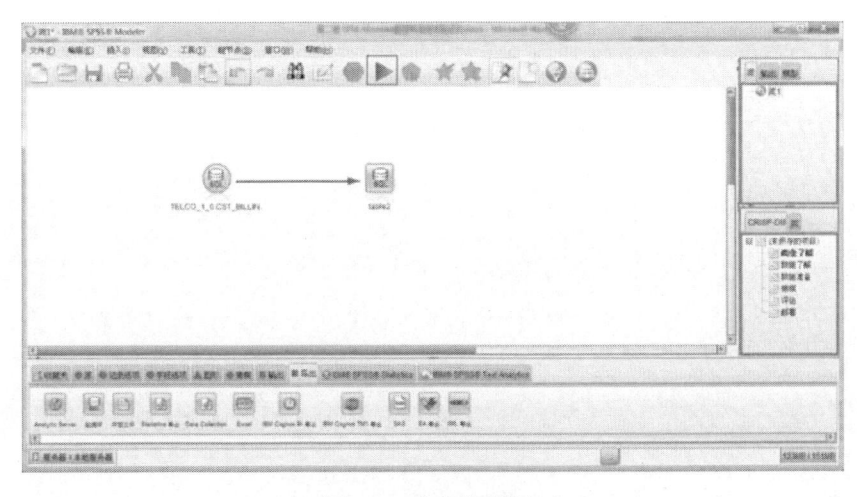

圖 4.18　執行導出過程

（3）使用 IBM Data Studio 連接到數據庫，驗證執行的結果。單擊開始按鈕，打開 IBM Data Studio，如圖 4.19 所示。

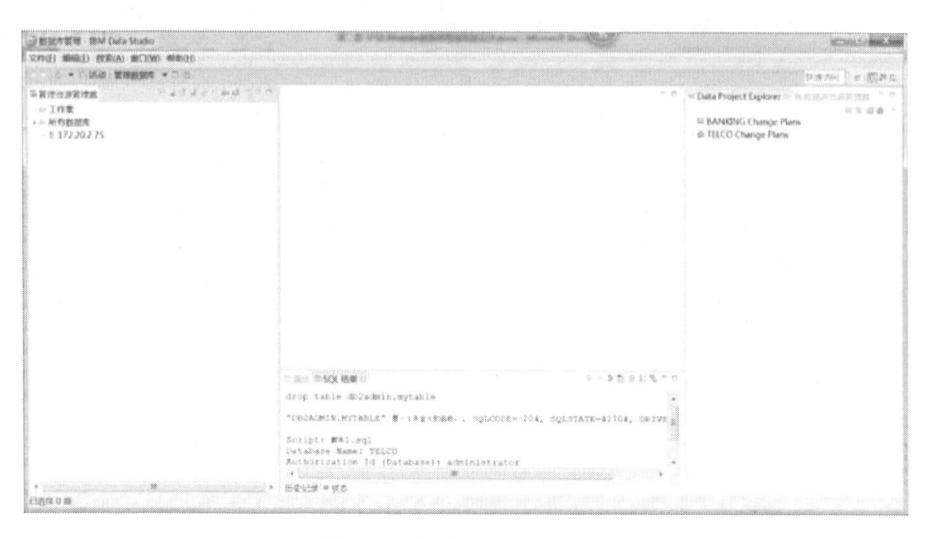

圖 4.19　打開 IBM Data Studio

建立數據庫連接。在所有數據庫圖標上單擊右鍵，選擇新建數據庫連接，打開新建連接對話框。如圖 4.20 所示。

圖 4.20　新建連接

在新建連接對話框中，輸入相應的連接參數，建立與數據庫的連接。如圖 4.21 所示。

圖 4.21　新建連接界面

查看導出的表及其數據。在資源管理器中選擇 TELCO 連接，選擇表，可以看到導出的表 table1 已經建立。如圖 4.22 所示。

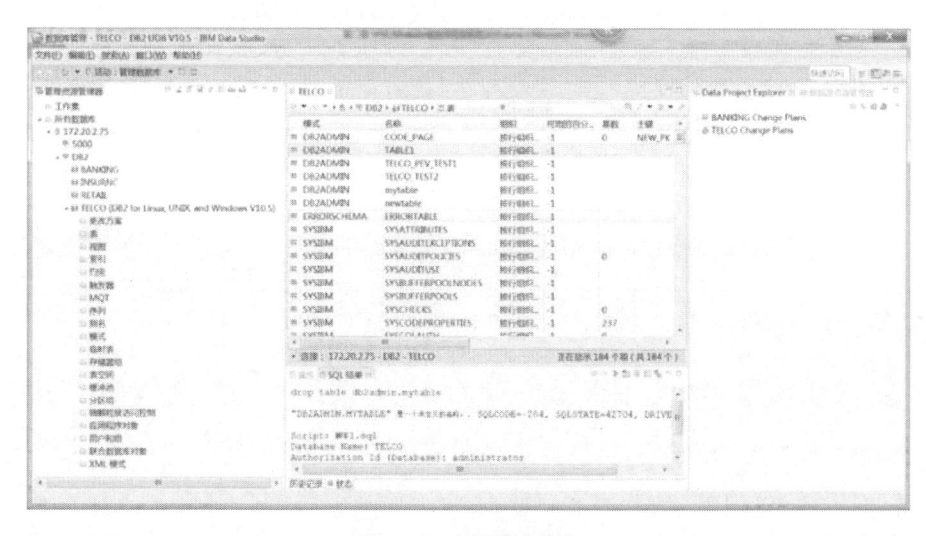

圖 4.22　查看導出的表

右鍵單擊 table1 表，選擇瀏覽數據，可以查詢導出的數據，說明導出過程執行成功。如圖 4.23 所示。

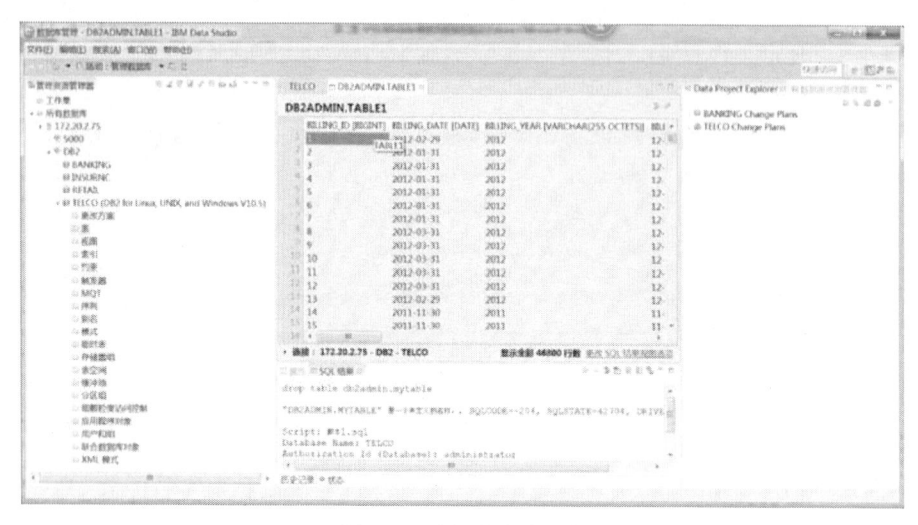

图 4.23　查詢導出的數據

2. IBM Cognos BI Server 與 DB2 數據庫連接配置過程

（1）在 IBM Cognos BI Server 所在服務器中創建 ODBC 數據源。

在遠程登錄的服務器中創建 ODBC 數據源，數據源名稱為 TELCO1，這個過程和前面介紹的過程相同，在此不再贅述。

（2）IBM Cognos Administration 中配置 ODBC 連接和 JDBC 連接。

打開瀏覽器，輸入 http://172.20.2.75:9300/p2pd/servlet/dispatch，選擇啓動菜單中的 IBM Cognos Administration，打開 IBM Cognos Administration。如圖 4.24 所示。

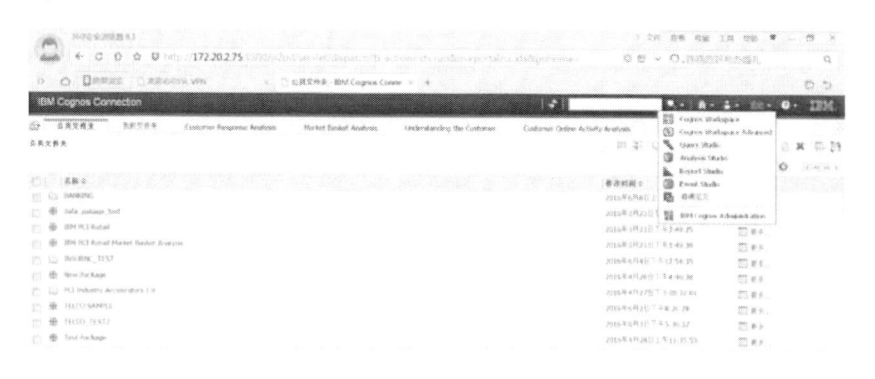

圖 4.24　IBM Cognos Administration 界面

在 IBM Cognos Administration 中，選擇配置，顯示所有已經配置好的連接。如圖 4.25 所示。

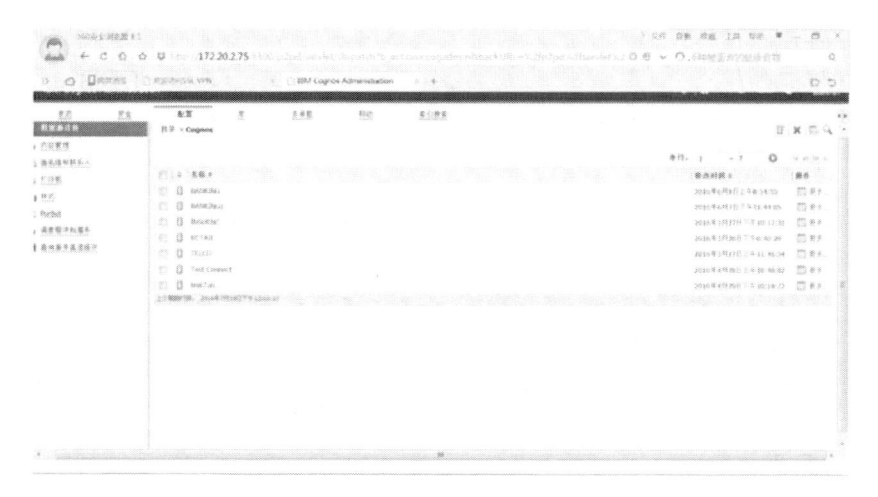

圖 4.25　顯示配置好的連接

創建新的數據庫連接，單擊新建連接按鈕，打開新建數據源向導，首先輸入數據源名稱，單擊下一步。如圖 4.26 所示。

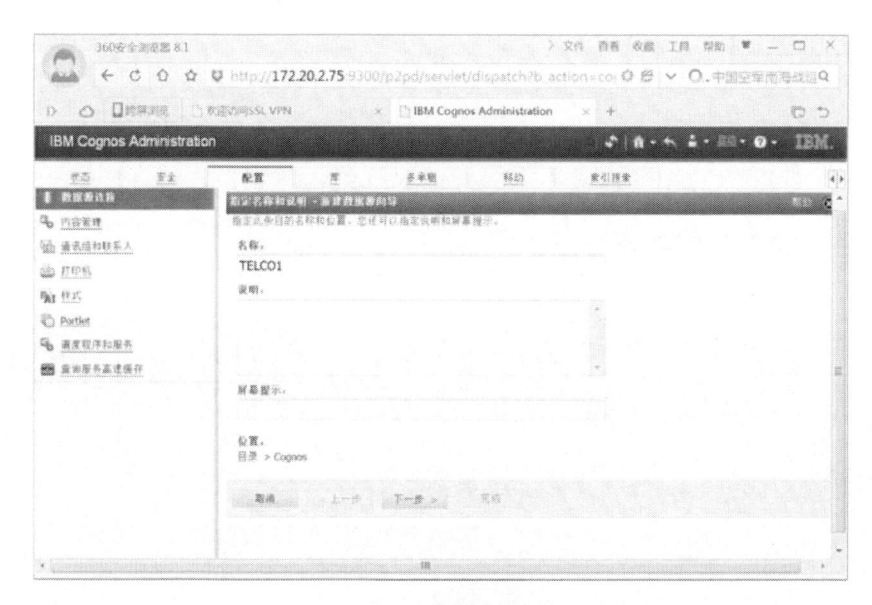

圖 4.26　新建數據源向導

選擇數據類型為 IBM DB2，勾選配置 JDBC 連接，單擊下一步。如圖 4.27 所示。

圖 4.27 配置 JDBC 連接

配置 ODBC，輸入 DB2 數據庫名稱，即在服務器中創建的 ODBC 數據源的名稱。如圖 4.28 所示。

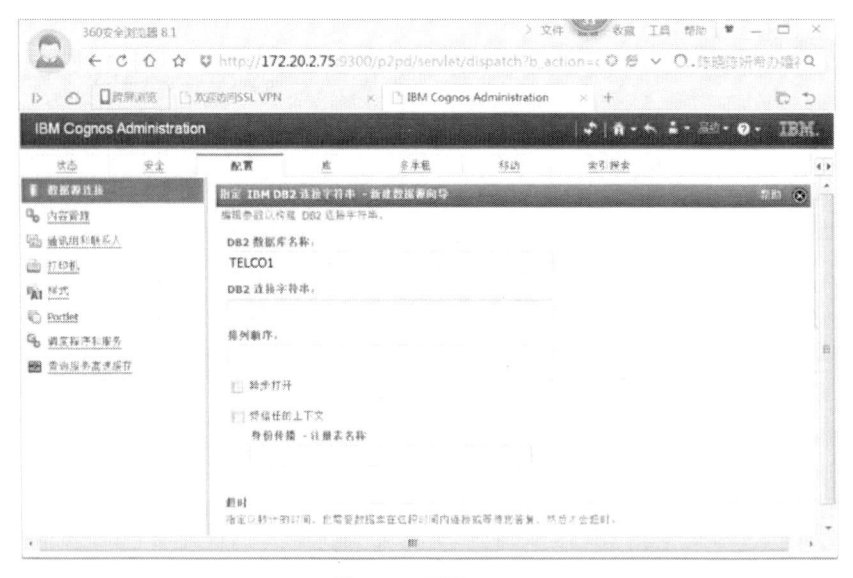

圖 4.28 配置 ODBC

配置登錄用戶名和密碼，用於 ODBC 登錄和 JDBC 登錄，單擊下一步。如圖 4.29 所示。

圖 4.29　配置登錄用戶名和密碼

配置 JDBC，輸入服務器名稱、端口號和數據庫名稱等參數，單擊下一步。如圖 4.30 所示。

圖 4.30　輸入其他參數

配置 JDBC，輸入服務器名稱、端口號和數據庫名稱等參數，單擊完成。數據庫連接配置完成。如圖 4.31 所示。

图 4.31　数据库连接配置完成

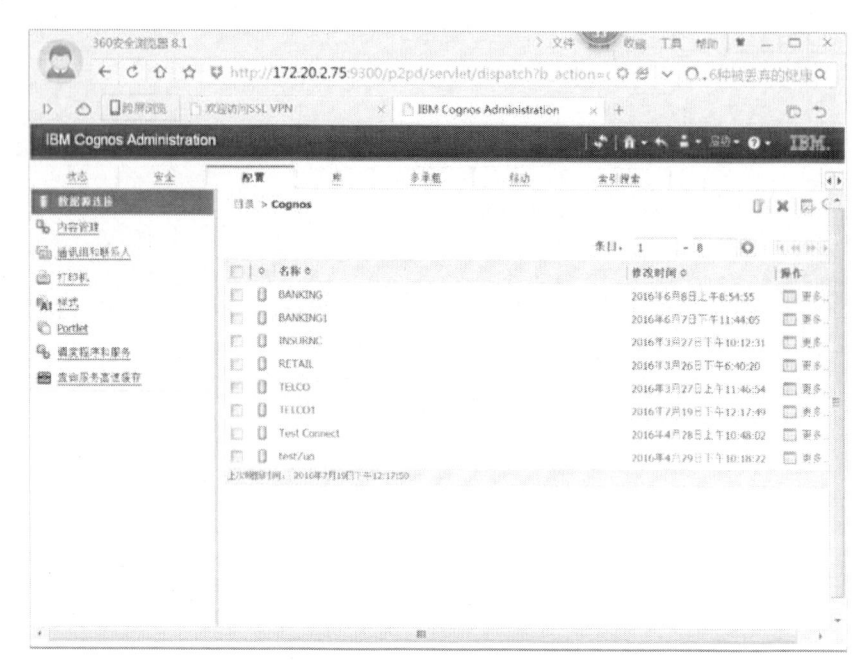

测试连接。打开建立的 TELCO1 连接的属性对话框，选择连接 tab 页，单击测试连接。如图 4.32 所示。

图 4.32　数据库连接配置完成

測試通過，如圖 4.33 所示。

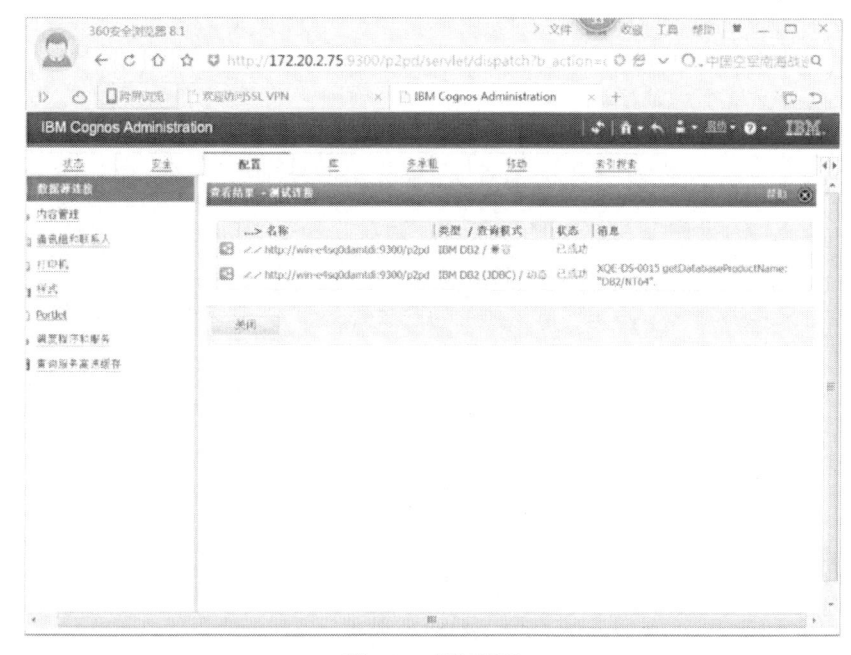

圖 4.33　測試通過

第二節　SPSS Modeler 中模型的建立

一、實驗目的

1. 掌握 SPSS Modeler 的啟動方法；
2. 熟悉 SPSS Modeler 的開發環境；
3. 掌握在節點窗口中設置數據屬性的方法；
4. 學會建立簡單的 SPSS Modeler 模型；
5. 掌握 SPSS Modeler 的基本節點的特性及應用。

二、實驗原理

IBM SPSS Modeler 提供了完全可視化的圖形化界面，構建數據挖掘模型無需使用者進行編程，通過節點的拖拽連接就可以輕鬆快捷地進行自助式的數據處理與數據挖掘過程。數據分析人員可以輕鬆地使用 SPSS Modeler 提供的節點和套件快速建立一個數據分析模型。

三、實驗內容

建立一個 SPSS Modeler 流，並導出到數據庫中。

四、實驗步驟

從桌面打開 IBM SPSS Modeler 17.0，如圖 4.34 所示。

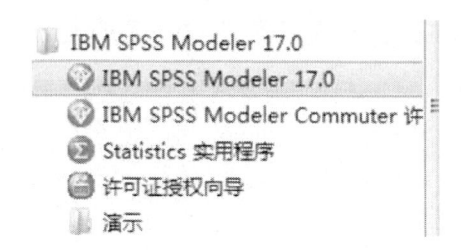

圖 4.34　打開 IBM SPSS Modeler 17.0

打開 SPSS Modeler 後選擇創建新流，如圖 4.35 所示。

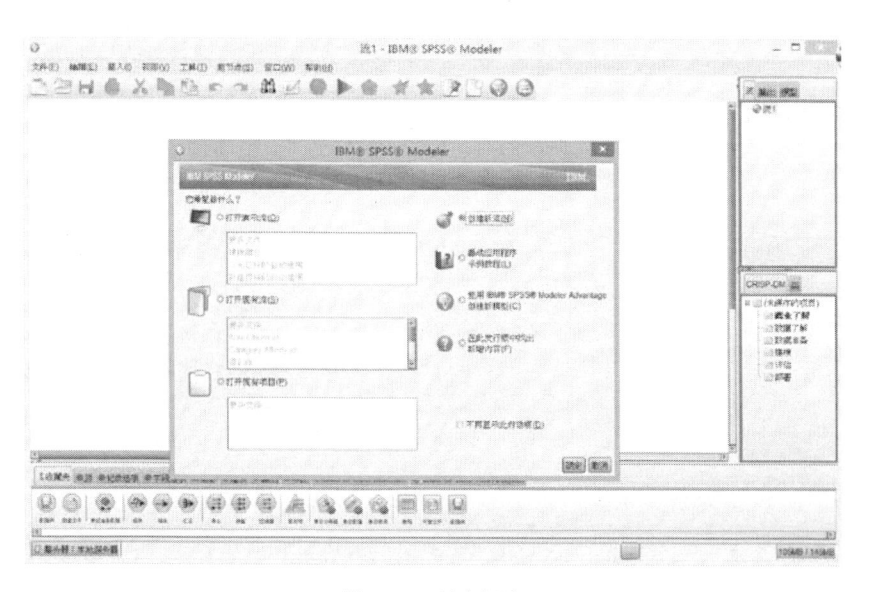

圖 4.35　創建新流

拖動左下方【源】中的【數據庫】節點到編輯欄中，如圖 4.36 所示。

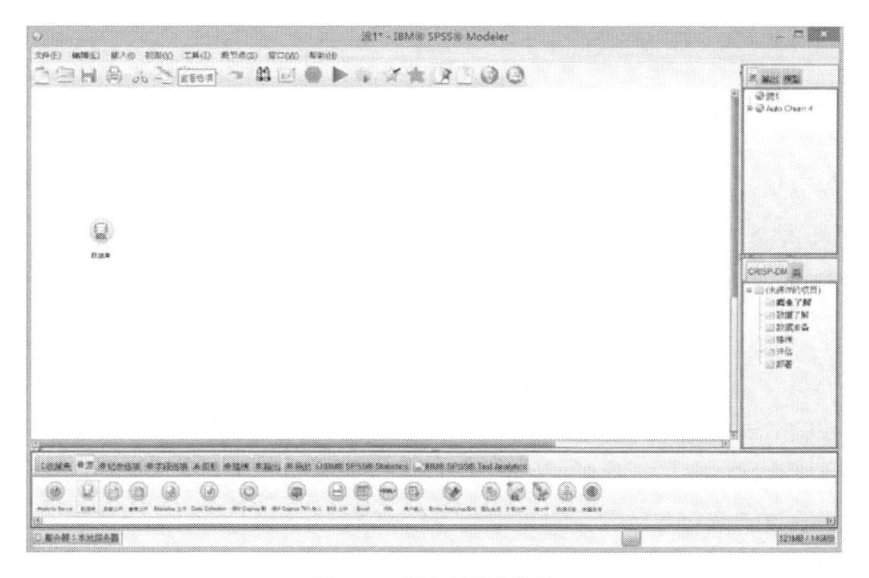

圖 4.36　添加數據庫節點

雙擊打開數據庫，選擇數據源（administrator @ INSRNC）和表名稱（INSURNC_1_0.INSURANCE_VIEW_2）；再點擊應用和確定，如圖 4.37 所示。

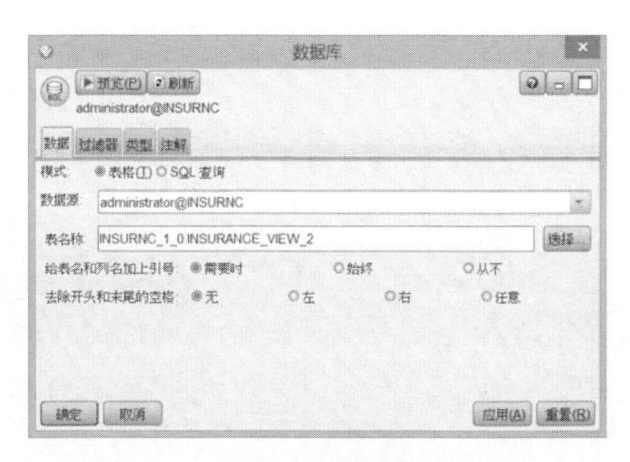

圖 4.37　設置數據源

選擇下方【字段選項】的【過濾器】節點，並單擊鼠標右鍵，然後選擇「連接」標籤，進行連接，如圖 4.38 所示。

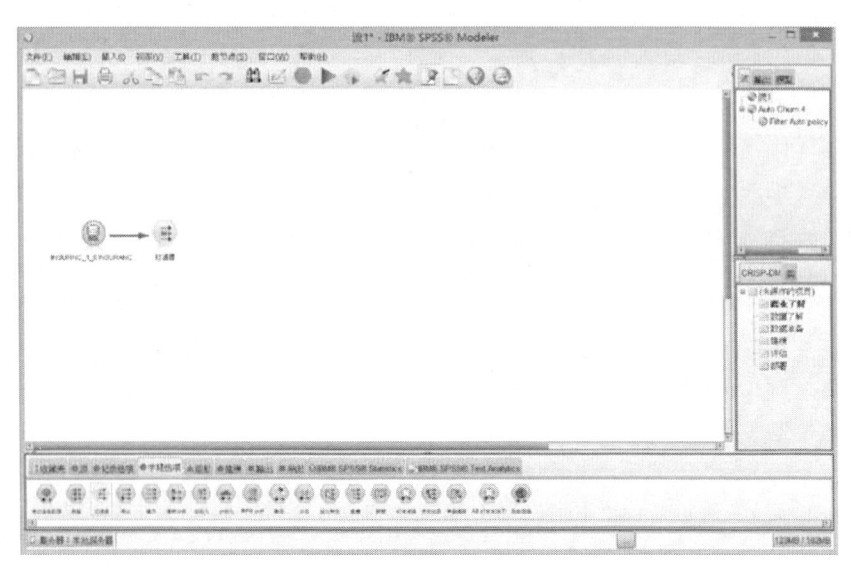

圖 4.38　添加過濾器節點並設置連接

對【過濾器】進行配置，去掉不需要的 21 個字段，如圖 4.39 至圖 4.42 所示。

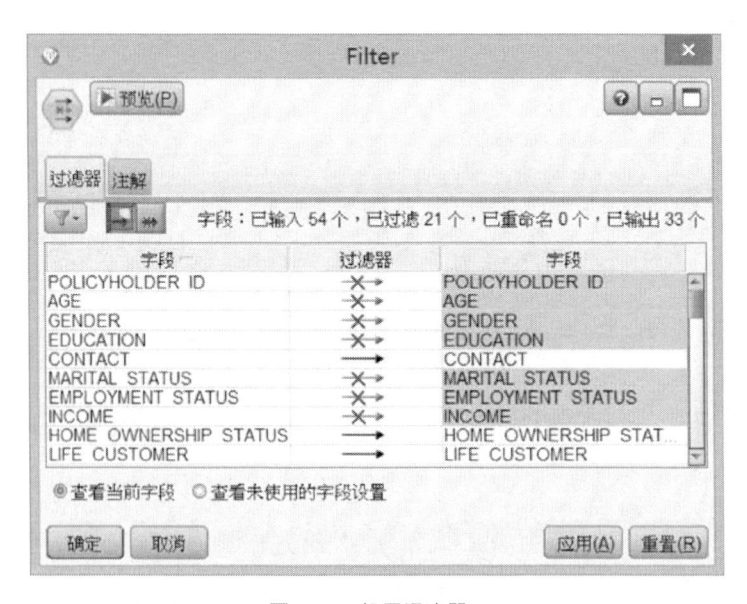

圖 4.39　設置過濾器 1

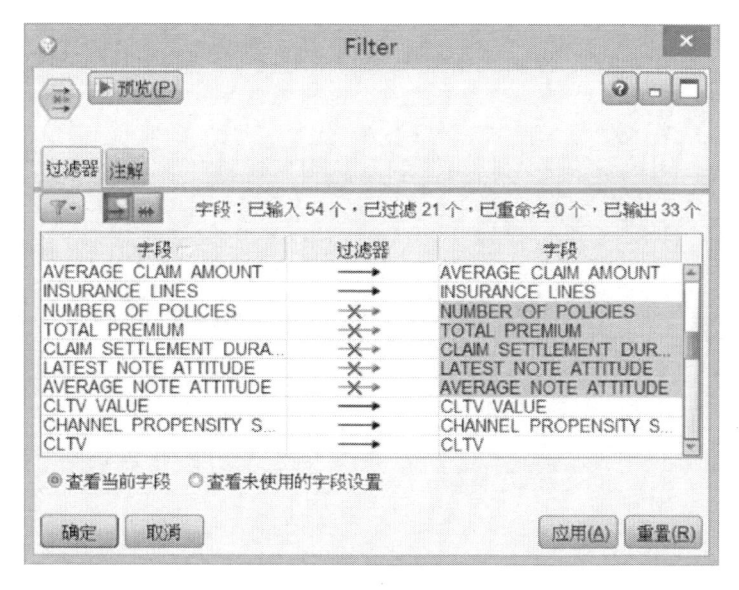

圖 4.40　設置過濾器 2

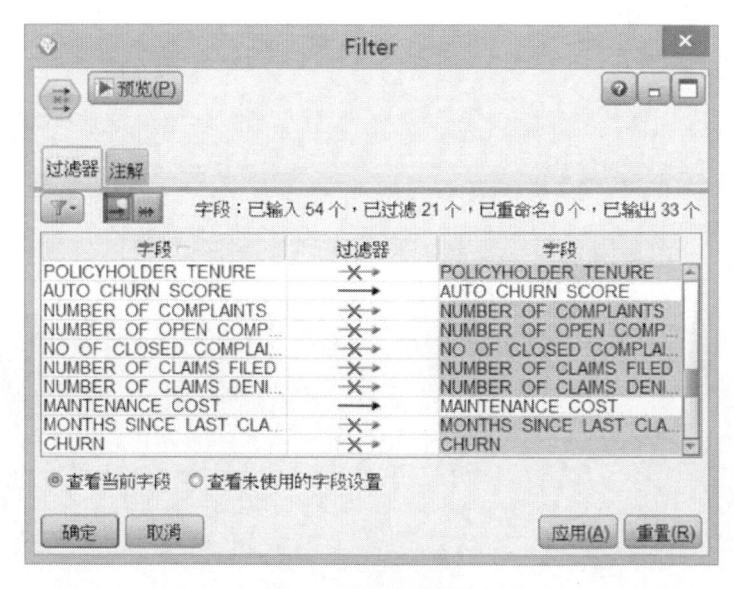

圖 4.41　設置過濾器 3

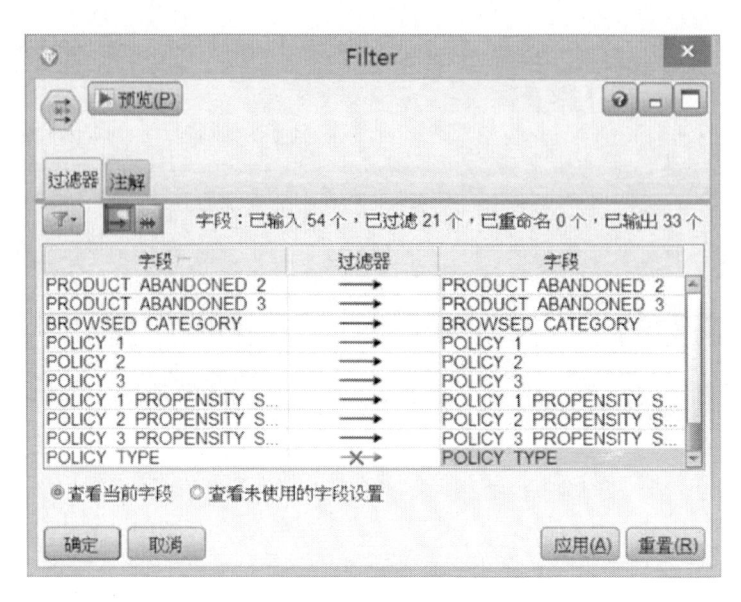

圖 4.42　設置過濾器 4

點擊 ，使得需輸出與過濾的字段相交換，再點擊應用和確定，如圖 4.43 所示。

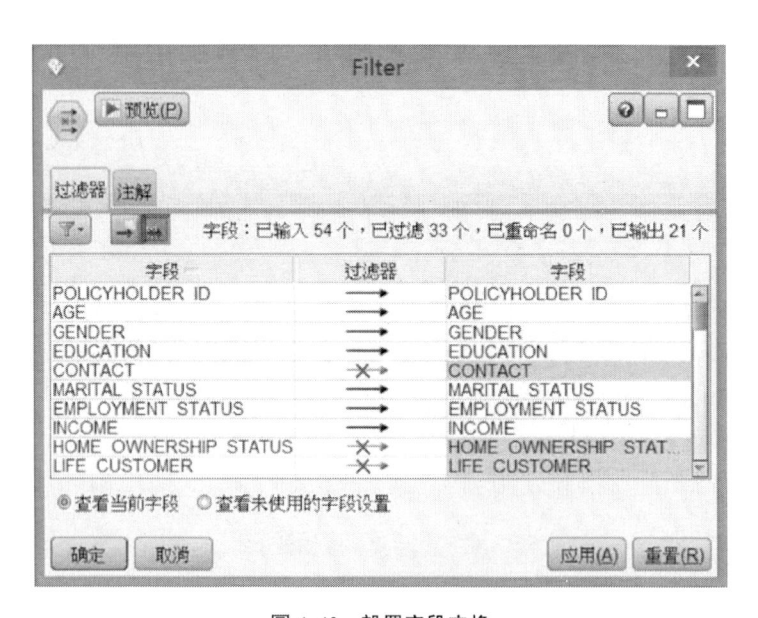

圖 4.43　設置字段交換

添加【記錄選項】的【選擇】節點，並連接，如圖 4.44 所示。

图 4.44 添加选择节点

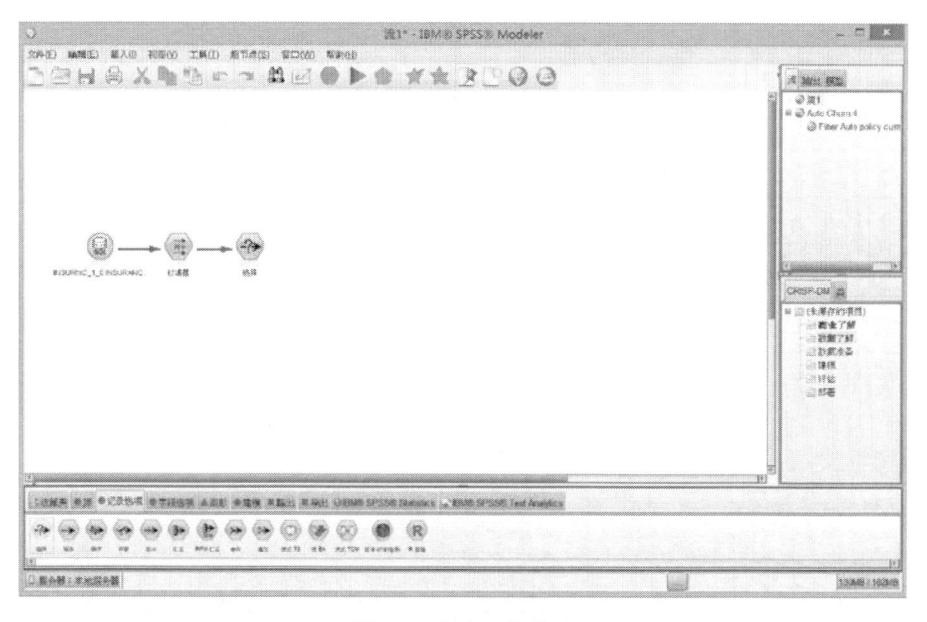

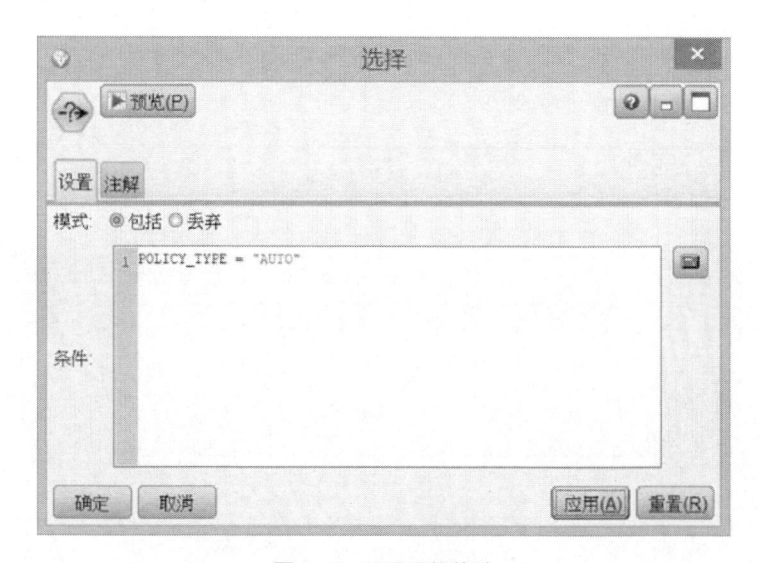

对【选择】节点进行配置，如图 4.45 所示。

图 4.45 配置选择节点

选择【字段选项】的【填充】节点，如图 4.46 所示。

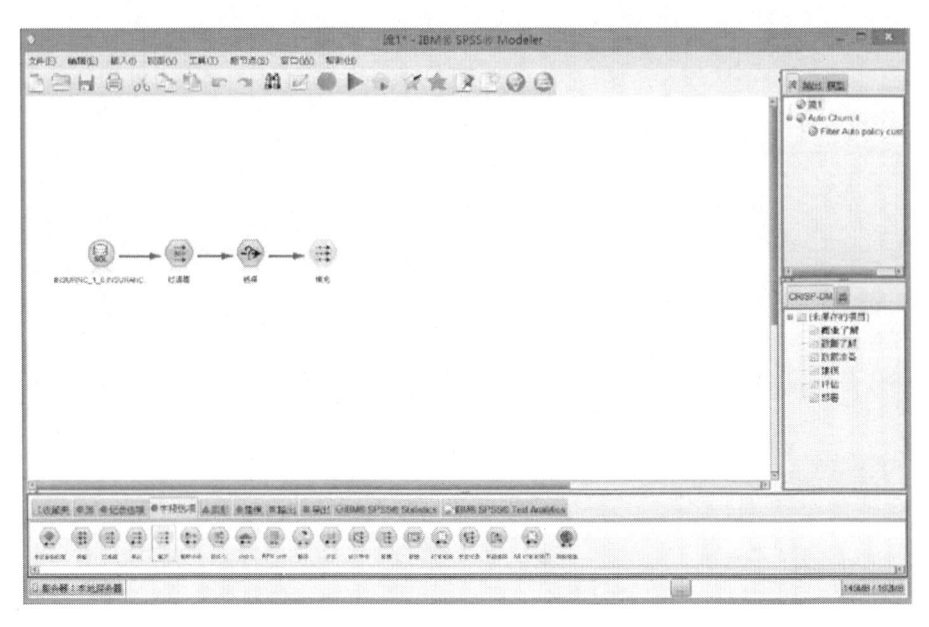

圖 4.46 添加填充節點

對【填充】節點進行配置，如圖 4.47 至圖 4.49 所示。

圖 4.47 配置填充節點 1

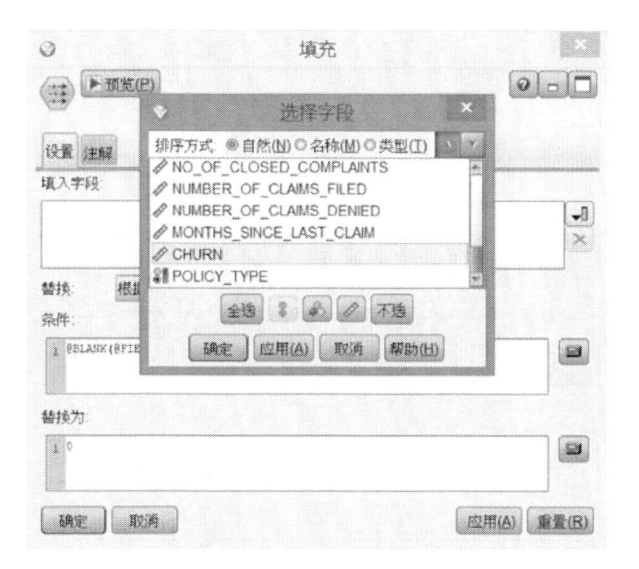

圖 4.48　配置填充節點 2

圖 4.49　配置填充節點 3

選擇【字段選項】的【類型】節點，如圖 4.50 所示。

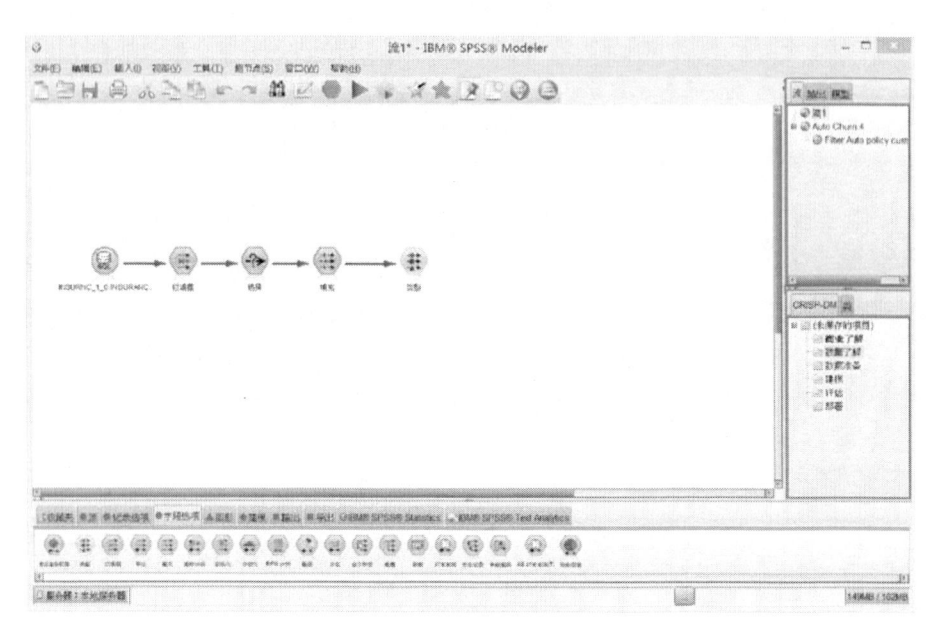

圖 4.50 添加類型節點

打開【類型】節點,選擇讀取值,點擊應用和確定,如圖 4.51 至圖 4.54 所示。

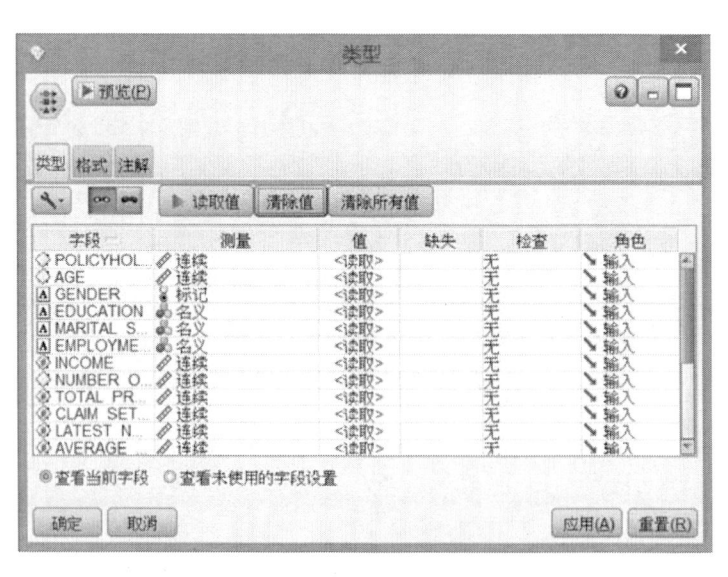

圖 4.51 配置類型節點 1

選擇 CHURN 字段,雙擊。

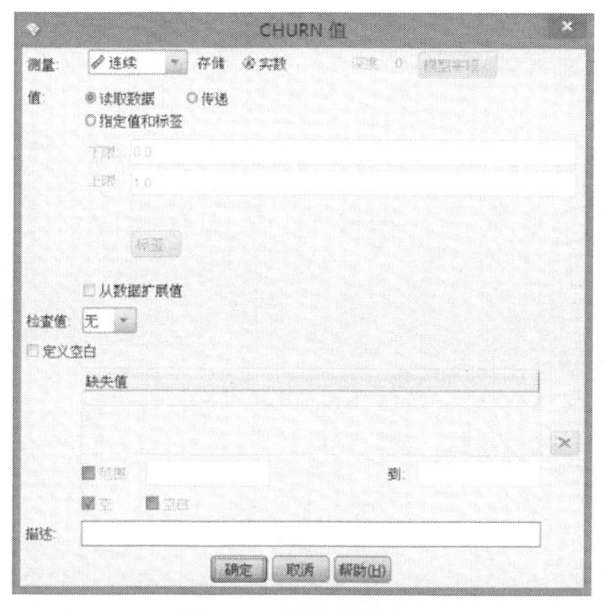

圖 4.52　配置類型節點 2

將「測量」改成「標記」。

圖 4.53　配置類型節點 3

然後讀取值。

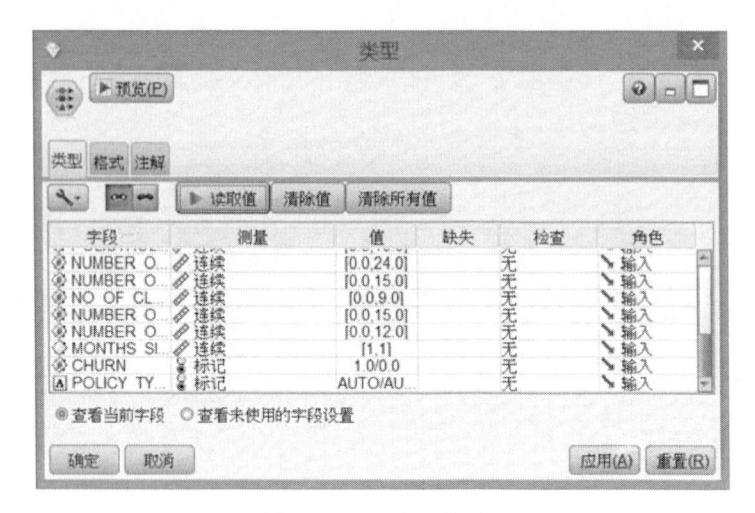

圖 4.54　配置類型節點 4

為了便於查看流，可以設置【超節點】，選中節點（黃色），如圖 4.55 所示。

圖 4.55　設置超節點 1

右鍵-選擇【創建超節點】，如圖 4.56 所示。

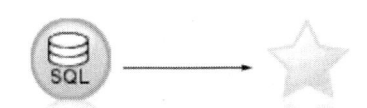

圖 4.56　設置超節點 2

查看超節點，點擊流 1 下方的超節點，就能看到之前的節點，如圖 4.57 所示。

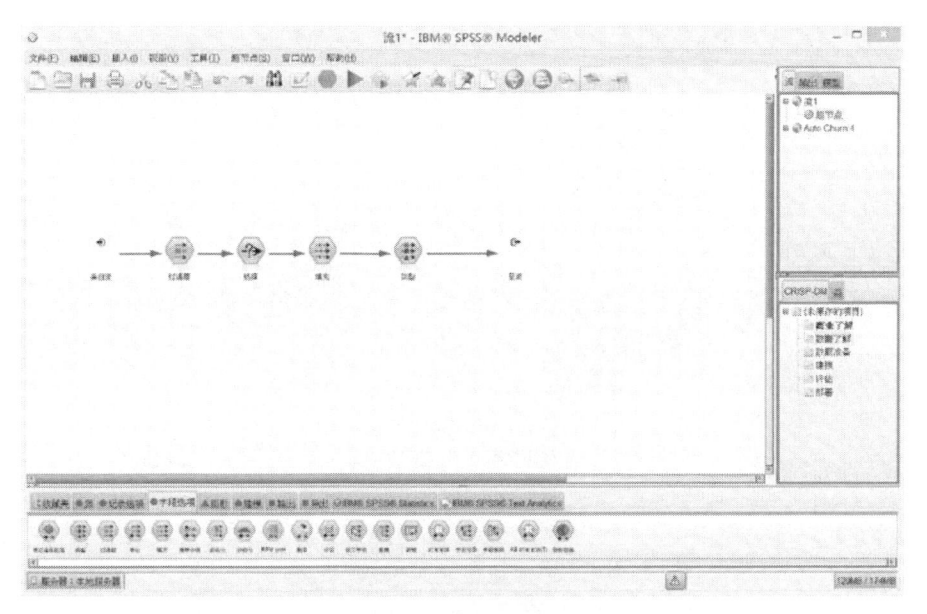

圖 4.57　查看超節點

添加【字段】選項中的【分區】節點，如圖 4.58 所示。

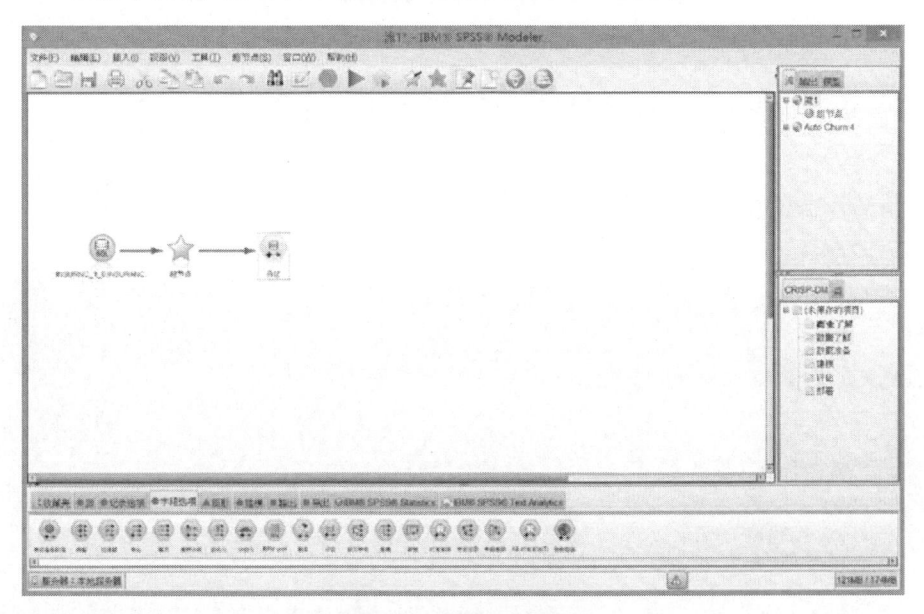

圖 4.58　設置分區節點

進行【分區】配置，如圖 4.59 所示。

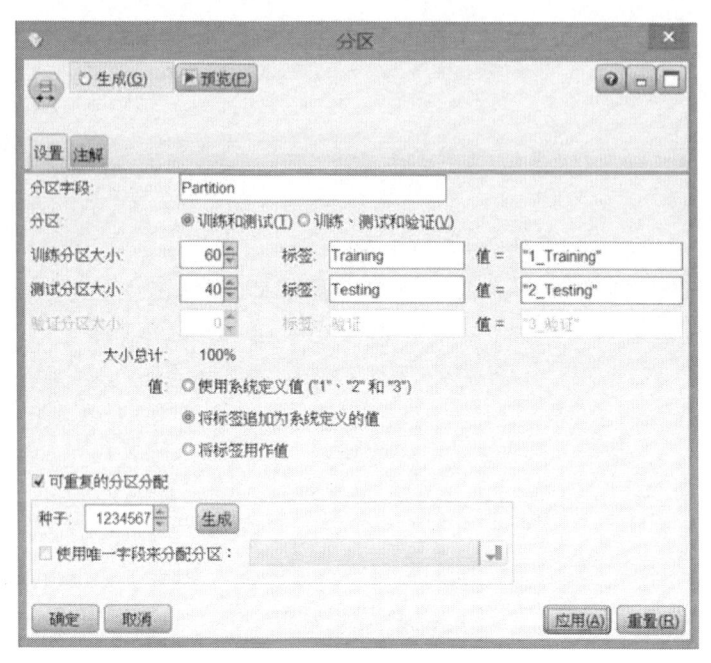

圖 4.59　配置分區節點

選擇 CHAID 的模型，如圖 4.60 所示。

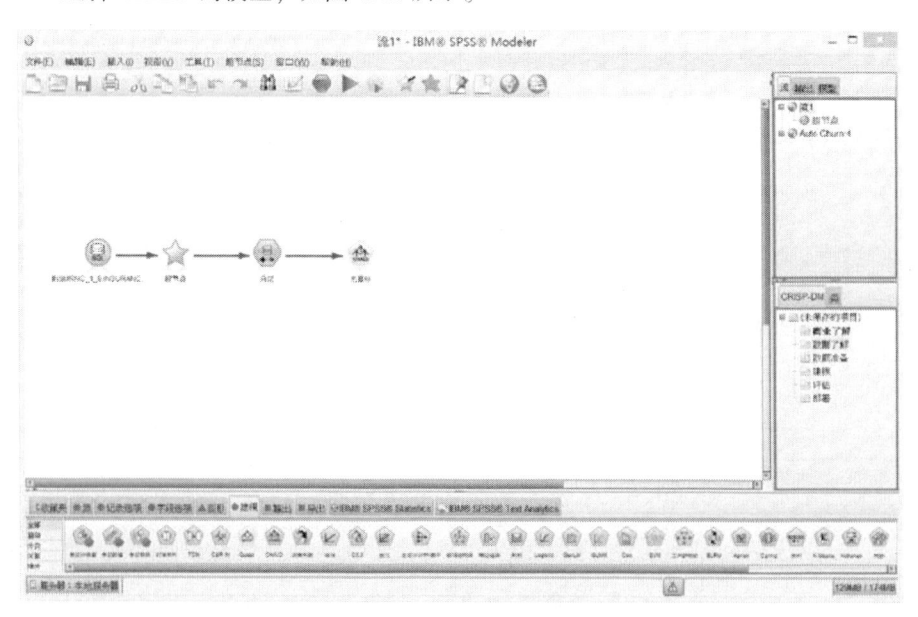

圖 4.60　選擇 CHAID 模型

雙擊模型【字段】，如圖 4.61 所示。

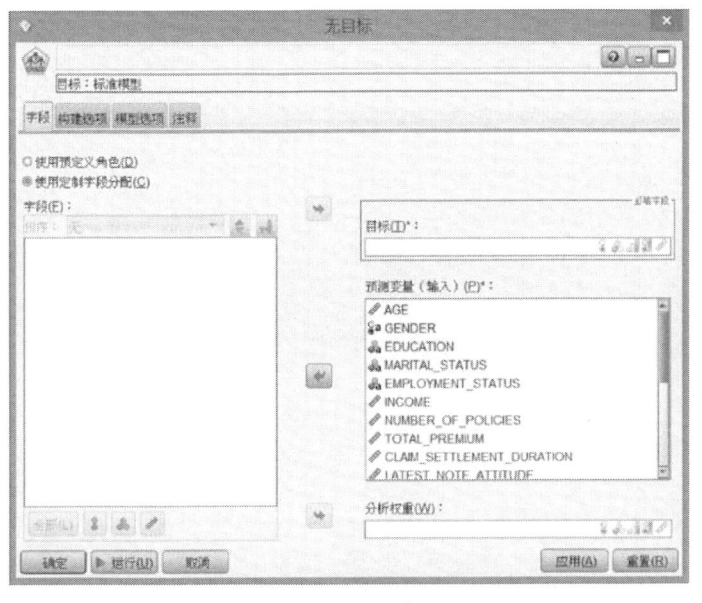

圖 4.61　設置模型

把預測變量中 4 個變量移到字段中，如圖 4.62 所示。

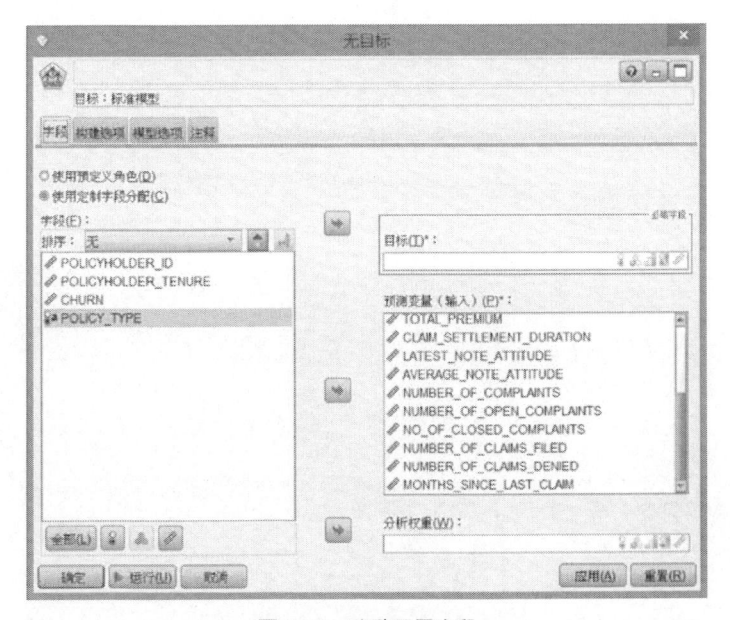

圖 4.62　移動配置字段

再把 CHURN 字段移到目標中，如圖 4.63 所示。

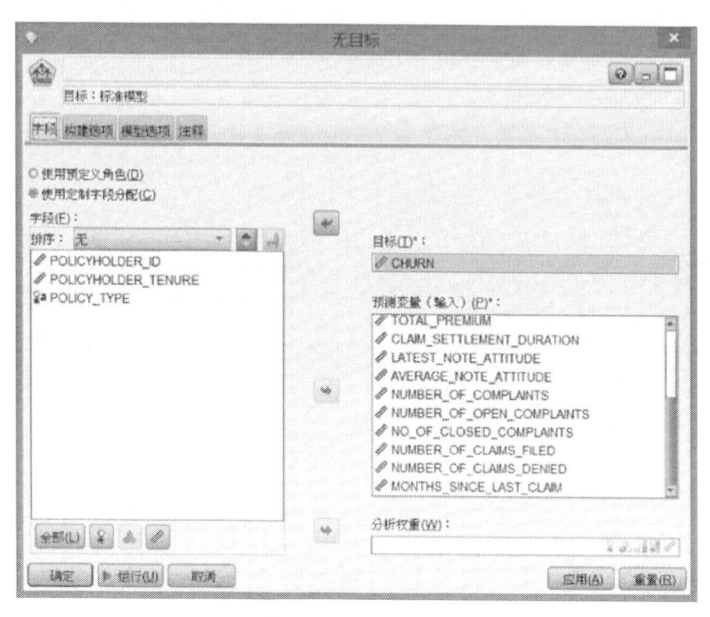

圖 4.63　目標轉移

點擊運行就能出現模型，如圖 4.64 所示。

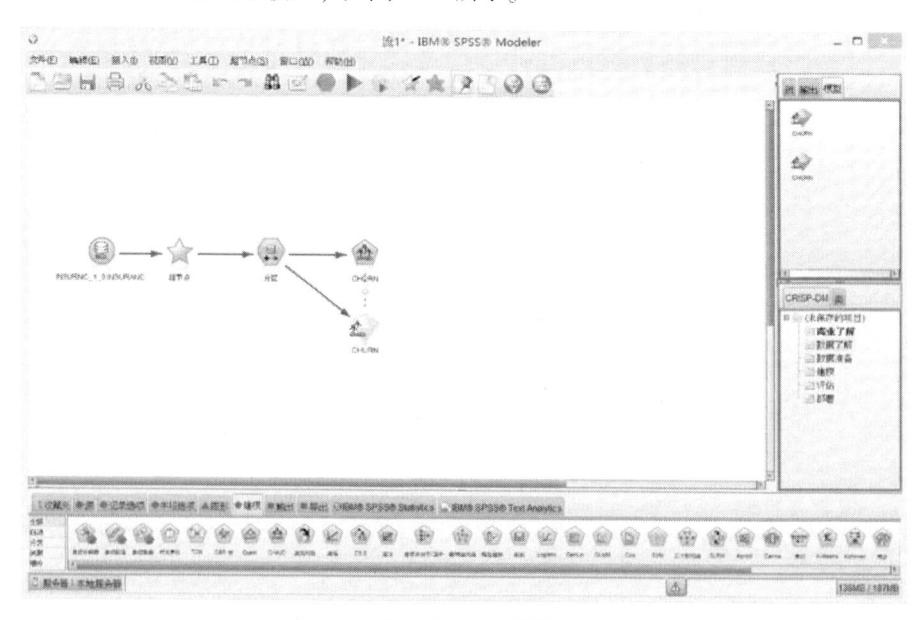

圖 4.64　運行模型

打開模型，就能得到一些結果，如圖 4.65 所示。

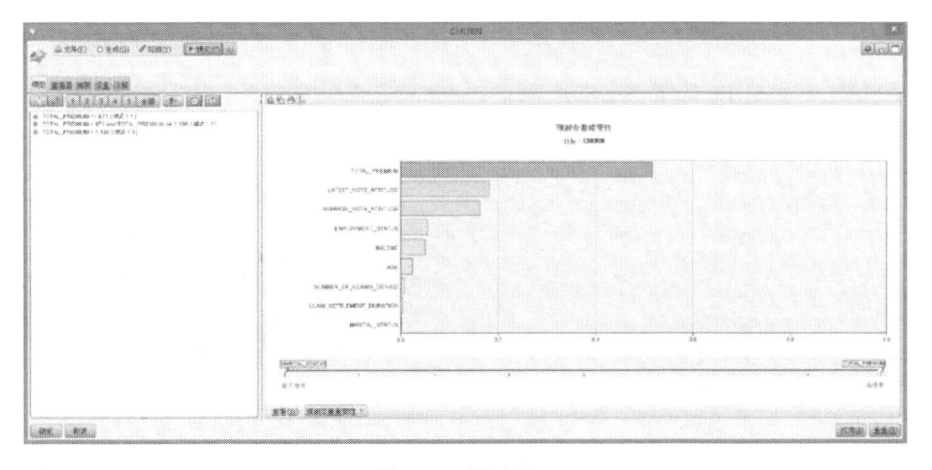

圖 4.65　模型展示

添加【過濾器】，對產生的數據進行篩選，只要 4 個字段，如圖 4.66 至圖 4.68 所示。

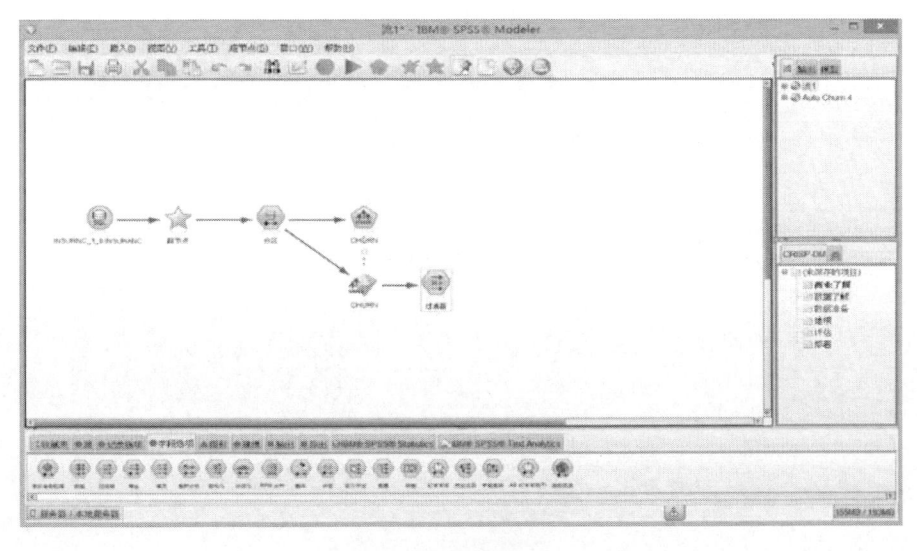

圖 4.66　篩選數據 1

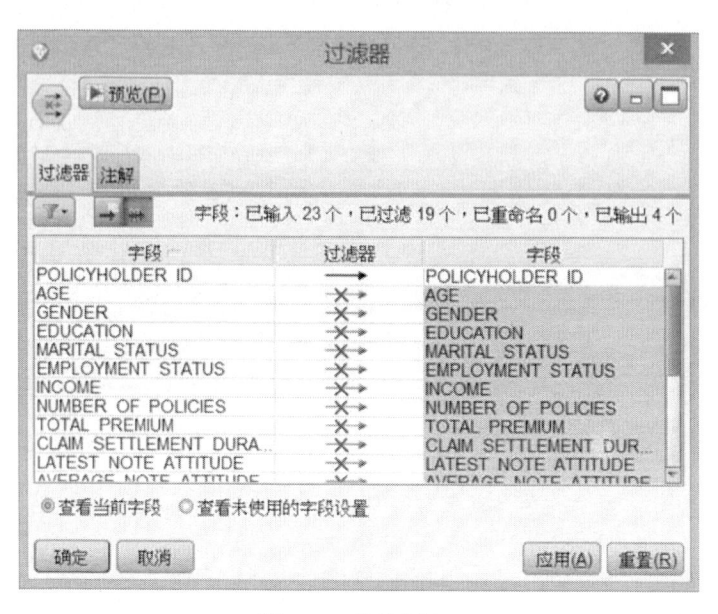

圖 4.67　篩選數據 2

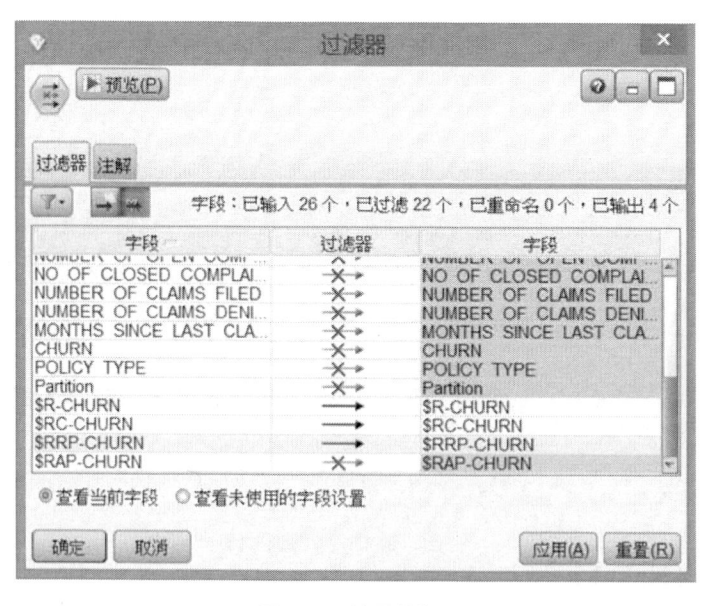

圖 4.68　篩選數據 3

添加類型字節，如圖 4.69 所示。

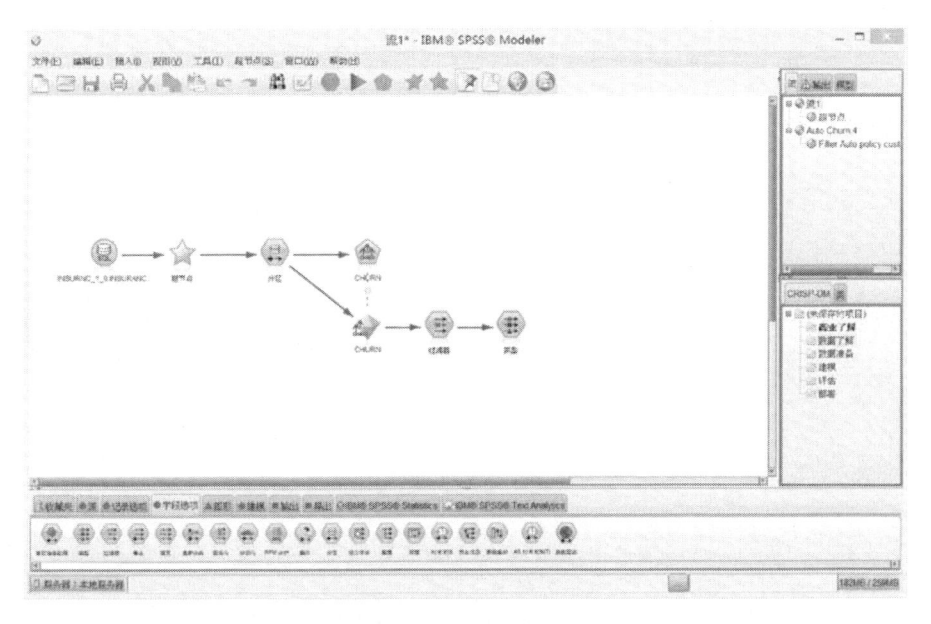

圖 4.69　添加類型節點

讀取值，如圖 4.70 所示。

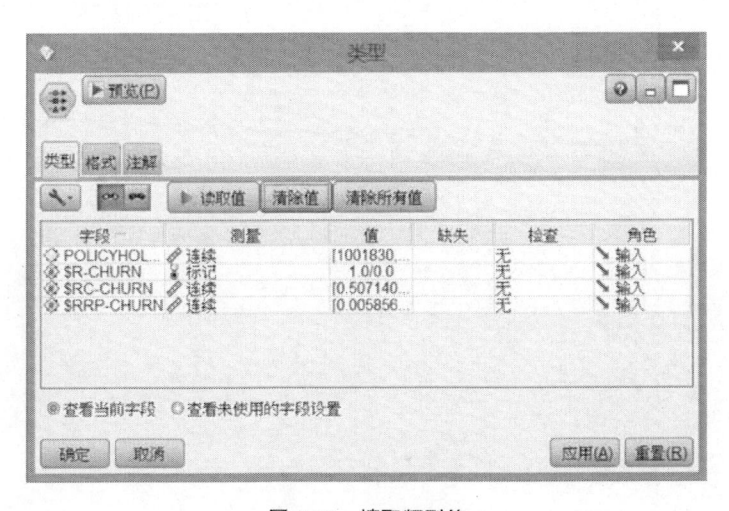

圖 4.70　讀取類型值

可以通過表格查看結果，如圖 4.71 至圖 4.72 所示。

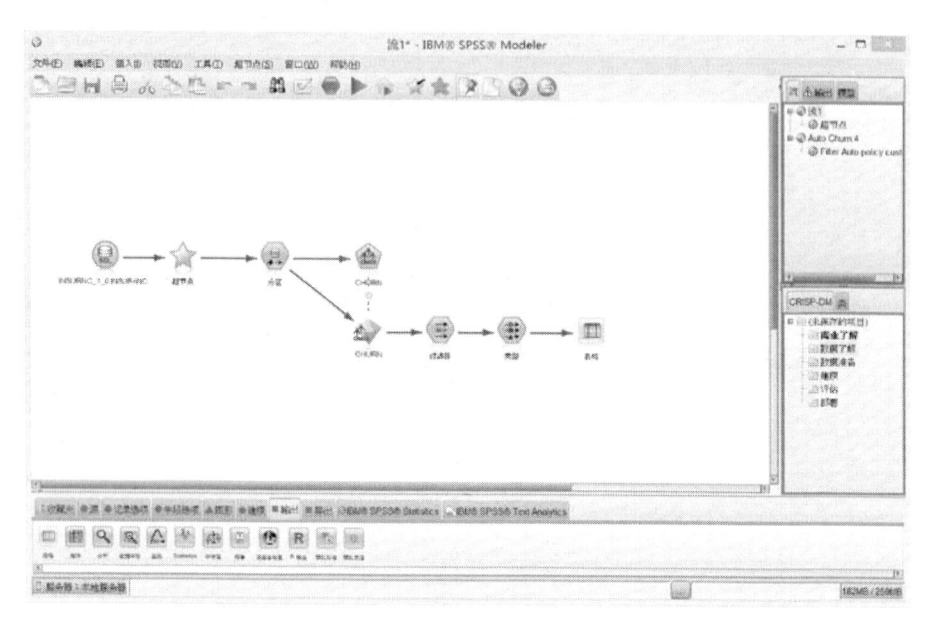

圖 4.71　查看結果 1

圖 4.72　查看結果

可導出數據，如圖 4.73 所示。

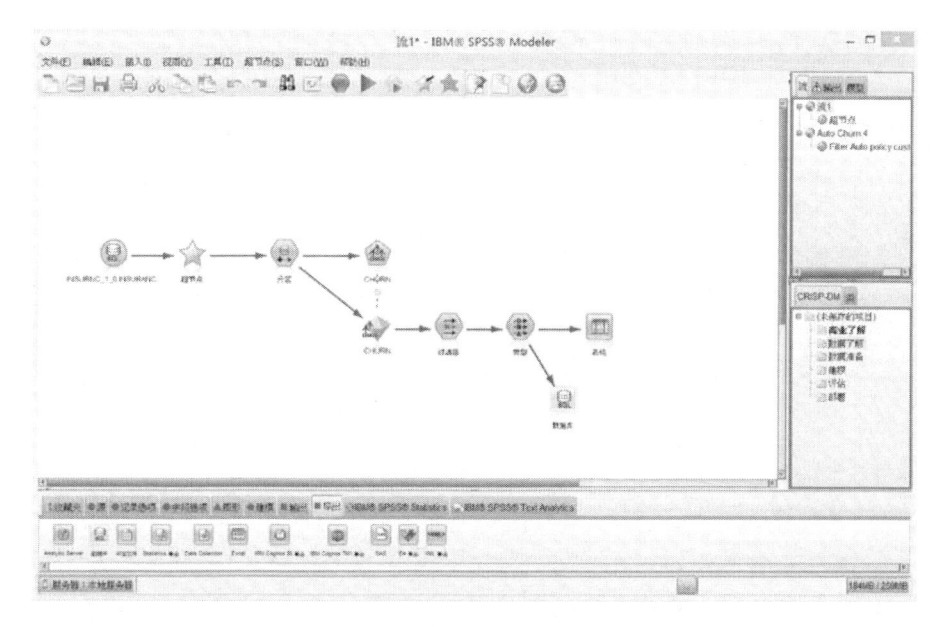

圖 4.73 導出數據

選擇數據源，並命名，之後點擊運行，數據就保存到數據庫中，並可對保存的數據進行報表操作。如圖 4.74 所示。

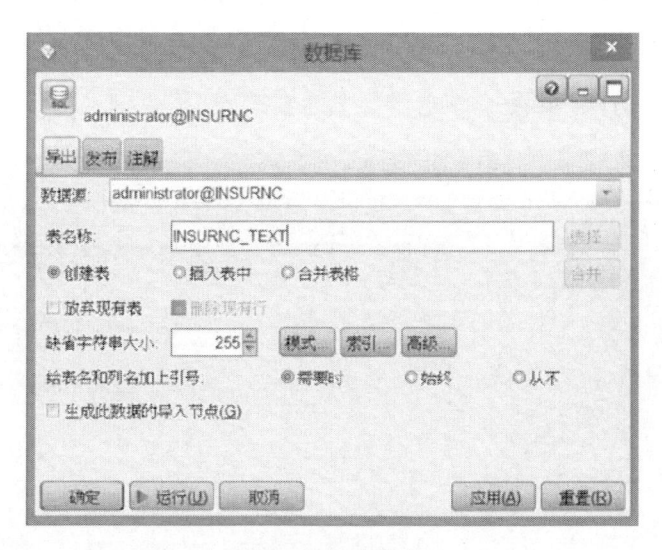

圖 4.74 保存數據

第三節　Cognos Framework Management 創建元數據模型

一、實驗目的

1. 掌握 Cognos Framework Management 新建項目的方法；
2. 熟悉 Cognos Framework Management 的開發環境；
3. 掌握在數據主題間設置連接的方法；
4. 掌握三個基本數據層的建立和發布的方法。

二、實驗原理

數據通過 IBM SSPS Modeler 處理後，需要運用 Cognos BI 進行展現。Cognos 能支持多種數據源，包括關係型的和多維的數據庫。元數據模型能隱藏底層數據源的複雜結構，可以更好地控製數據展現給最終用戶的方式。元數據的組織和擴展就需要用到 Cognos 的元數據模型設計工具 Framework Manager。

Cognos 的元數據模型設計工具 Framework Manager 可以連接企業的各種數據源（包括關係型數據庫、多維數據庫、文本、OLAP 等），對數據結構進行描述，為 Cognos 的多維分析，即席查詢、報表等各種應用提供統一的數據視圖，降低對企業數據訪問的複雜性，同時提供對各種應用使用結構的統一管理。

三、實驗內容

建立一個新項目，配置 SPSS Modeler 中導出的數據流，並發布到 Cognos BI 10.0 中。

四、實驗步驟

在開始菜單中啓動 IBM Cognos Framework Manager，選擇「創建新項目」選項，如圖 4.75 所示。

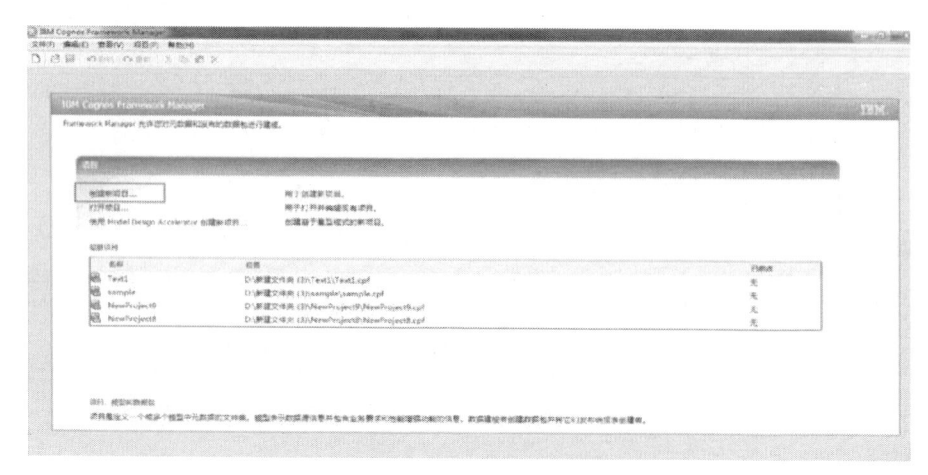

圖 4.75　創建新項目

在「項目名稱」中輸入名稱和目錄位置，不需要選中「使用動態查詢方式」選項，如圖 4.76 所示。

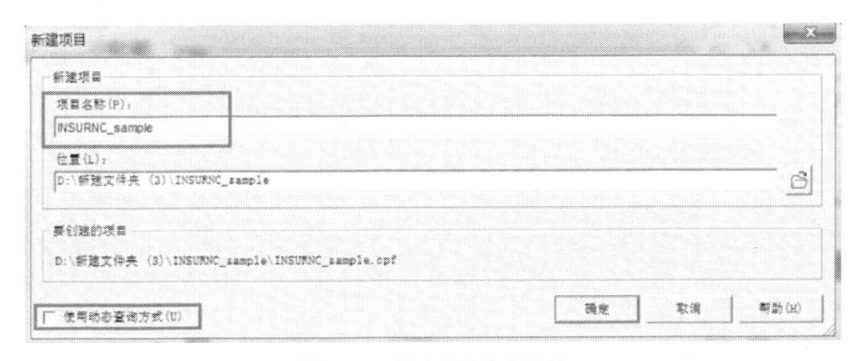

圖 4.76　新建項目填寫事項

語言選擇默認選項即可，如圖 4.77 所示。

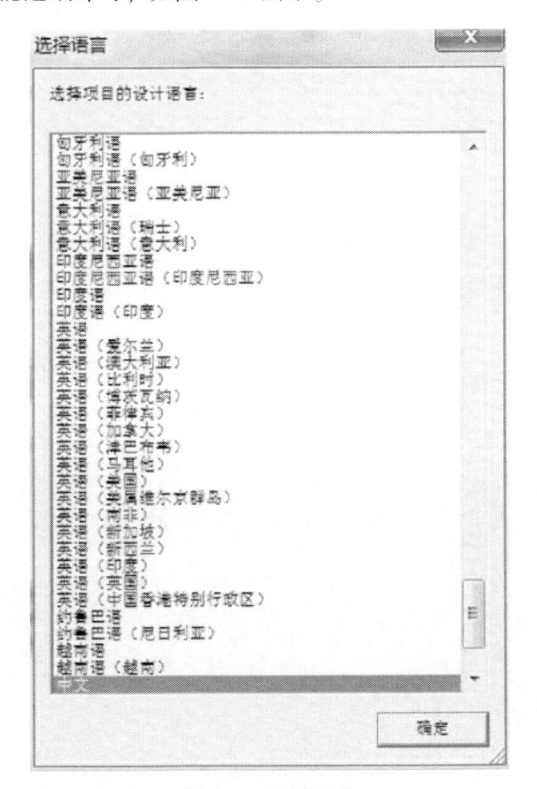

圖 4.77　選擇語言

進入「元數據」向導—選擇元數據源，選擇「數據源」選項，點擊「下一步」，如圖 4.78 所示。

圖 4.78　選擇元數據源

選擇「INSURNC」數據源，點擊「下一步」，如圖 4.79 所示。

圖 4.79　選擇數據源

選擇在 SPSS Modeler 中處理生成的表「INSURNC_TEXT」，以及「INSURNC_1_0」中的表「POLICYHOLDER_FACT」，點擊「下一步」，如圖 4.80 至圖 4.81 所示。

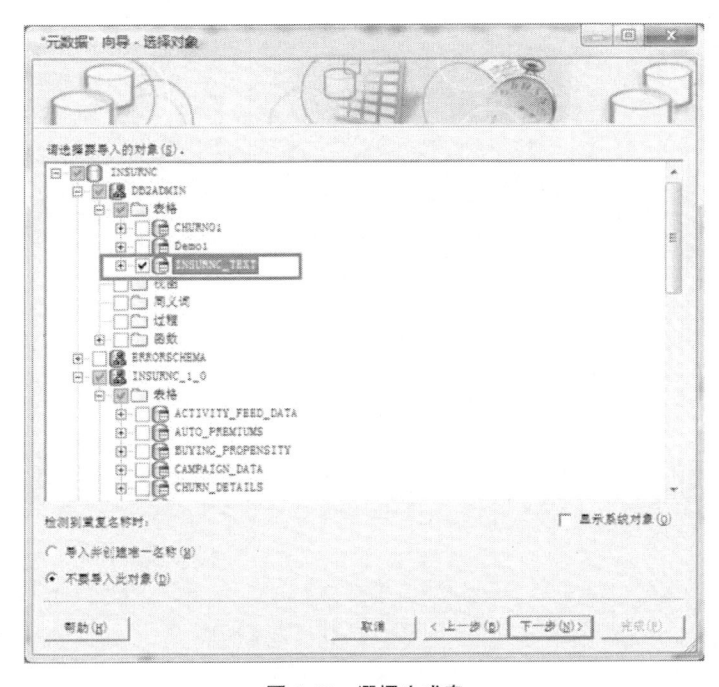

圖 4.80　選擇生成表

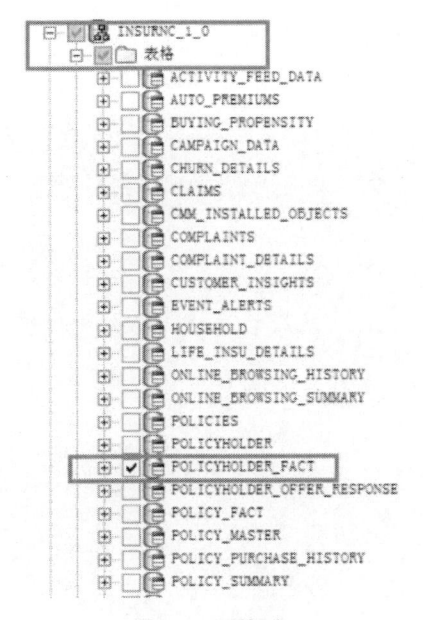

圖 4.81　選擇表

在「元數據」向導-生成關係中，不選中「使用主鍵和外鍵」，點擊「導入」。如圖 4.82 所示。

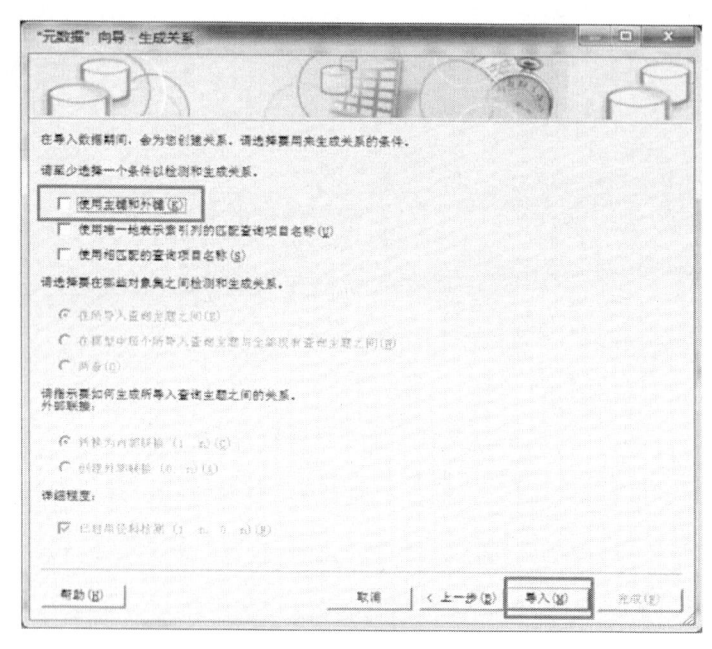

圖 4.82　生成關係界面

然後，完成元數據的導入。如圖 4.83 所示。

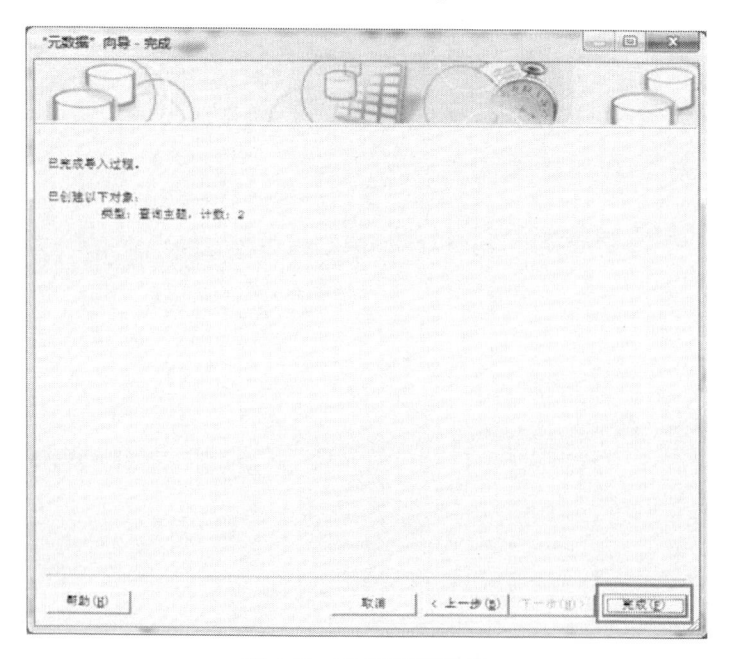

圖 4.83　完成元數據向導

在左側我們可以看到導入的數據「INSURNC」，接下來在中部選擇「圖」選項。如圖 4.84 所示。

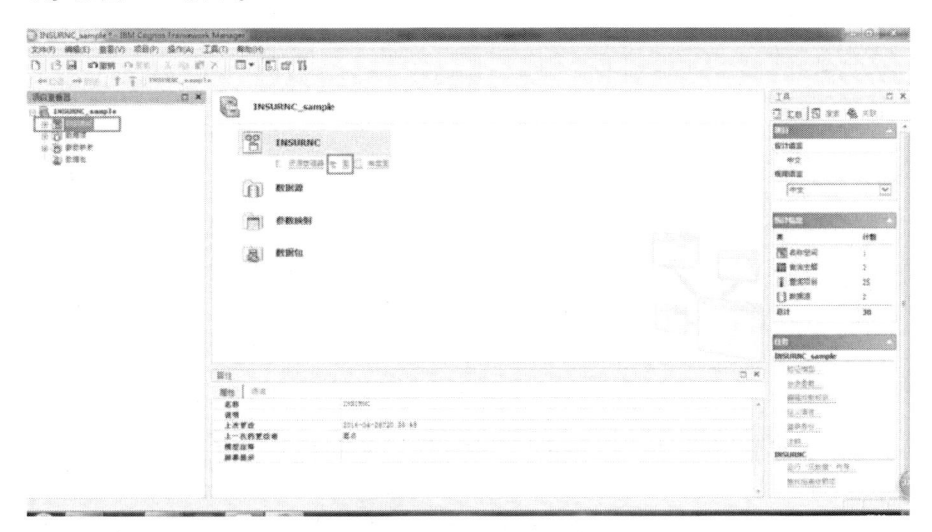

圖 4.84　添加「圖」選項

可以看到兩張之前導入的數據表，如圖 4.85 所示。

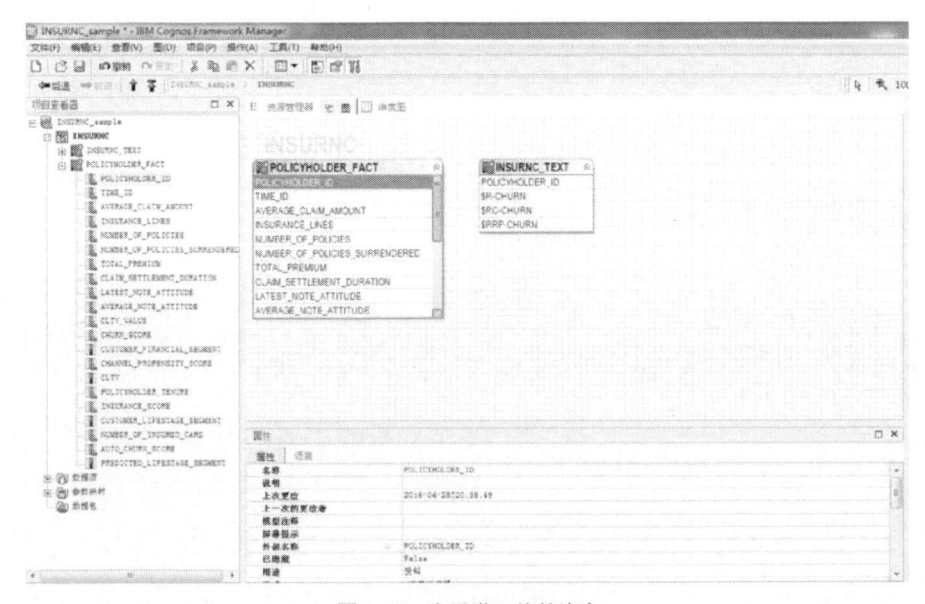

圖 4.85　查看導入的數據表

在「POLICYHOLDER_FACT」的「POLICYHOLDER_ID」單擊右鍵選擇「創建」「關係」，如圖 4.86 所示。

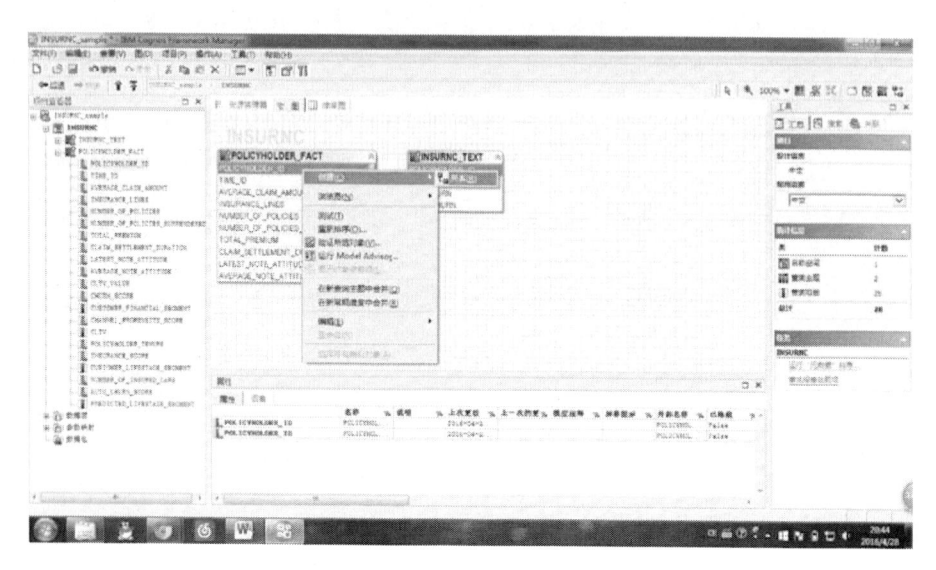

圖 4.86　創建關係

在關係定義窗口右側選擇「查詢主題」，然後選擇「INSURNC_TEXT」，點擊確定，如圖 4.87 至圖 4.89 所示。

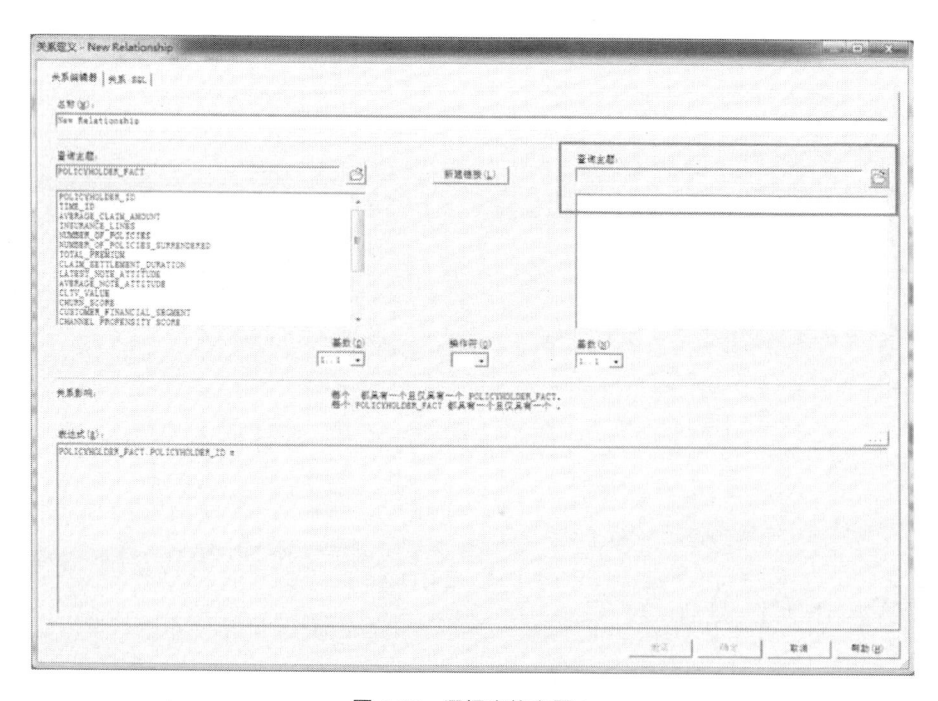

圖 4.87　選擇查詢主題 1

圖 4.88　選擇查詢主題 2

已建立兩個表的鏈接，在窗體中間可設置連接屬性「1 對 1 或 1 對 n」。

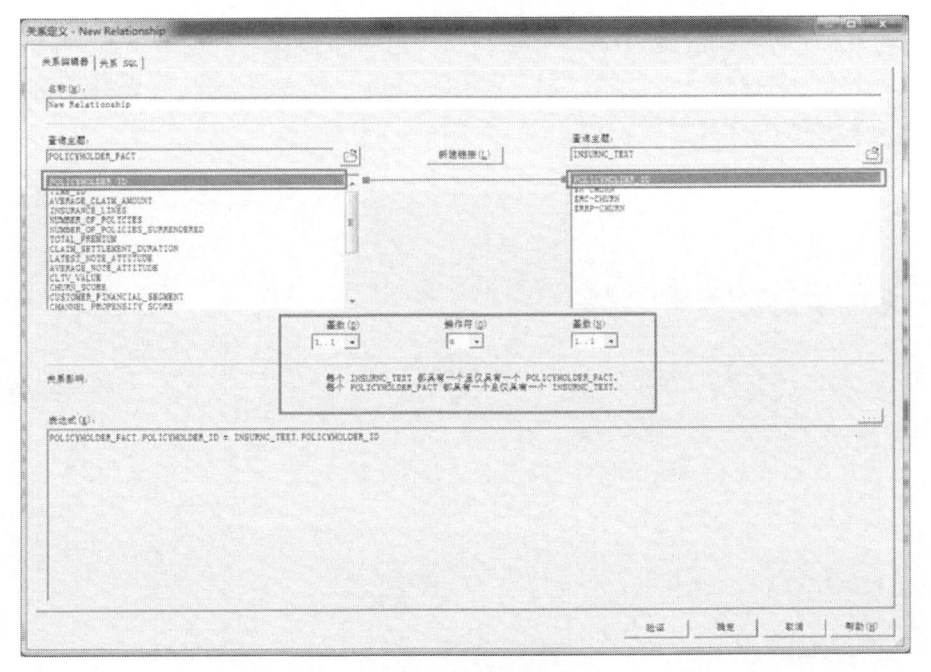

圖 4.89　設置表屬性

已建立 POLICYHOLDER_FACT 和 INSURNC_TEXT 的連接，如圖 4.90 所示。

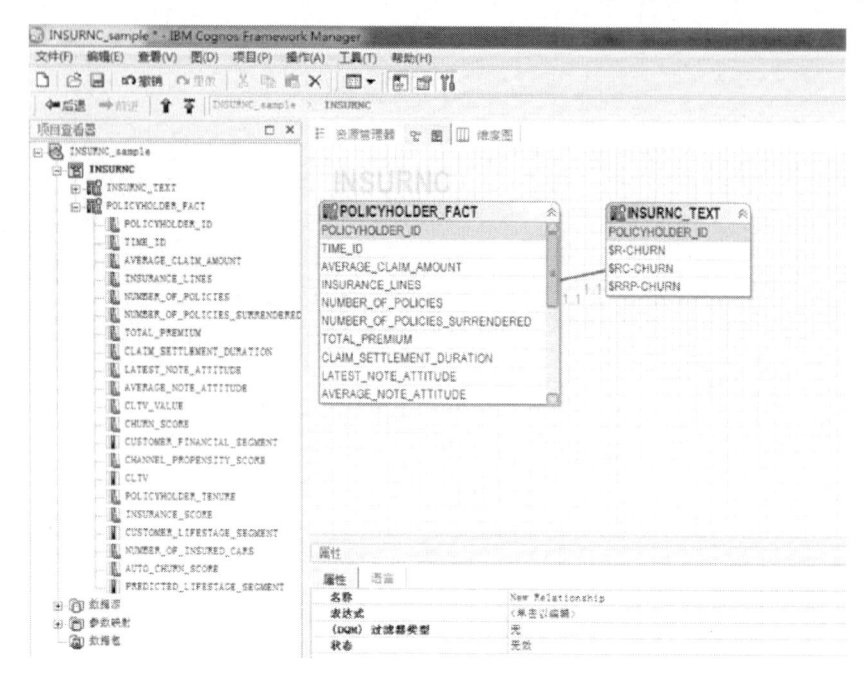

圖 4.90　完成連接

在左側「項目查看器」中的「INSURNC」下單擊右鍵，創建名稱空間，分別創建三個層級：「physic layer」「business layer」「database layer」。如圖 4.91 至圖 4.92 所示。

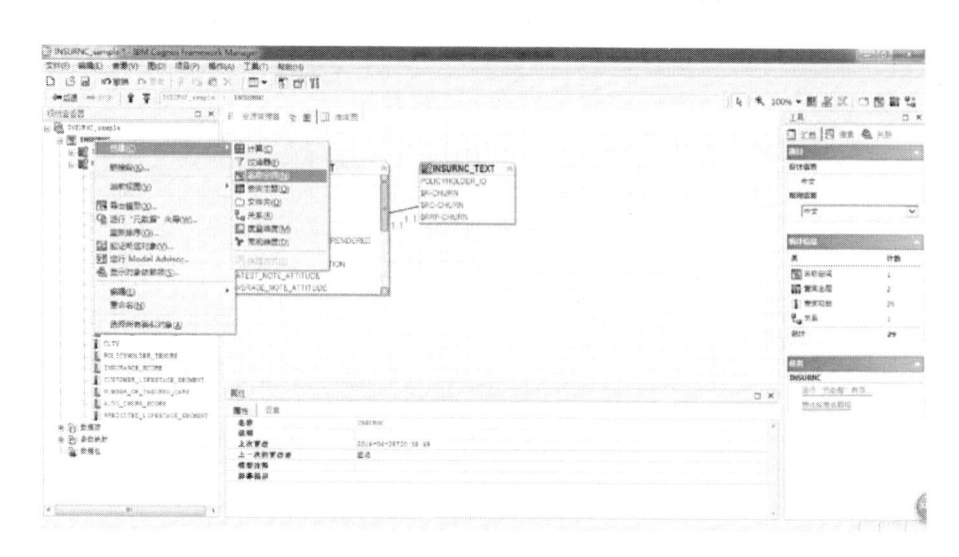

圖 4.91　創建三個層級

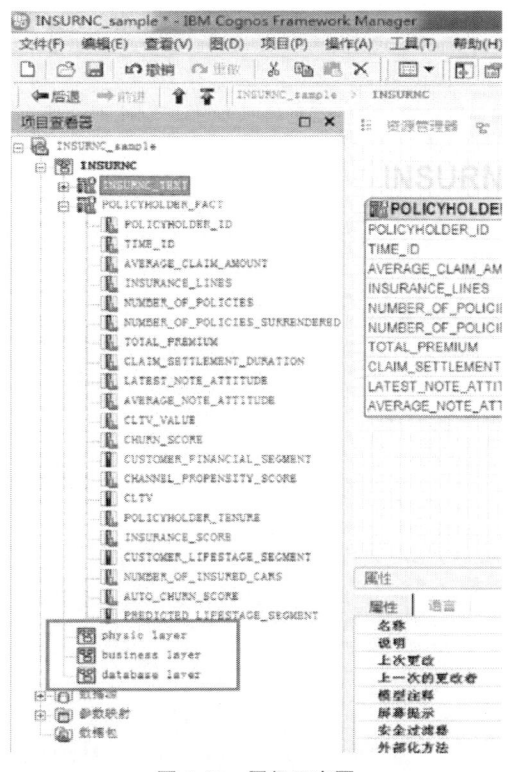

圖 4.92　層級示意圖

將 INSURNC_TEXT 和 POLICYHOLDER_FACT 拖入 physic layer（物理層），如圖 4.93 至圖 4.94 所示。

圖 4.93　選擇項目

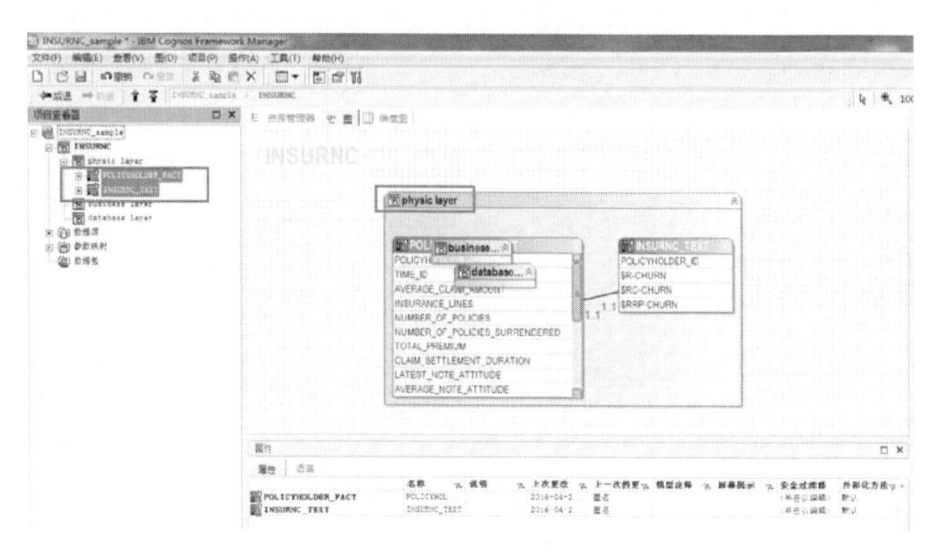

圖 4.94　拖入物理層

在 business layer 中創建查詢主題，創建一個名為「INSURNC_QUERY」的查詢主題。如圖 4.95 至圖 4.96 所示。

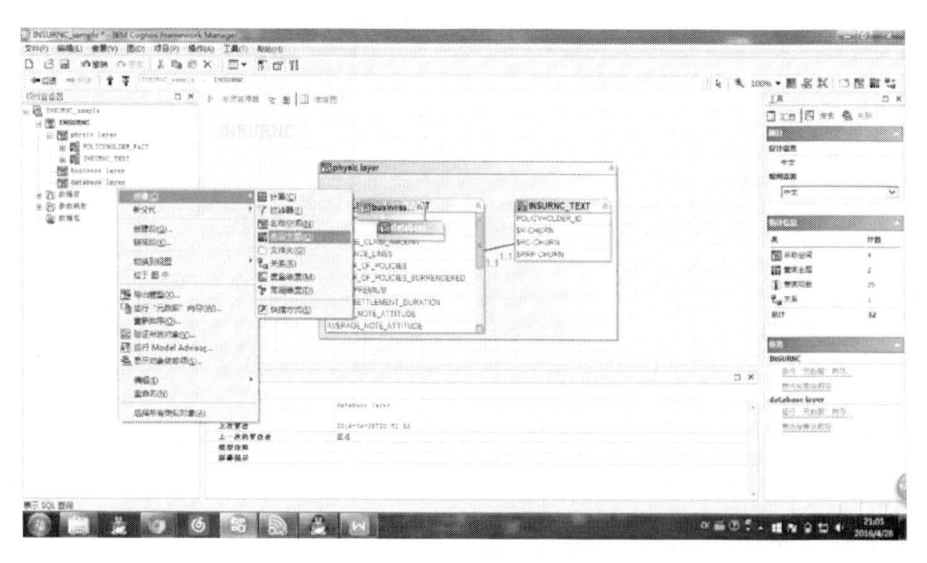

圖 4.95　創建查詢主題

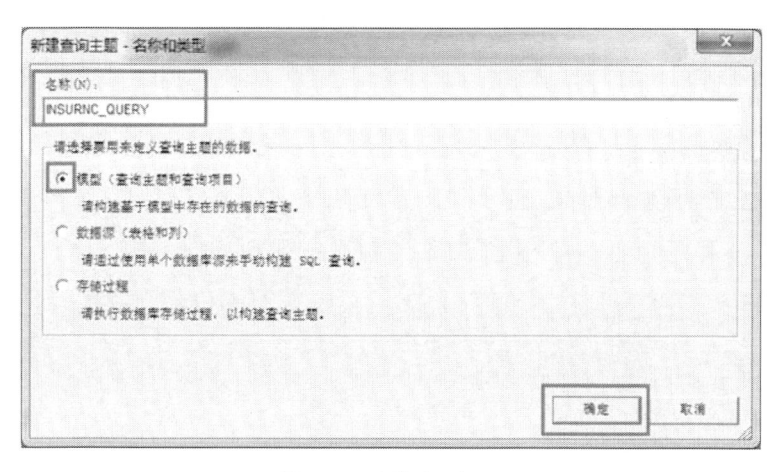

圖 4.96　查詢主題設置

將需要的表從「可用的模型對象」拖入到「查詢項目和計算中」,點擊確定,如圖 4.97 所示。

圖 4.97　將表插入到項目中

右擊 business layer 下已創建的查詢,選擇「創建」→「快捷方式」,如圖 4.98 所示。

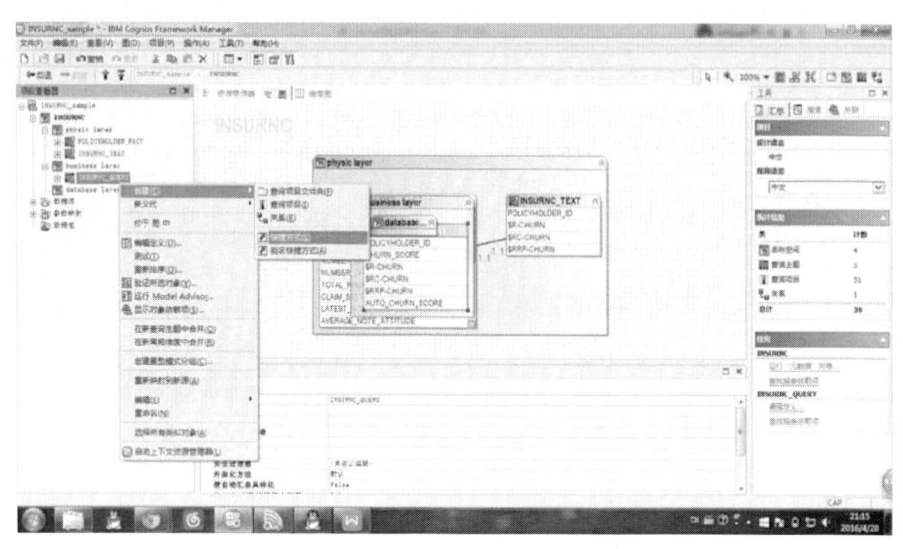

圖 4.98　創建查詢的快捷方式

將創建好的快捷方式拖動到「database layer」中，如圖 4.99 至圖 4.100 所示。

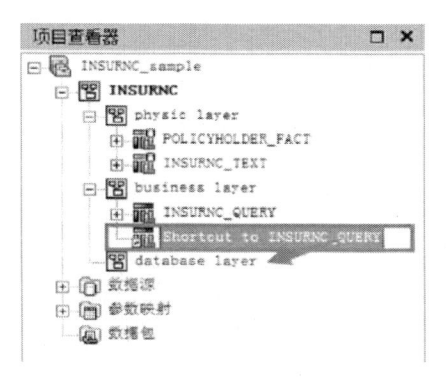

圖 4.99　選擇項目

圖 4.100　拖動到快捷方式中

發布數據包，右擊「項目查看器」中的「數據包」，選擇「創建」→「數據包」，如圖 4.101 所示。

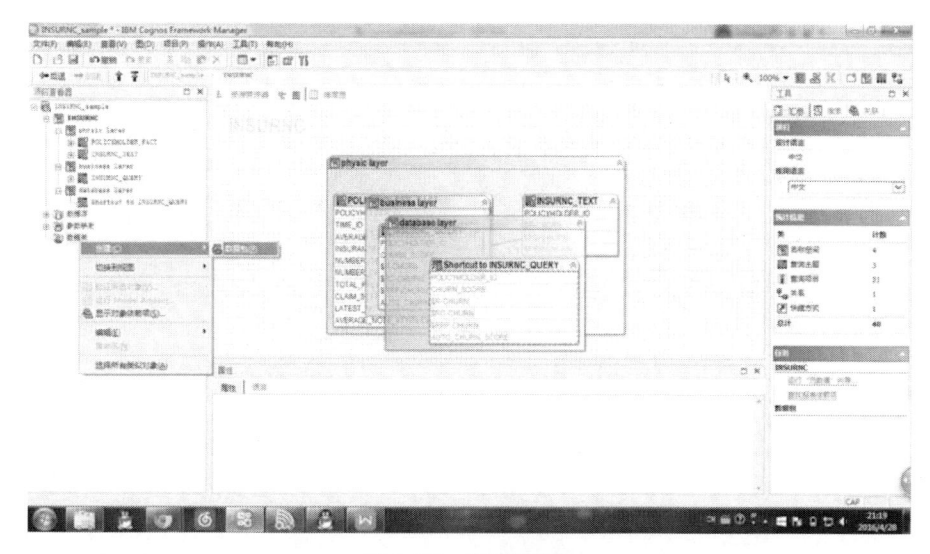

圖 4.101　發布數據包

創建數據包的名稱，點擊「下一步」，如圖 4.102 所示。

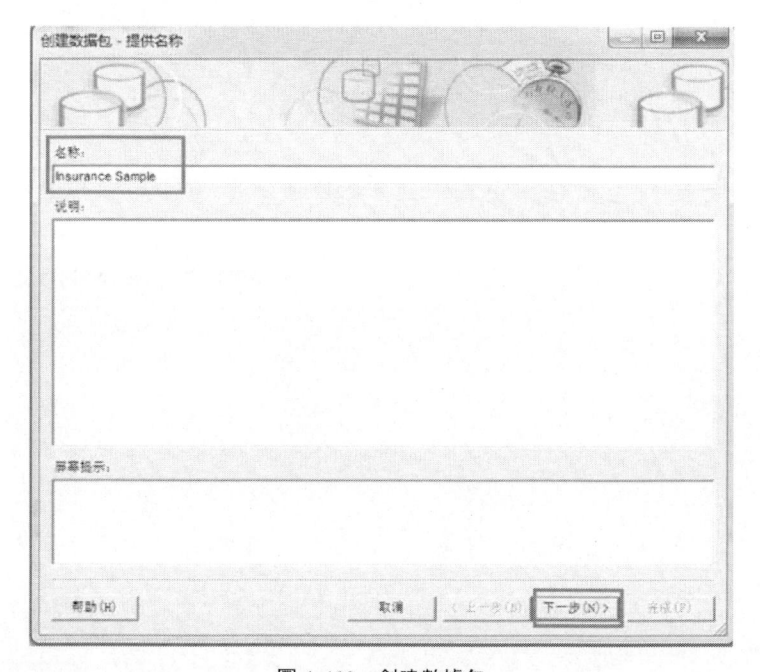

圖 4.102　創建數據包

在「創建數據包—定義對象」窗口中，只勾選「database layer」，點擊「下一步」，如圖 4.103 所示。

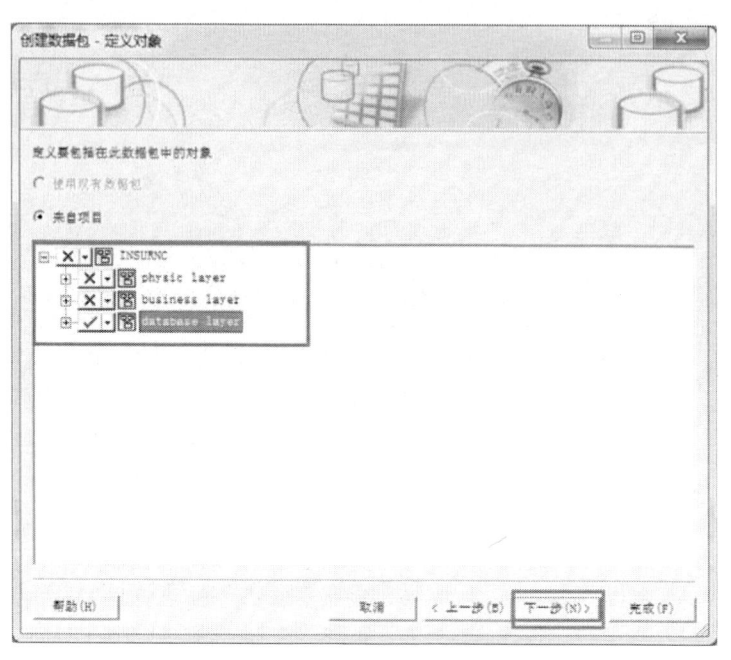

圖 4.103　創建數據包「定義對象」

在「創建數據包—選擇函數列表」中默認選項，點擊完成，如圖 4.104 所示。

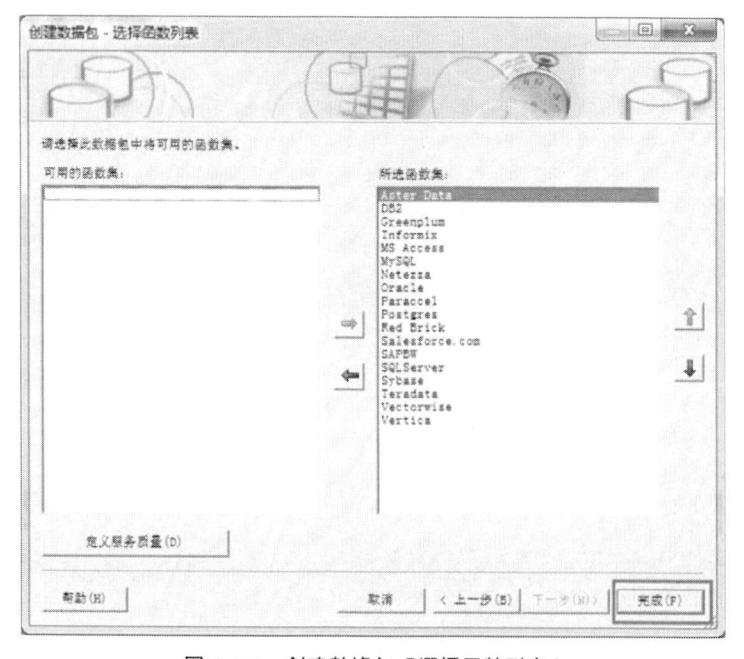

圖 4.104　創建數據包「選擇函數列表」

點擊「是」，發布數據包，如圖 4.105 所示。

圖 4.105　發布數據包

在「content store 中的文件位置中」設置數據包的發布位置，並不選中「啟用模板控製」，點擊「下一步」。按照要求選擇指定的文件夾。如圖 4.106 至圖 4.107 所示。

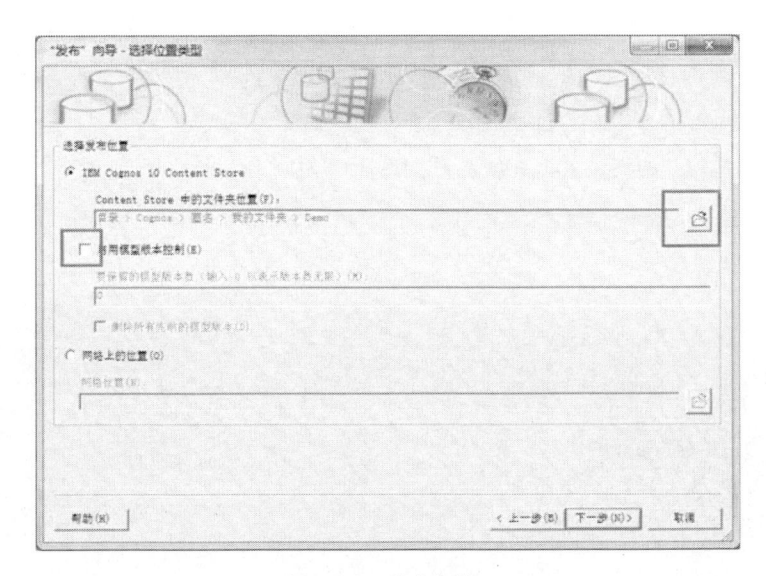

圖 4.106　發布向導 1

圖 4.107　發布向導 2

選擇默認設置，點擊「下一步」→「發布」→「完成」→「關閉」，完成元數據建模，如圖 4.108 至圖 4.111 所示。

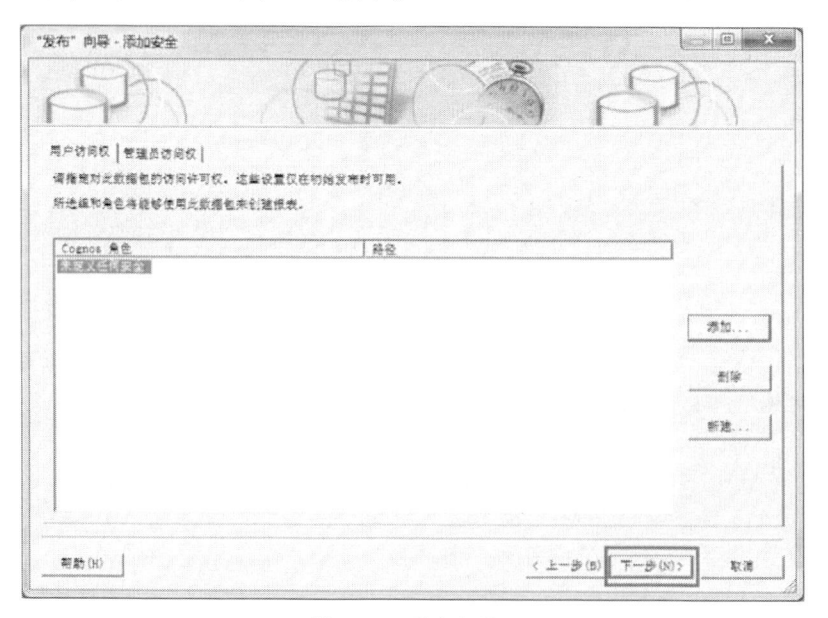

圖 4.108　發布向導 3

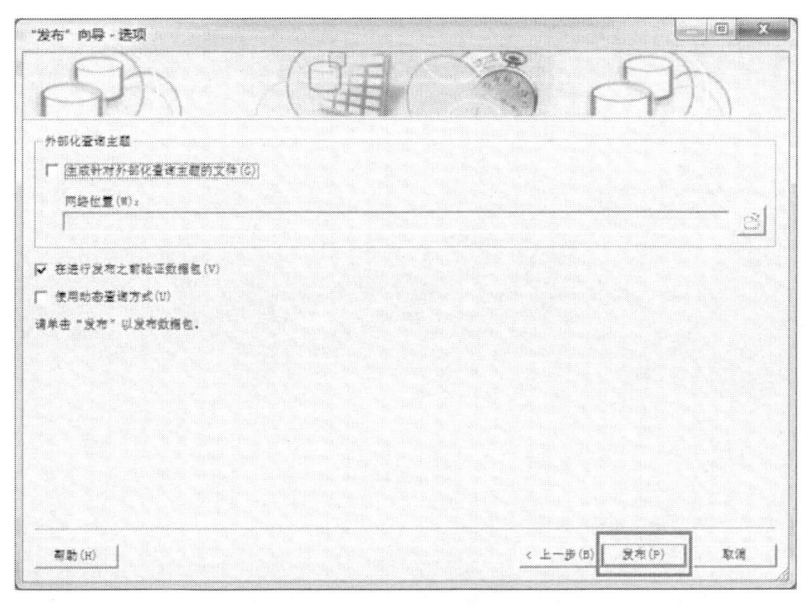

圖 4.109　發布向導 4

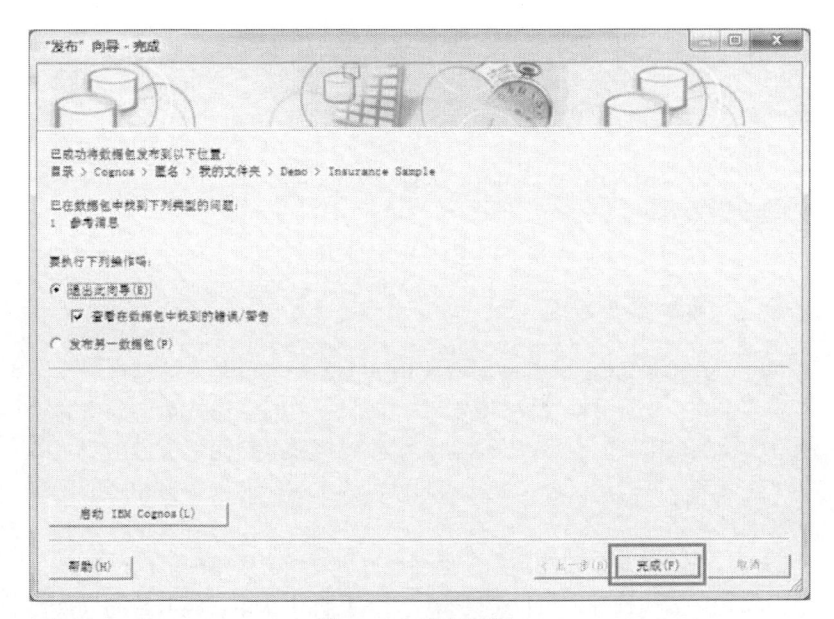

圖 4.110　發布向導 5

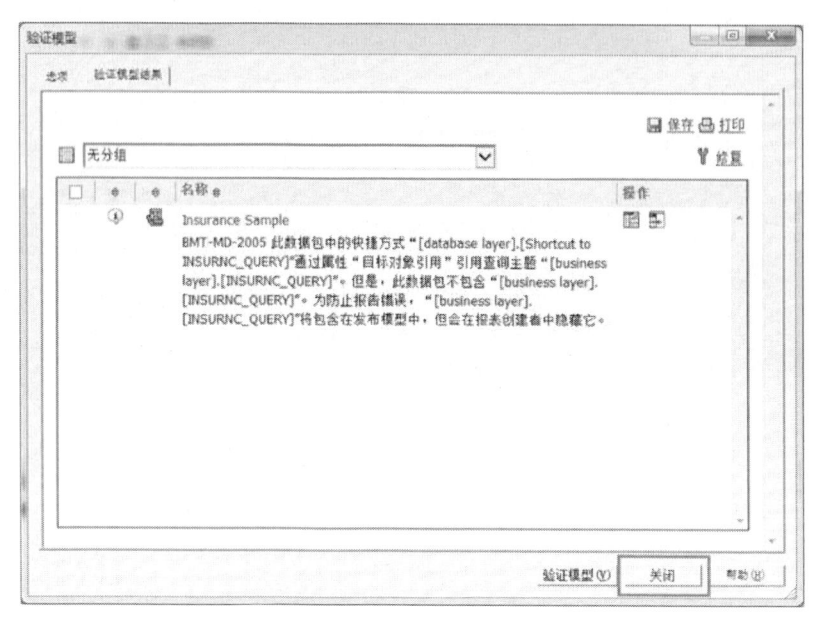

圖 4.111　發布向導 6

第四節　Cognos BI 製作可視化報表

一、實驗目的

1. 掌握 Cognos BI 10.0 的啓動方法；
2. 熟悉 Cognos BI 10.0 的開發環境；
3. 掌握利用 Cognos BI 開發簡單報表的方法。

二、實驗原理

IBM Cognos Business Intelligence 10.1 是最新的商業智能解決方案，用於提供查詢、報表、分析、儀表板和記分卡功能，並且可通過規劃、方案建模、預測分析等功能進行擴展。它可以在人們嘗試瞭解業績並使用工具做出決策時，在思考和工作方式方面提供支持，以便人們可以搜索和組合與業務相關的所有方面，並與之進行交互。

（1）查詢和報表功能為用戶提供根據事實做出決策所需的信息。

（2）儀表板使任何用戶都能夠以支持其做出決策的方式來訪問內容、與之交互，並對其進行個性化設置。

（3）分析功能使用戶能夠從多個角度和方面對信息進行訪問，從而可以查看和分析信息，幫助用戶做出明智的決策。

（4）協作功能包括通信工具和社交網路，用於推動決策過程中的意見交流。

（5）記分卡功能可實現業務指標的捕獲、管理和監控的自動化，使用戶可將

其與自己的戰略和營運目標進行比較。

三、實驗內容

利用 Cognos Framework Management 發布的數據包，在 Cognos BI 中製作簡單的報表。

四、實驗步驟

通過瀏覽器訪問：http：//172.20.2.75/ibmcognos。

進入門戶後點擊「我的主頁」，在我的文件夾>Demo 下可以看到我們在 Framework Manger 中創建並發布的包「New Package」，接下來我們利用這個數據包進行簡單的報表開發。如圖 4.112 所示。

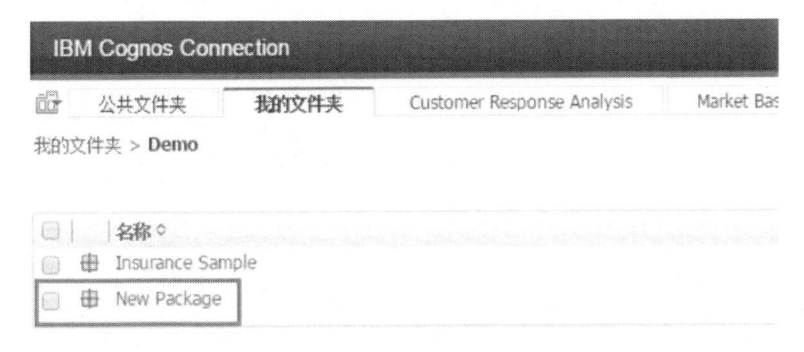

圖 4.112　選擇新發布的包

在右上角選擇「啓動」→「Report Studio」。如圖 4.113 所示。

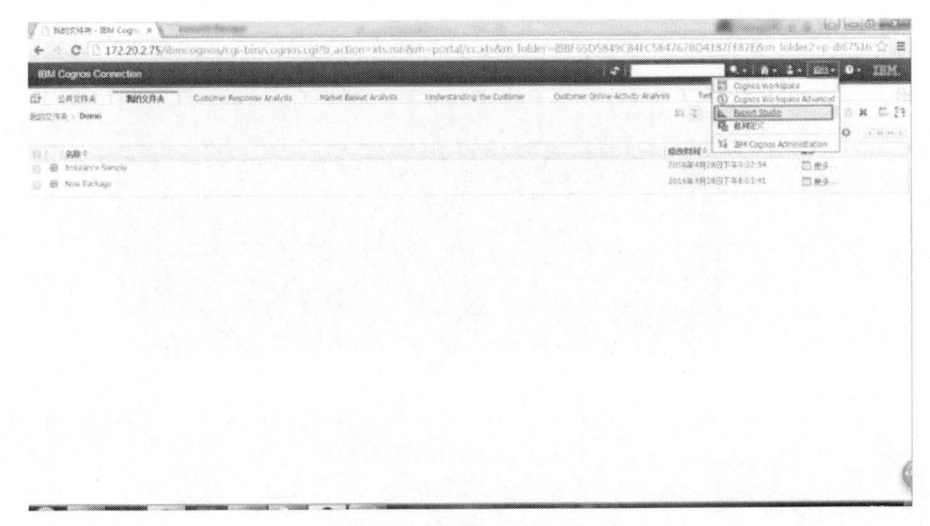

圖 4.113　啓動 Report Studio

然後跳到「選擇數據包」頁面，根據使用 Cognos Framework Manager 創建的數據包保存路徑找到數據包，在 Cognos>我的文件夾>Sample 目錄下雙擊「New Package」。如圖 4.114 所示。

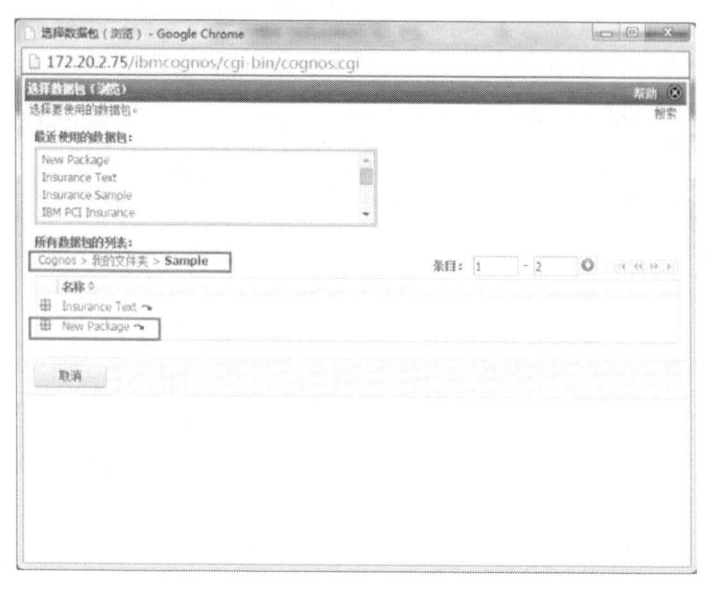

圖 4.114　查找數據包

進入 IBM Cognos Report Studio 主頁面，選擇「新建」。如圖 4.115 所示。

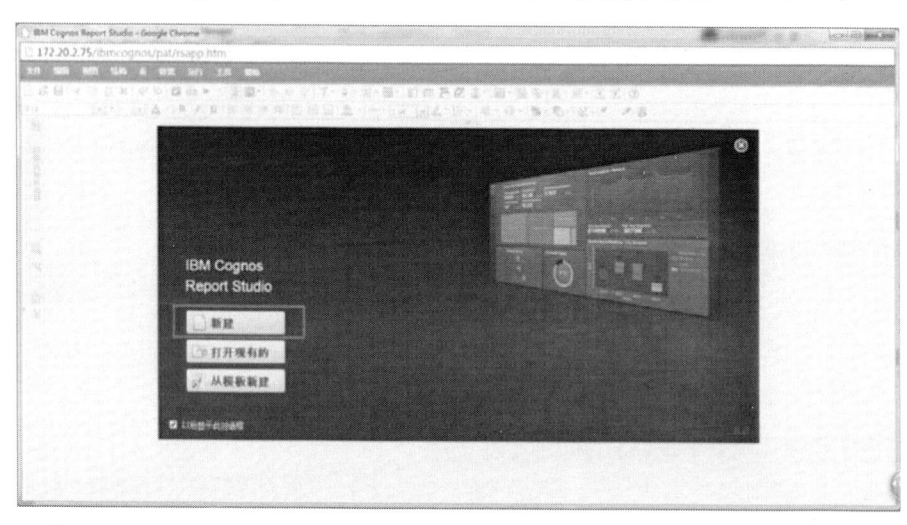

圖 4.115　新建項目

新建一個「列表」，點擊「確定」。如圖 4.116 所示。

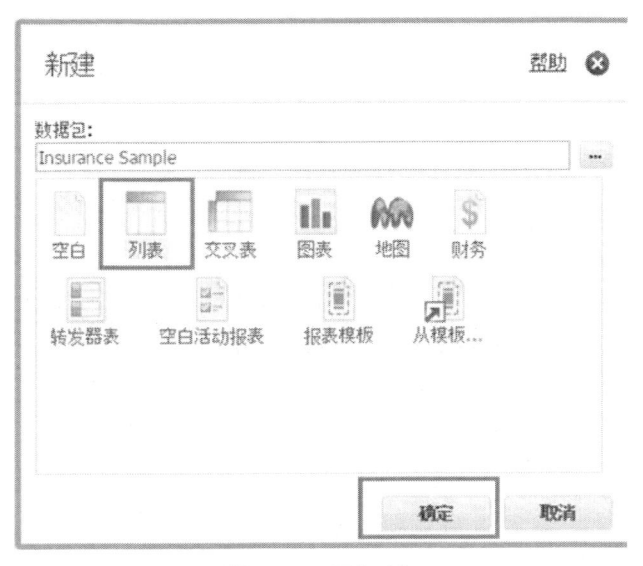

圖 4.116　新建列表

在左側的可插入對象中，展開「database layer」目錄，再展開「Shortcut to INSURNC_QUERY」，選擇需要展示的對象，一個一個拖動到右邊的列表中。如圖 4.117 所示。

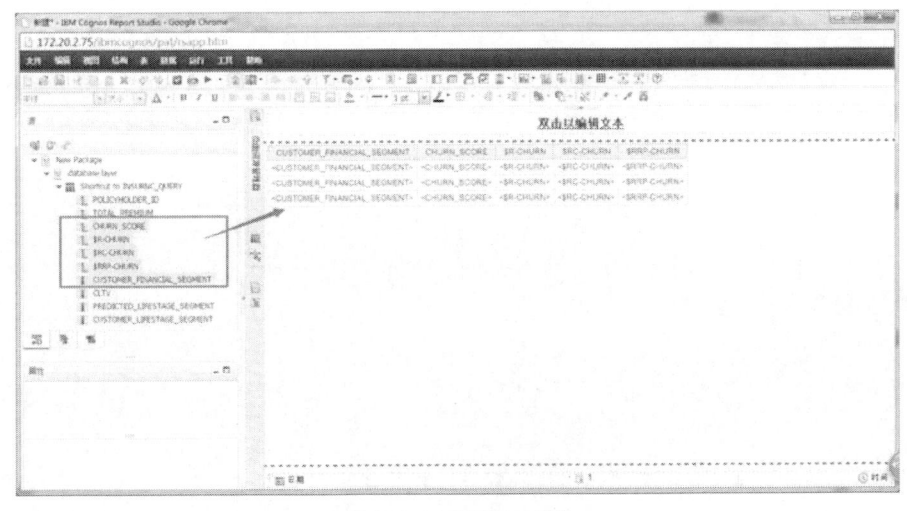

圖 4.117　選擇展示對象

在左側選項卡中，點擊「工具箱」，選擇「圖表」，並拖動到右邊報表頁中，選擇所需的圖標樣式，點擊「確定」。如圖 4.118 所示。

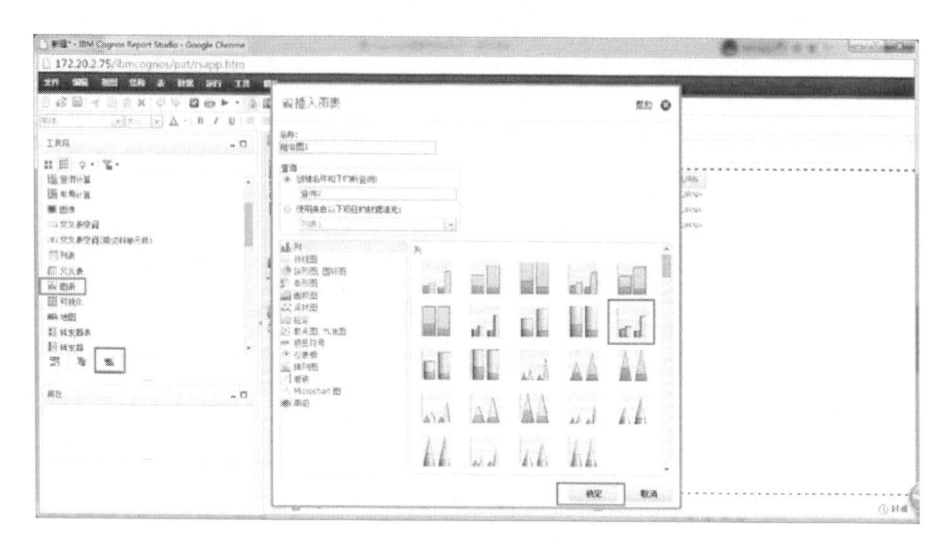

圖 4.118　選擇圖表

把用戶想要展示在圖表上的數據拖到圖表各個屬性中，如將「CHURN_SCORE」拖到圖表中的「默認度量」中，「PREDICTED_FINACIAL_SEGMENT」拖到圖表中的「類別」中，「CUSTOMER_FINACIAL_SEGMENT」拖到圖表中的「序列」中。如圖 4.119 所示。

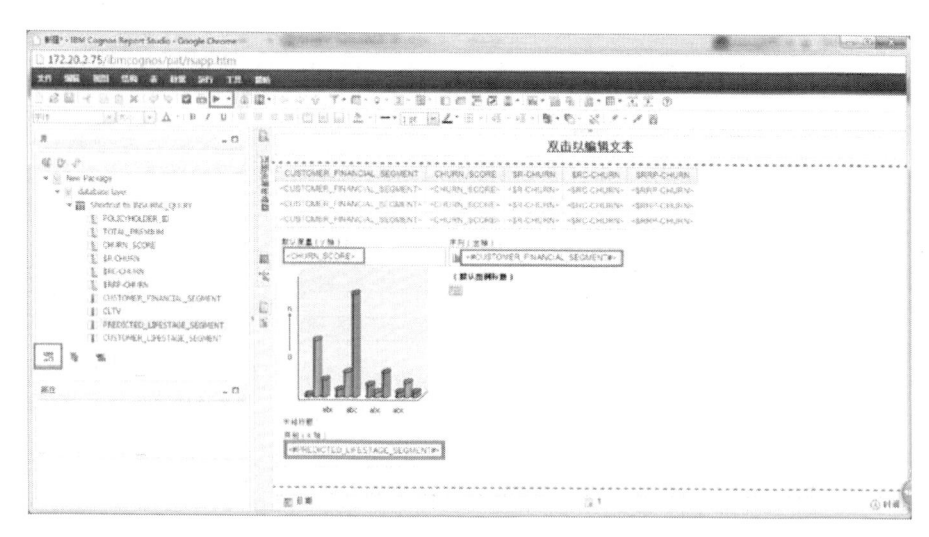

圖 4.119　設置屬性

點擊工具欄中的運行，一個簡單的報表就展現出來了。如圖 4.120 所示。

IBM Cognos Viewer

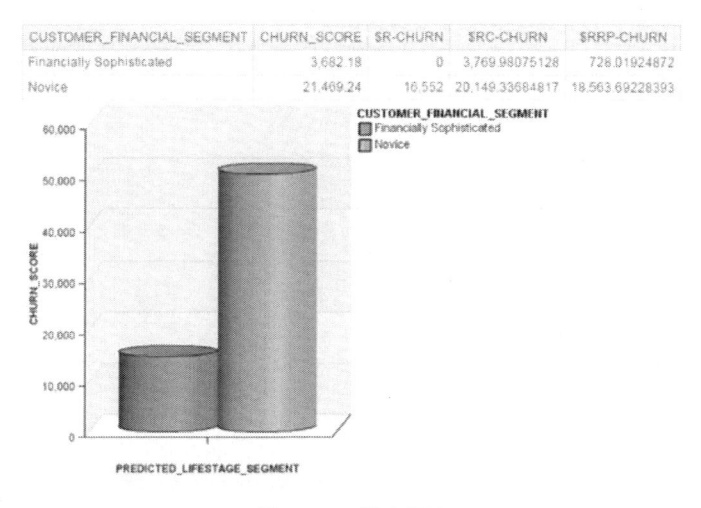

CUSTOMER_FINANCIAL_SEGMENT	CHURN_SCORE	$R-CHURN	$RC-CHURN	$RRP-CHURN
Financially Sophisticated	3,682.18	0	3,769.98075128	728.01924872
Novice	21,469.24	16.552	20,149.33684817	18,563.69228393

圖 4.120　報表展示

第五章 預測性客戶智能平臺系統的應用

第一節 電信行業案例

一、實驗目的

1. 熟悉電信行業背景，在 SPSS Modeler 中選用合適的模型對電信行業的客戶流失率進行預測分析；

2. 在 Cognos Framework Management 中選取合適的數據表進行關聯；

3. 在 Cognos BI 中發布可視化圖表，能夠說明數據之間的關係，並得出預測結果。

二、實驗原理

隨著信息社會的發展，如何通過數據分析的方法有效地分析海量數據，並從中找到有用的信息已經成為一種趨勢。

本實驗選取了 Churn Prediction.str 模型來分析電信行業的客戶流失率，做分析的主要字段（投保人人口、投訴、索賠、信息滿意度），採用的是決策樹算法。該算法 CHAID 能自動讀取客戶的詳細信息，如投訴、索賠、滿意度和人口變量，並自動提供每個客戶的流失傾向。

三、實驗內容

首先在 SPSS Modeler 中建立與電信行業相關的合適模型導出到數據庫中，接著在 Cognos FM 中發布數據包，最後在 Cognos BI 中製作可視化圖表。

四、實驗步驟

（一）SPSS Modeler 建模

（1）設置數據源並過濾數據。首先選擇窗口底部節點選項板中的「源」選項卡，再點擊「數據庫」節點，單擊工作區的合適位置，即可將「數據庫」的源添加到流中。雙擊「數據庫」，選擇數據源和表名稱「TELCO_1_0.TELCO_PEV」，並過濾其數據，保留 CUSTOMER_ID、ESTIMATED_INCOME、SENTIMENT_

SCORE、MARGIN_AMOUNT、NUMBER_OF_CLOSED_COMPLAINTS、NUMBER_OF_MONTHS_SINCE_CUSTOMER_UPGRADED_THE_PLAN、NUMBER_OF_OPEN_COMPLAINTS、EDUCATION、CHURN。如圖 5.1 至圖 5.2 所示。

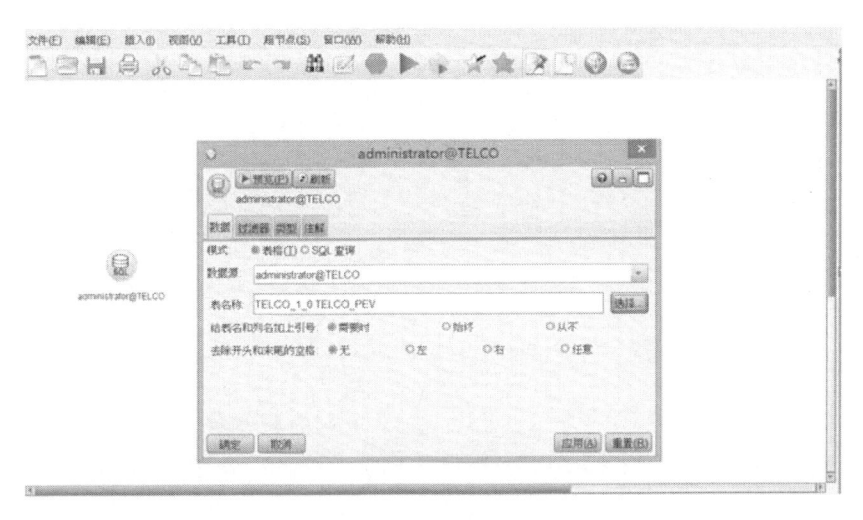

圖 5.1　設置數據源

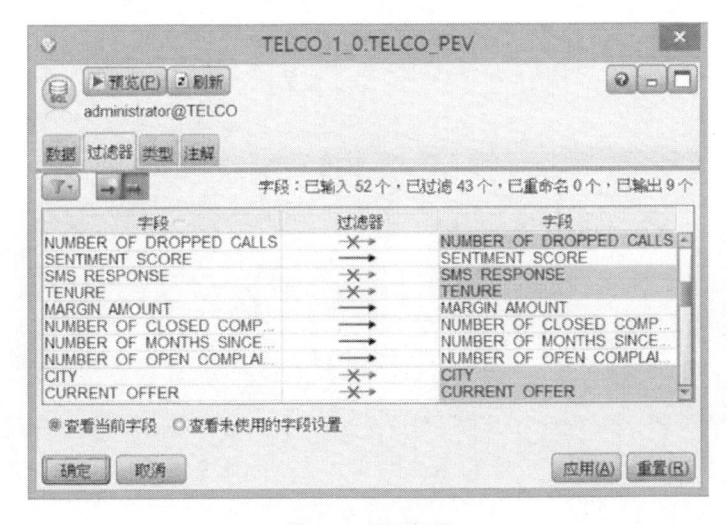

圖 5.2　過濾數據

（2）添加「字段選項」選項卡中的「類型」，雙擊「讀取值」，給每個字段添加數值，修改角色屬性，並與數據庫連接。如圖 5.3 所示。

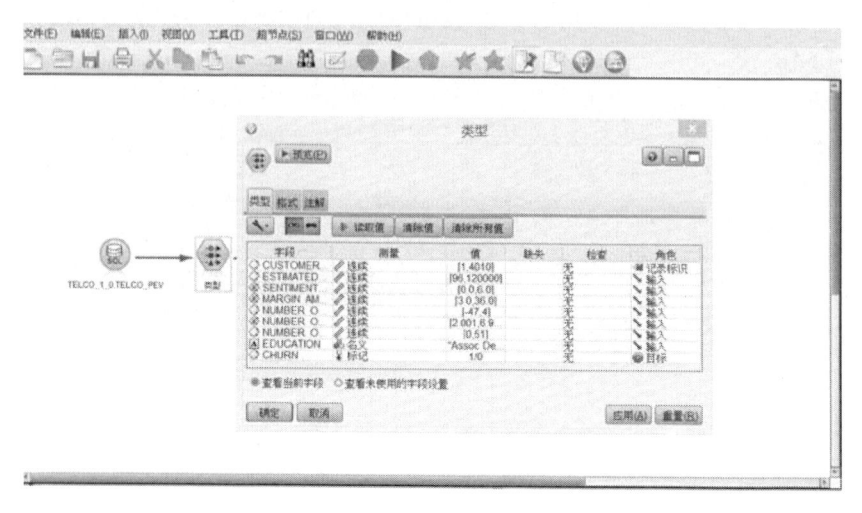

圖 5.3 添加「類型」節點

（3）添加「記錄選項卡」選項卡中的「排序」，並設置排序方式。如圖 5.4 所示。

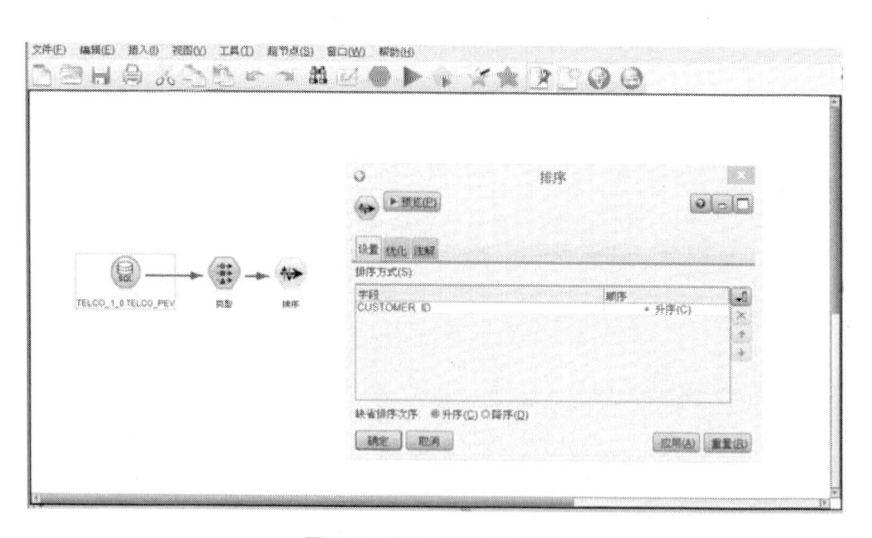

圖 5.4 添加「排序」節點

（4）添加「字段選項」選項卡中的「分區」節點，並進行分區。如圖 5.5 所示。

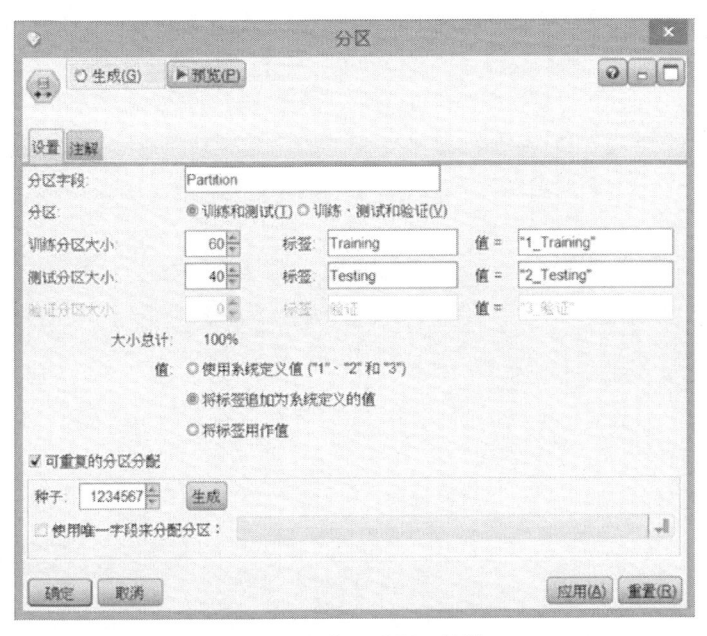

圖 5.5　添加「分區」節點

（5）選擇「建模」選項卡中的「CHAID」模型，設置如下。如圖 5.6 所示。

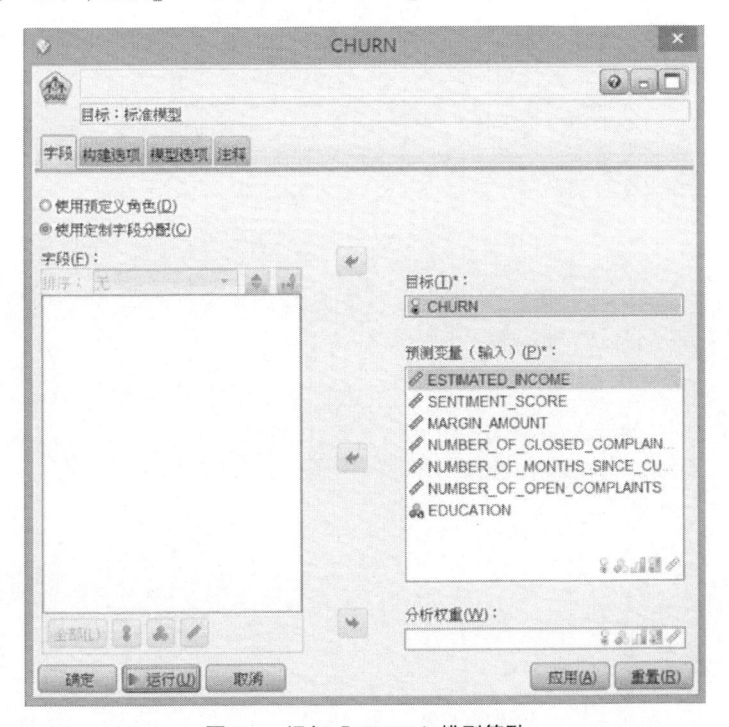

圖 5.6　添加「CHAID」模型節點

「構建選項」中，只改變中止規則，其他都為默認值。如圖 5.7 所示。

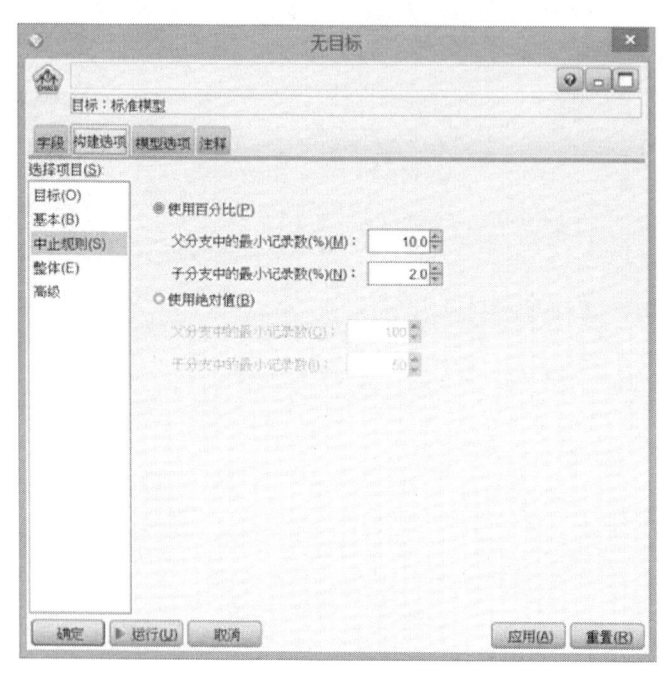

圖 5.7　設置構建選項

「模型選項」中在傾向評分前打勾。如圖 5.8 所示。

圖 5.8　設置模型選項

（6）打開模型，就能得到一些結果，如圖5.9所示：左欄位使用文字樹狀展開，表現每一階層的分類狀況及目標變數的模式；右欄位則是整體模型預測變量的重要性比較。可以發現最重要的分析變量為「SENTIMENT_SCORE」和「MARGIN_AMOUNT」。

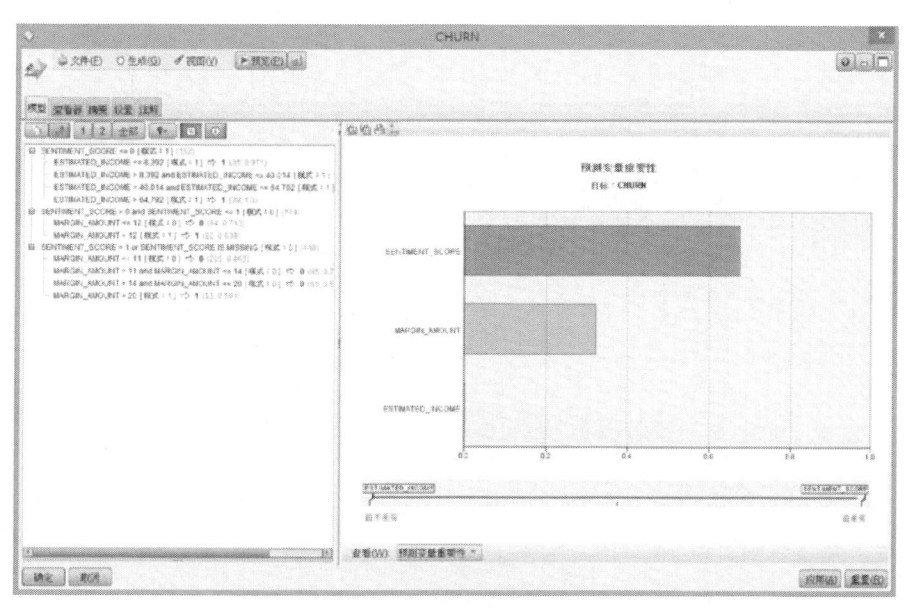

圖5.9　查看模型結果

在「查看器」中我們可以看到不同節點的關聯。如圖5.10所示。

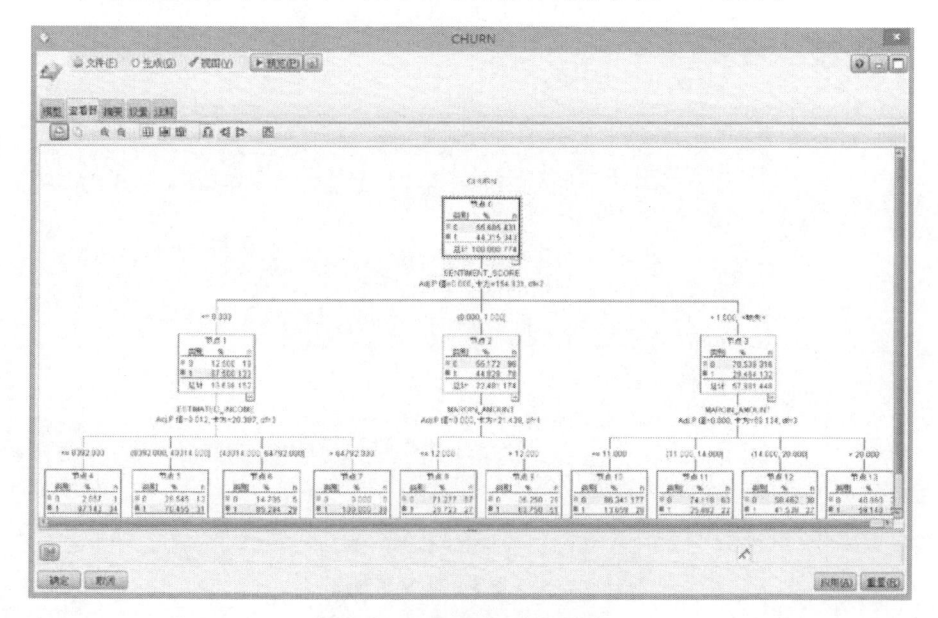

圖5.10　查看節點之間的關聯

（7）添加過濾器，對字段進行過濾。如圖 5.11 所示。

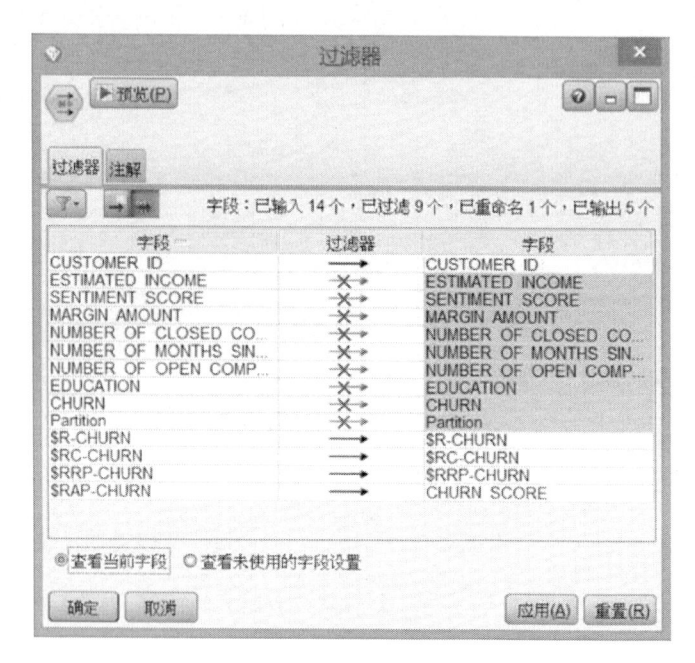

圖 5.11　過濾數據字段

（8）添加方形數據庫節點，選擇「數據庫」導出數據。如圖 5.12 所示。

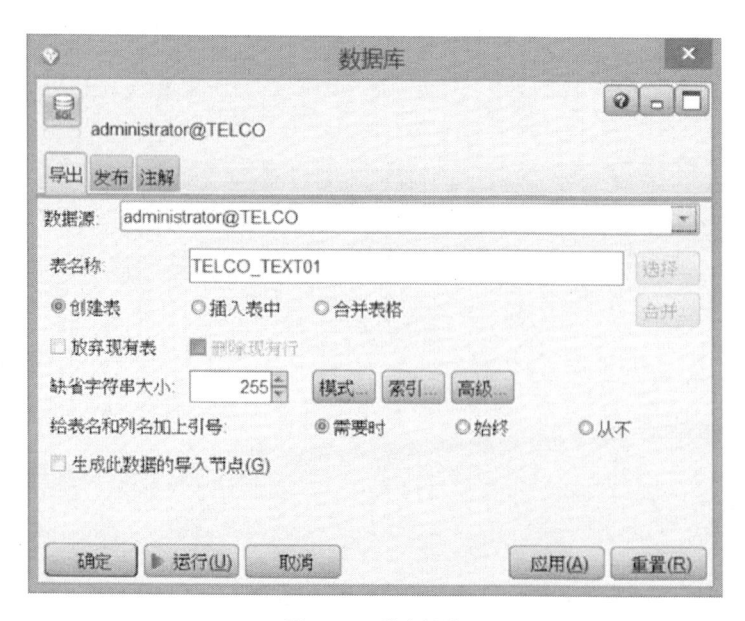

圖 5.12　導出數據

（二）Cognos Framework 發布數據包

（1）在開始菜單中啟動 IBM Cognos Framework Manager，選擇「創建新項目」選項。

（2）在「項目名稱」中輸入項目名稱和目錄位置。如圖 5.13 所示。

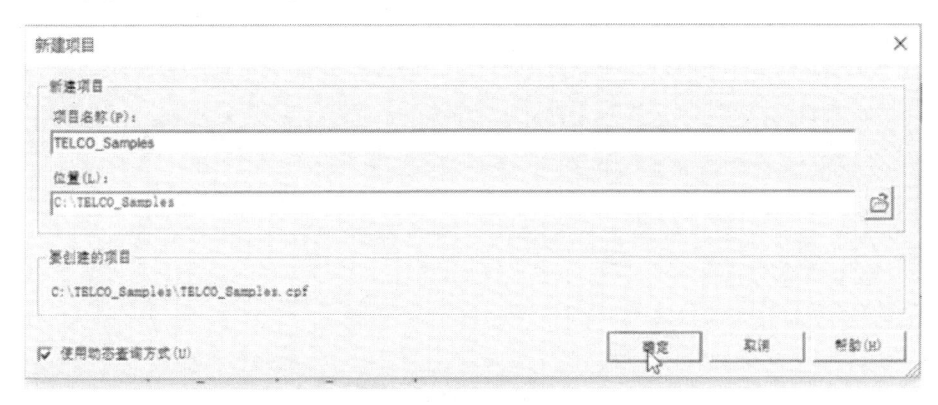

圖 5.13　新建項目窗口

（3）「選擇語言」中保持默認選項單擊「確定」。進入「元數據」向導－選擇元數據源，選擇「數據源」選項，點擊「下一步」。

（4）選擇「TELCO」數據源，點擊「下一步」。

（5）在「『元數據』向導－選擇對象」中選中經 SPSS Modeler 挖掘處理生成的表「TELCO_TEST2」，以及「TELCO_1_0」中的表「CST_PROFILE」「EDUCATION」「EMPLOYMENT」「MARITAL_STATUS」，點擊「下一步」。如圖 5.14 至圖 5.15 所示。

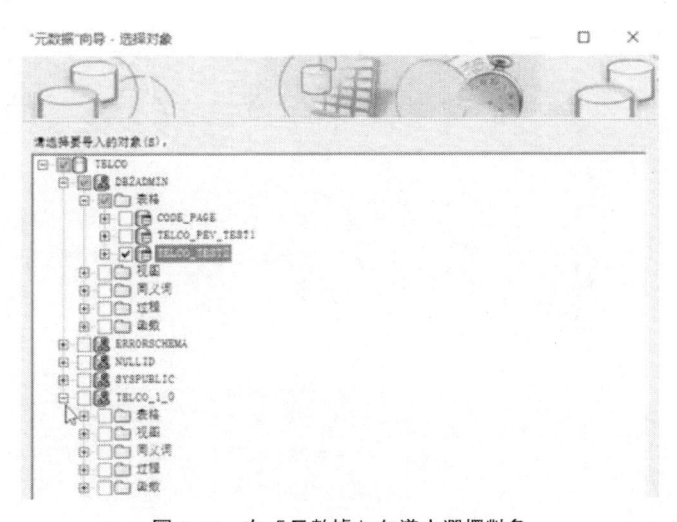

圖 5.14　在「元數據」向導中選擇對象

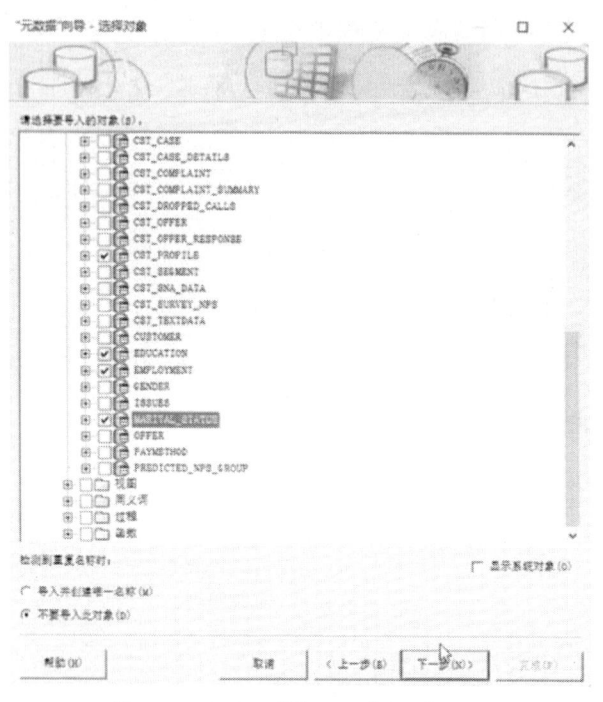

圖 5.15 在「元數據」向導中選擇對象

(6) 在「『元數據』向導—生成關係」中，不選中「使用主鍵和外鍵」，點擊「導入」。

單擊「完成」選項完成數據源的導入，進入「IBM Cognos Framework Manager」編輯頁面。

(7) 在左側我們可以看到導入的數據「TELCO」，在右側雙擊「圖」選項，可以看到之前導入的數據表。如圖 5.16 所示。

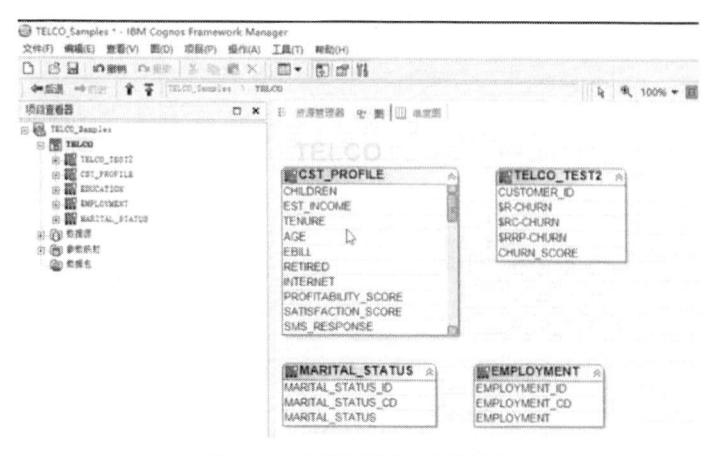

圖 5.16 查看圖選項中的數據表

（8）選擇「CST_PROGILE」表右鍵選擇「創建」→「關係」，進入「關係定義」窗體。

（9）在關係定義窗口右側選擇「查詢主題」，然後選擇「TELCO_TEST2」表，選中兩個查詢主題中的「CST_ID」和「CUSTOMER_ID」項建立連接。

（10）已建立兩個表的鏈接，在窗體中間設置連接屬性「1對1或1對n」，單擊「確定」。如圖5.17所示。

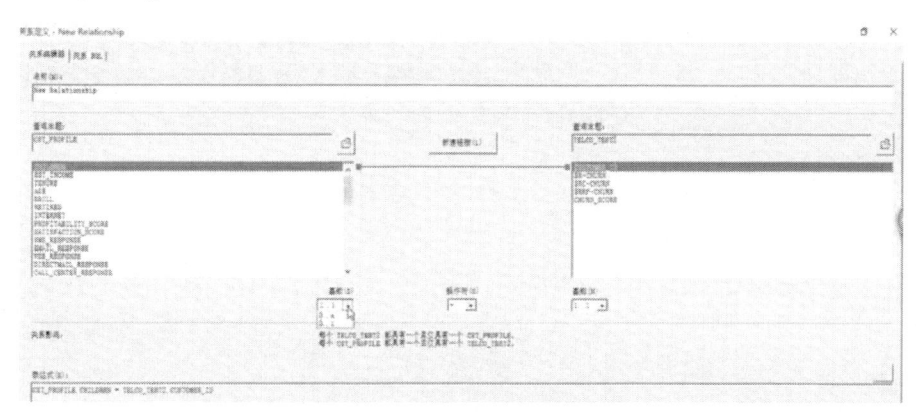

圖5.17　建立表之間的鏈接

（11）對「EDUCATION」「EMPLOYMENT」「MARITAL_STATUS」表重複步驟8至10，分別建立和表「CST_PROGILE」的鏈接。

（12）已建立「TELCO_TEST2」「EDUCATION」「EMPLOYMENT」「MARITAL_STATUS」和「CST_PROGILE」的連接。如圖5.18所示。

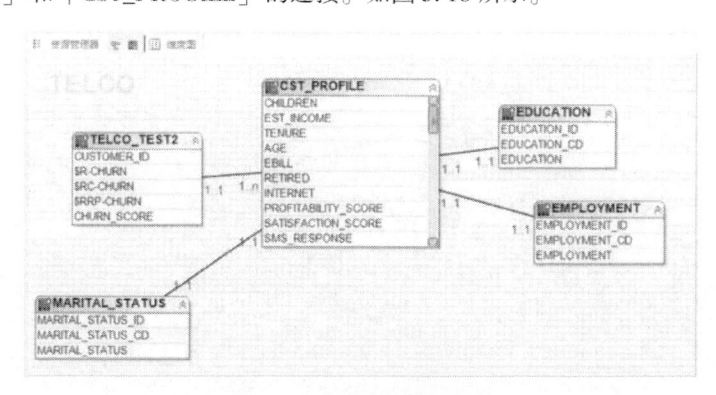

圖5.18　查看表之間的鏈接

（13）在左側「項目查看器」中的「TELCO」目錄下單擊右鍵，「創建」→「名稱空間」，分別創建三個層級：「physics layer」「business layer」「database layer」。

（14）將「TELCO_TEST2」「EDUCATION」「EMPLOYMENT」「MARITAL_STATUS」和「CST_PROGILE」拖入physic layer（物理層）。

（15）在「business layer」中用右鍵單擊「創建」→「查詢主題」，創建一個

127

名為「教育」查詢主題，點擊「確定」。在「查詢主題定義」窗體中將需要的表從「可用的模型對象」拖入到「查詢項目和計算中」，點擊「確定」。如圖 5.19 所示。

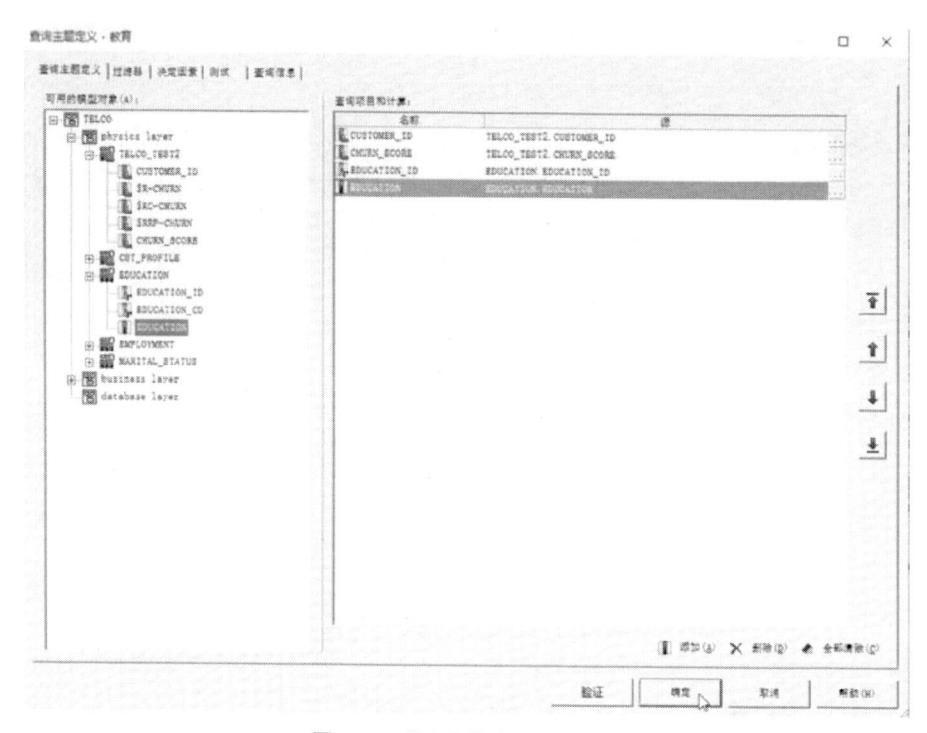

圖 5.19　教育查詢主題定義界面

（16）在「business layer」中右鍵單擊「創建」→「查詢主題」，創建一個名為「職業」的查詢主題，點擊「確定」。在「查詢主題定義」窗體中將需要的表從「可用的模型對象」拖入到「查詢項目和計算中」，點擊「確定」。如圖 5.20 所示。

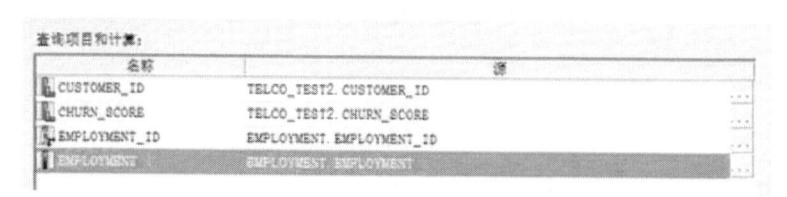

圖 5.20　職業查詢項目與計算界面

（17）在「business layer」中右鍵「創建」→「查詢主題」，創建一個名為「婚姻」的查詢主題，點擊「確定」。在「查詢主題定義」窗體中將需要的表從「可用的模型對象」拖入到「查詢項目和計算中」，點擊「確定」。如圖 5.21 所示。

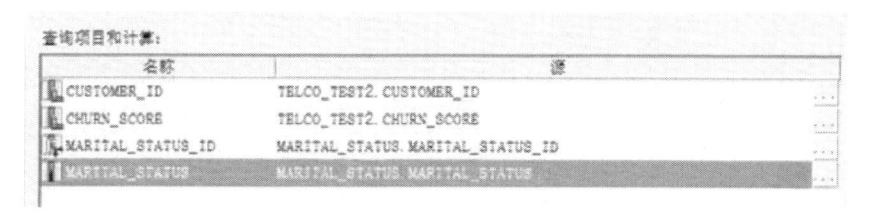

圖 5.21　婚姻查詢項目與計算界面

（18）分別選擇「business layer」下已創建的查詢「教育」「職業」「婚姻」，「右鍵」→「創建」→「快捷方式」。將創建好的快捷方式拖動到「database layer」中。如圖 5.22 所示。

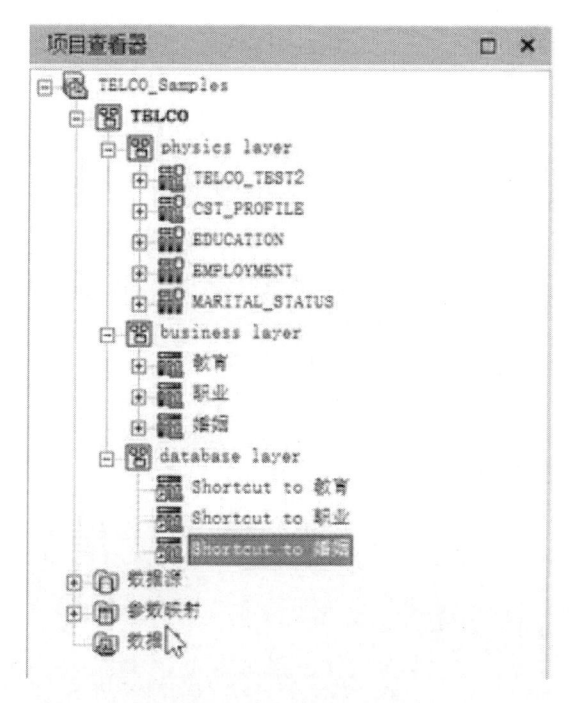

圖 5.22　創建快捷方式並拖動到「database layer」中

（19）發布數據包，選擇「數據包」選項「右鍵」→「創建」→「數據包」。在「創建數據包」窗體中輸入數據包名稱「TELCO_Samples」，點擊「下一步」。

（20）在「創建數據包—定義對象」窗口中，只勾選「database layer」，點擊「下一步」。如圖 5.23 所示。

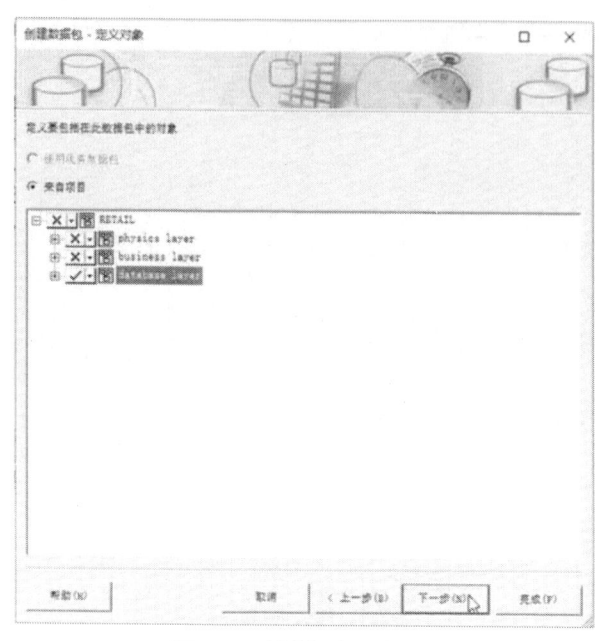

圖 5.23 創建數據包的界面

（21）在「創建數據包—選擇函數列表」中選擇默認選項，點擊完成。出現「是否發布數據包」詢問窗體，點擊「是」。

（22）在「『發布』向導—選擇位置類型」窗體中，「content store 中的文件位置（F）:」設置數據包的發布路徑，並取消選中「啟用模板控製」，點擊「下一步」。

（23）選擇默認設置，點擊「下一步」→「發布」→「完成」→「關閉」，完成元數據建模。如圖 5.24 所示。

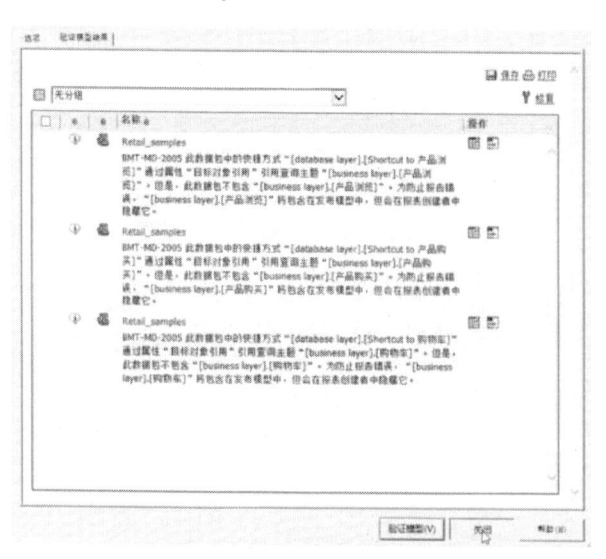

圖 5.24 發布完成

(三) 製作 Cognos BI 可視化圖表

（1）通過瀏覽器訪問：http：//172.20.2.75/ibmcognos/，進入門戶網站後點擊「我的主頁」，進入「IBM Cognos Connection」界面。如圖 5.25 所示。

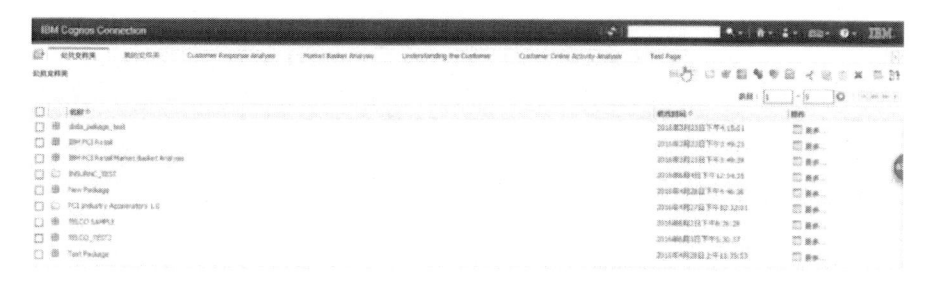

圖 5.25　IBM Cognos Connection 界面

（2）在右上角選擇「啓動」→「Report Studio」。

（3）在「選擇數據包」頁面，根據 Cognos Framework Manager 創建的數據包保存路徑「Cognos>我的文件夾>Sample >TELCO_Samples」找到數據包，雙擊「TELCO_Samples」。如圖 5.26 所示。

圖 5.26　選擇數據包

（4）進入 IBM Cognos Report Studio 主頁面，選擇「新建」。新建一個「列表」，點擊「確定」。

（5）在左側的可插入對象中，展開「database layer」目錄，再展開「Shortcut to 教育」，選擇需要展示的對象，拖動到右邊的列表中。

（6）在左側選項卡中，點擊「工具箱」，選擇「圖表」，並拖動到右邊報表頁中，選擇所需的圖標樣式，點擊「確定」。

（7）把用戶想要展示在圖表上的數據拖到圖表各個屬性中，將「CHURN_

131

SCORE」拖到圖表中的「默認度量」中,「EDUCATION」拖到圖表中的「類別」中。如圖 5.27 所示。

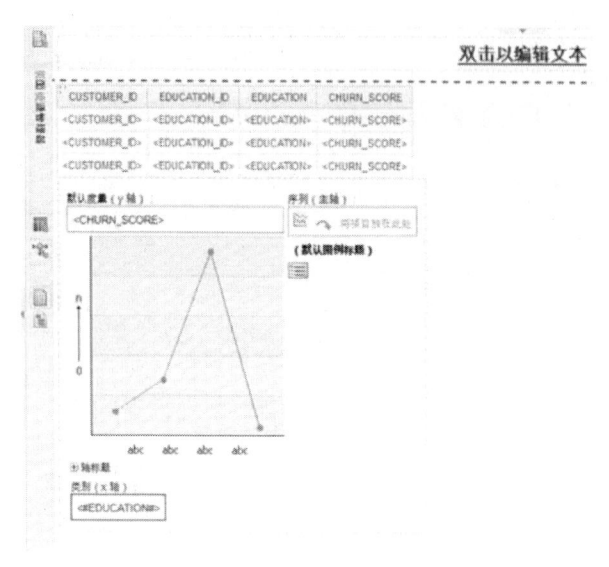

圖 5.27　編輯教育圖表類別

(8) 點擊「工具箱」,選擇「列表」拖動到右邊報表頁中,對「Shortcut to 職業」「Shortcut to 婚姻」重複步驟步驟 (5)~(7)。如圖 5.28 所示。

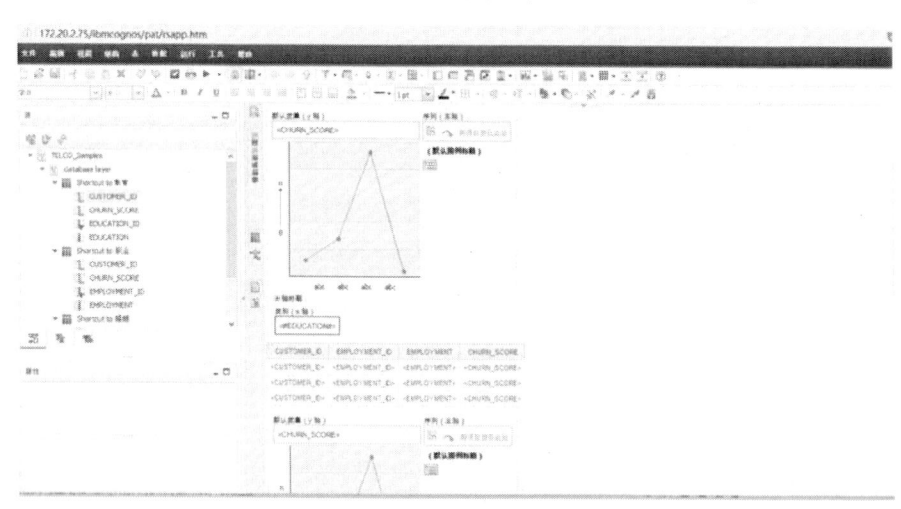

圖 5.28　編輯職業和婚姻圖表類別

(9) 點擊工具欄中的「運行」按鈕,跳轉至報表展示頁。

通過圖 5.29 和圖 5.30 可知教育程度與客戶流失可能性的關係為:教育程度越高的客戶,在產品使用的過程中流失的可能性越高。

CUSTOMER_ID	EDUCATION_ID	EDUCATION	CHURN_SCORE
117	1	Assoc Degree	49.95834987
78	2	Bachelors Degree	41.71429657
27	3	GRAD	11.82738476
103	4	Grad / Post-grad degree	46.05358594
6	5	HHIF	2.08928657
11	6	HIFH	5.28571583
289	8	High School Grad	143.80956425
81	9	No High School diploma	41.30358274
271	10	POSTGRAD	121.04765724
262	12	Some College	110.63694181
36	13	U	12.53571943
12	14	UNDERGRAD	5.14881122

圖 5.29　教育報表展示

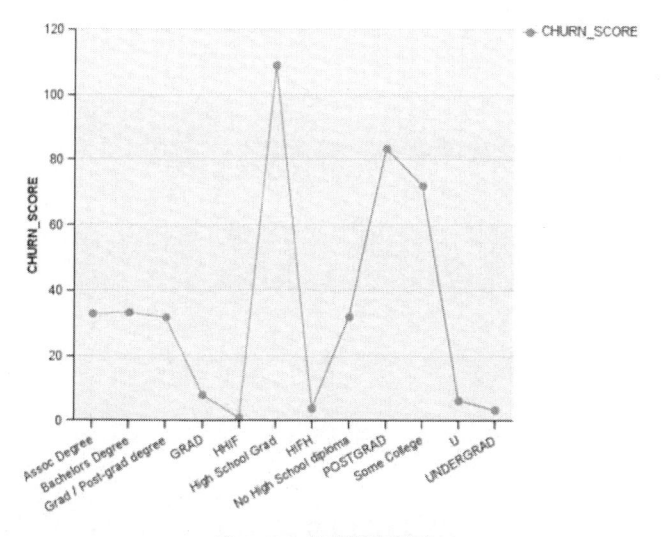

圖 5.30　教育圖表展示

通過圖 5.31 和圖 5.32 可知：在客戶職業情況方面，工作越不穩定的客戶，流失的可能性越高。相反有比較穩定的全職工作的客戶忠誠度較高。

CUSTOMER_ID	EMPLOYMENT_ID	EMPLOYMENT	CHURN_SCORE
569	1	Employed full-time	256.83341347
44	2	Employed full-time, Student	22.11310139
177	3	Employed part-time	77.64288211
8	4	Employed part-time, Stay at home parent	3.7559535
12	5	Employed part-time, Student	6.1190493
192	6	Not currently employed	85.29169373
160	7	Retired	79.0000224
69	8	Stay at home parent	31.30358114

圖 5.31　職業報表展示

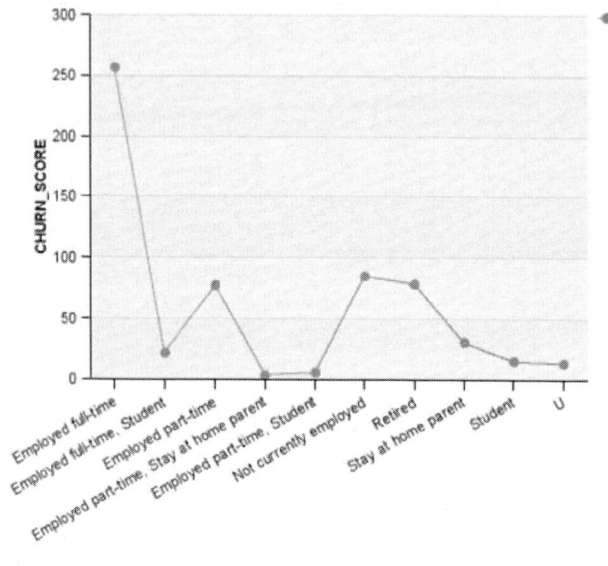

圖 5.32　職業圖表展示

通過圖 5.33 可知：在客戶婚姻狀況方面，還是單身的客戶流失率相對較高，已結婚並家庭生活穩定的客戶流失率相對較低。

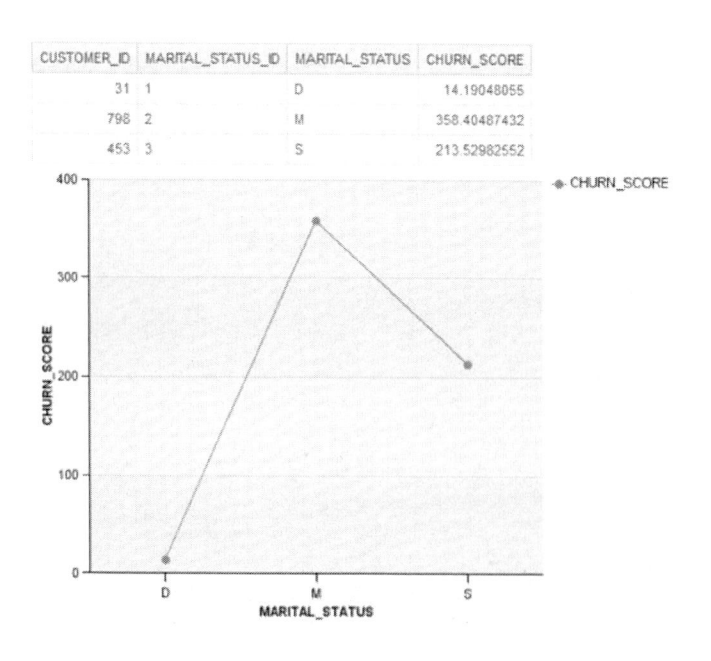

CUSTOMER_ID	MARITAL_STATUS_ID	MARITAL_STATUS	CHURN_SCORE
31	1	D	14.19048055
798	2	M	358.40487432
453	3	S	213.52982552

圖 5.33　婚姻圖表展示

通過對客戶的一些基本情況的分析，可以大概預測客戶在使用電信產品時流失的可能性。這種流失預測數據可以用於電信企業針對不同的客戶群所進行的有針對性的行銷。同時，可以通過用戶在使用產品過程中的反應預測客戶的流失傾向，為電信企業做客戶關係維護提供有利的信息支持。

第二節　保險行業案例

一、實驗目的

1. 熟悉保險行業背景，在 SPSS Modeler 中選用合適的模型對保險行業的客戶流失率進行預測分析；

2. 在 Cognos Framework Management 中選取合適的數據表進行關聯；

3. 在 Cognos BI 中發布可視化圖表，能夠說明數據之間的關係，並得出預測結果。

二、實驗原理

隨著信息社會的發展，如何通過數據分析的方法有效地分析海量數據，並從中找到有用的信息已經成為一種趨勢。

本實驗我們選取了 Auto Churn.str 模型來分析電信行業的客戶流失率，做分析的主要字段（投保人人口、投訴、索賠、信息滿意度），採用的是決策樹算法。該算法 CHAID 能自動讀取客戶的詳細信息，如投訴、索賠、滿意度和人口變量，並自動提供每個客戶的流失傾向。

三、實驗內容

首先將 SPSS Modeler 中建立的與保險行業相關的合適模型導出到數據庫中，接著在 Cognos FM 中發布數據包，最後在 Cognos BI 中製作可視化圖表。

四、實驗步驟

（一）SPSS Modeler 建立模型

（1）打開 SPSS Modeler 之後，建立新的流，拖動左下方【源】中的【數據庫】節點到編輯欄中。

（2）雙擊打開數據庫，選擇數據源（administrator@ INSRNC）和表名稱（INSURNC_1_0.INSURANCE_VIEW_2）；再點擊應用和確定，如圖 5.34 所示。

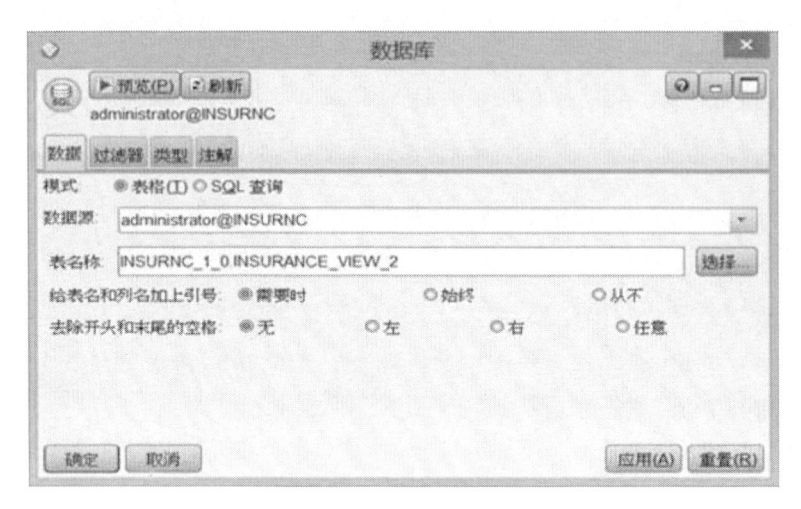

圖 5.34　設置數據源節點

（3）選擇下方【字段選項】的【過濾器】節點，並單擊鼠標右鍵，然後選擇「連接」標籤，進行連接，如圖 5.35 所示。

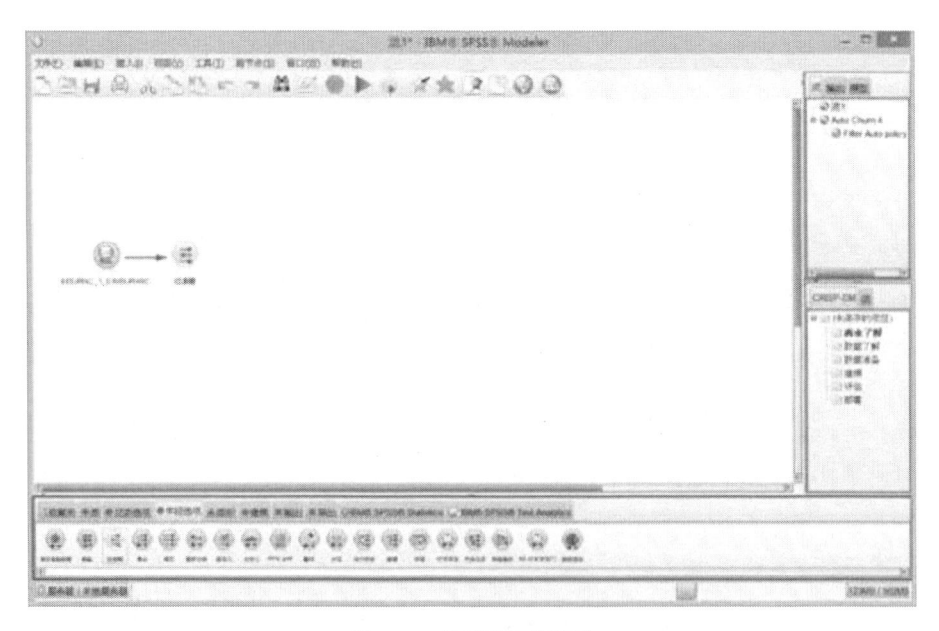

圖 5.35　拖動過濾器節點

（4）對【過濾器】進行配置，去掉不需要的 21 個字段，如圖 5.36 至圖 5.39 所示。

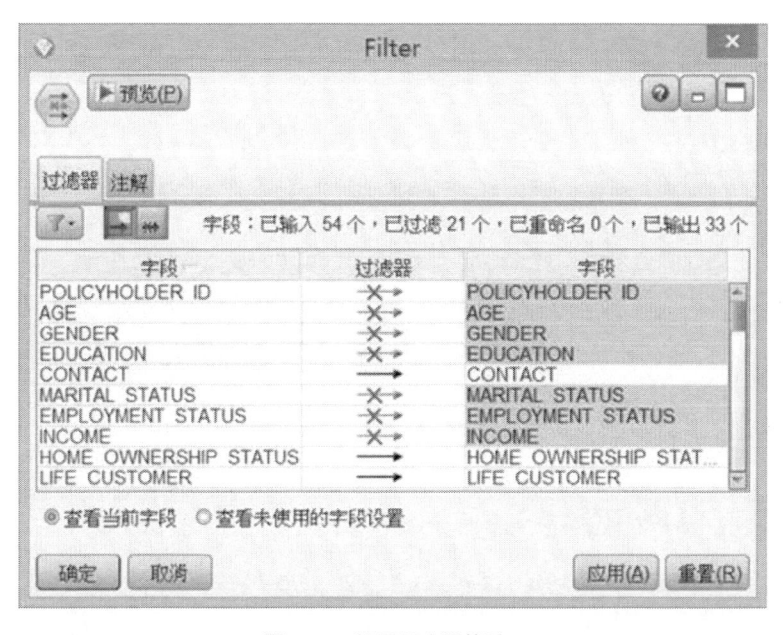

圖 5.36　設置過濾器節點 1

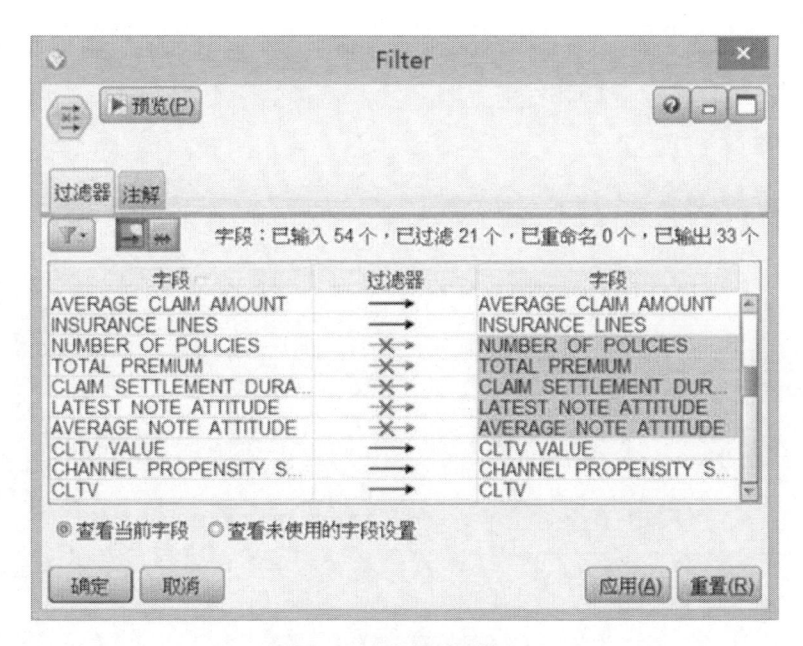

圖 5.37　設置過濾器節點 2

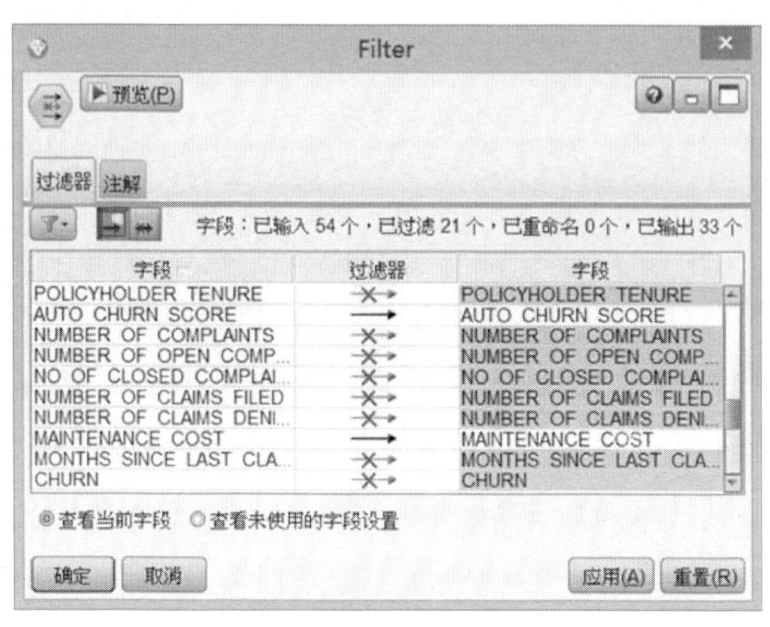

圖 5.38　設置過濾器節點 3

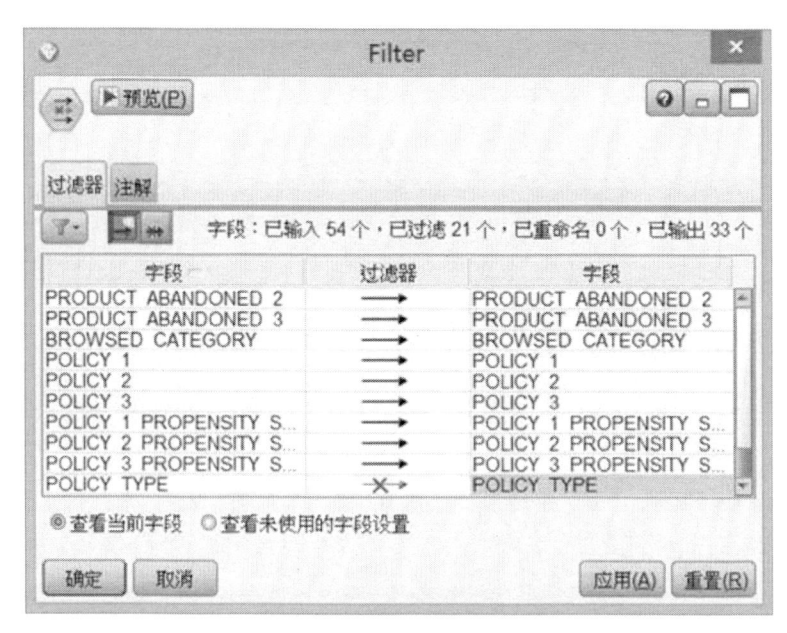

圖 5.39　設置過濾器節點 4

（5）點擊 ，使得需輸出與過濾的字段相交換，再點擊應用和確定，如圖 5.40 所示。

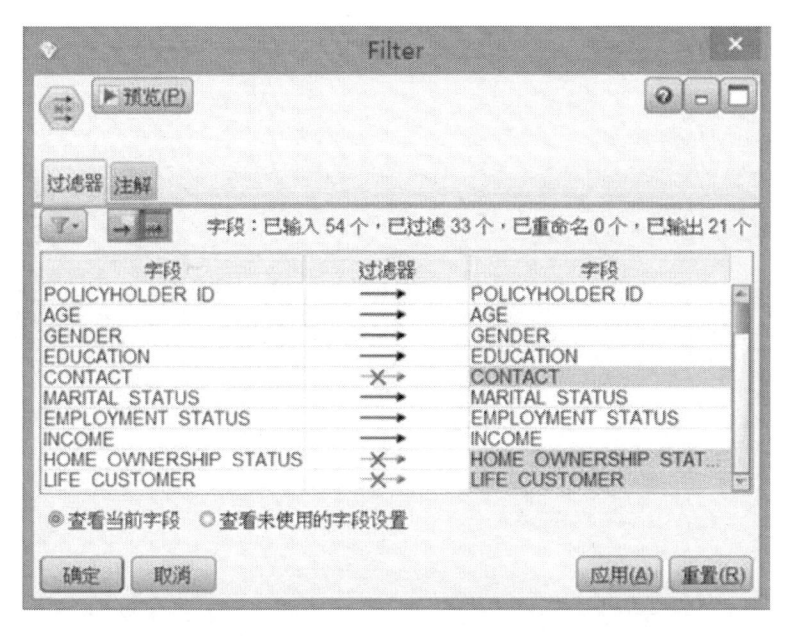

圖 5.40　設置過濾器節點 5

（6）添加【記錄選項】的【選擇】節點，並連接，對【選擇】節點進行配置，如圖 5.41 所示。

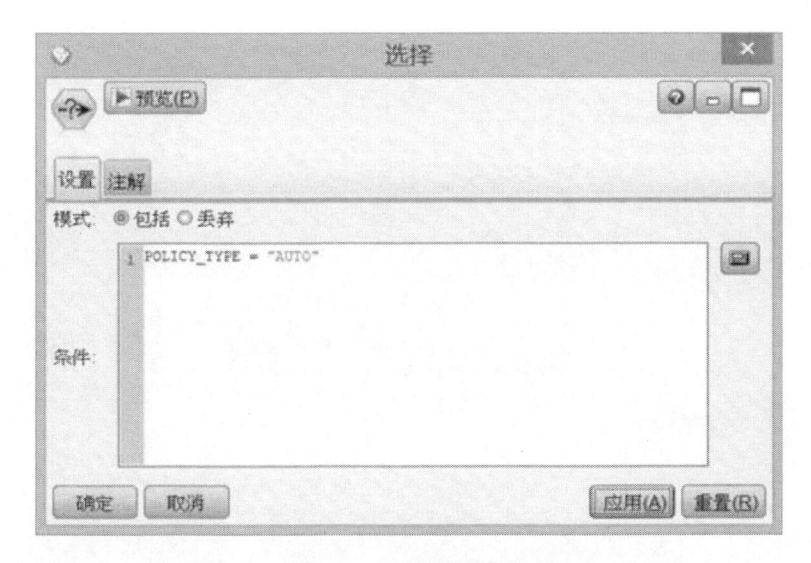

圖 5.41　設置選擇節點 6

（7）選擇【字段選項】的【填充】節點，對【填充】節點進行配置，如圖 5.42 所示。

圖 5.42 設置填充節點 7

點擊，選擇 CHURN，如圖 5.43 所示。

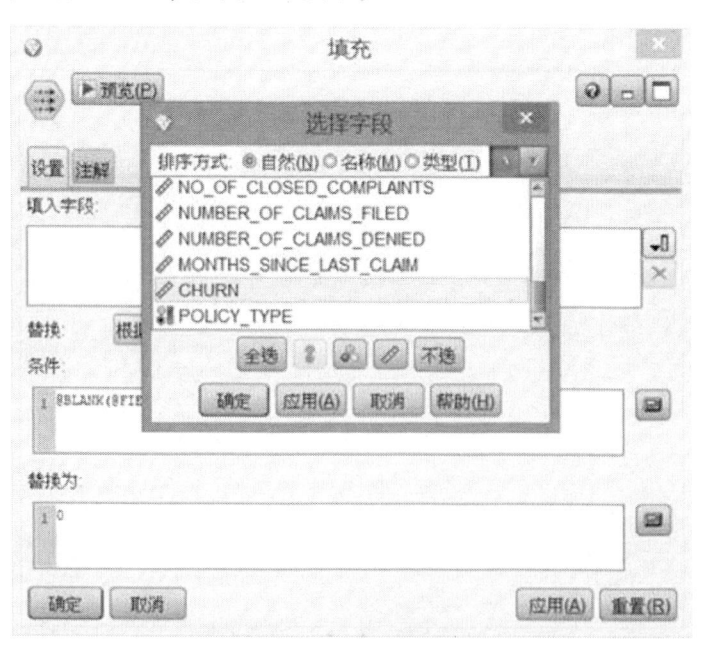

圖 5.43 設置填充節點 8

（8）選擇【字段選項】的【類型】節點，打開【類型】節點，選擇讀取值，點擊應用和確定，如圖 5.44 所示。

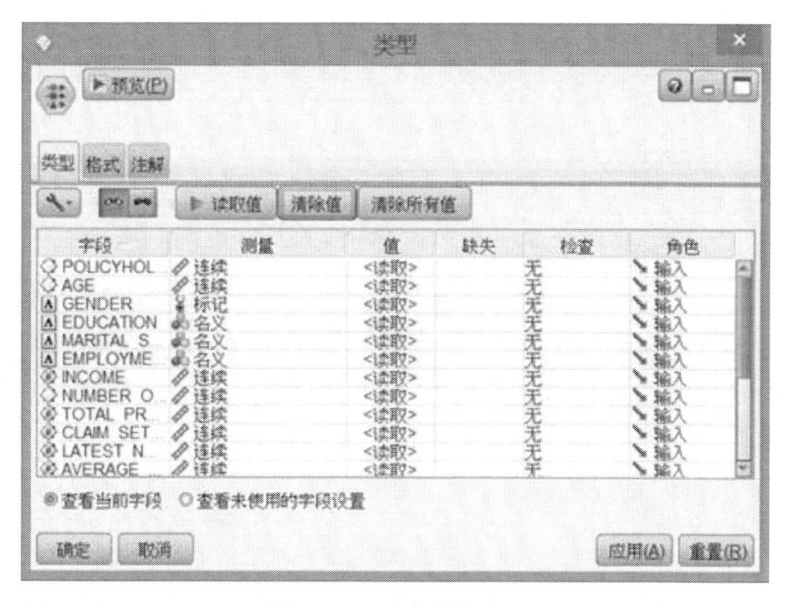

圖 5.44　設置類型節點 9

（9）選擇 CHURN 字段，雙擊出現如圖 5.45 所示的界面。

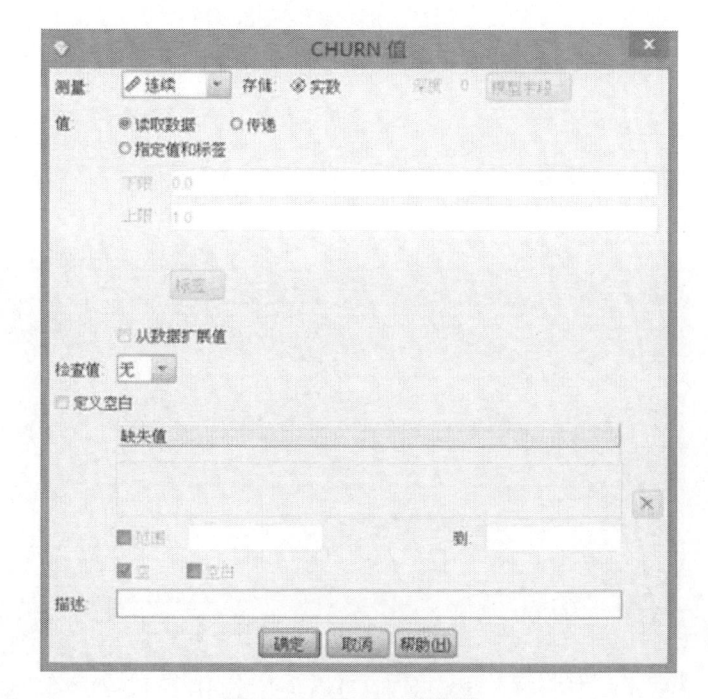

圖 5.45　CHURN 字段界面 1

將「測量」改成「標記」，如圖 5.46 所示。

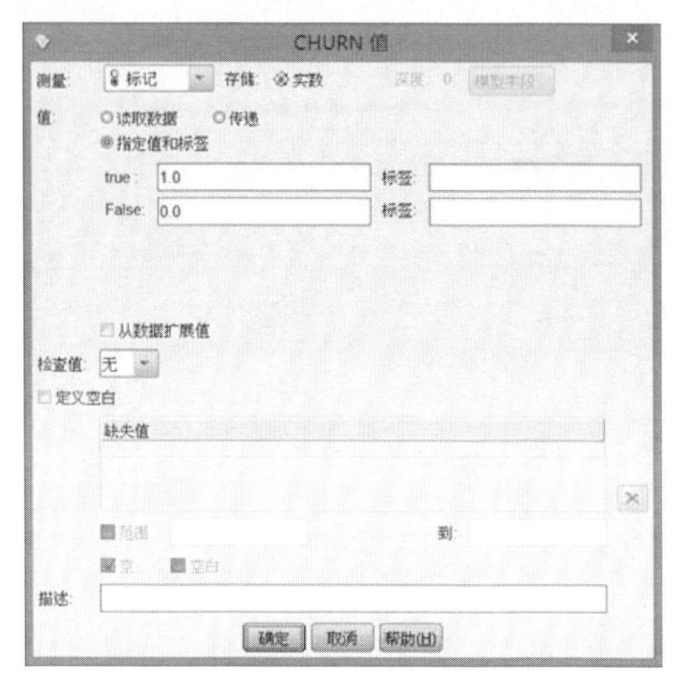

圖 5.46　CHURN 字段界面 2

接著讀取值，如圖 5.47 所示。

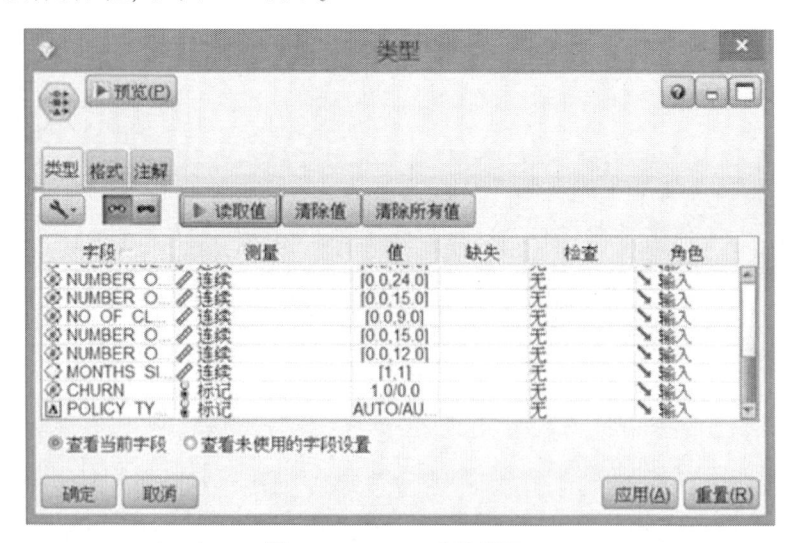

圖 5.47　CHURN 字段界面 3

（10）為了使得流看起來簡便，可以設置【超節點】，如圖 5.48 所示。

選中節點（黃色）

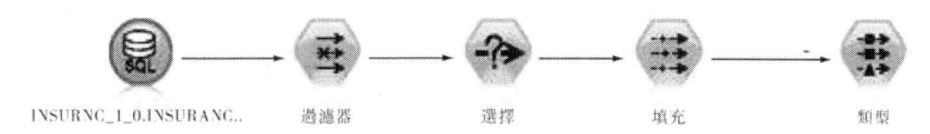

圖 5.48　創建超節點 1

右鍵—選擇【創建超節點】，如圖 5.49 所示。

圖 5.49　創建超節點 2

（11）查看超節點，點擊流 1 下方的超節點，就能看到之前的節點，如圖 5.50 至圖 5.51 所示。

圖 5.50　查看超節點 1

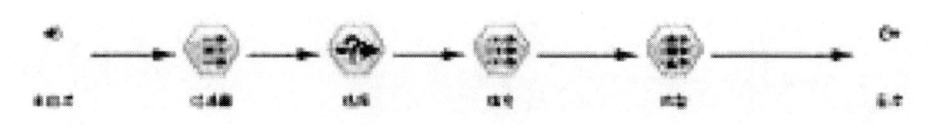

圖 5.51　查看超節點 2

（12）添加【字段】選項中的【分區】節點，進行【分區】配置，如圖 5.52 所示。

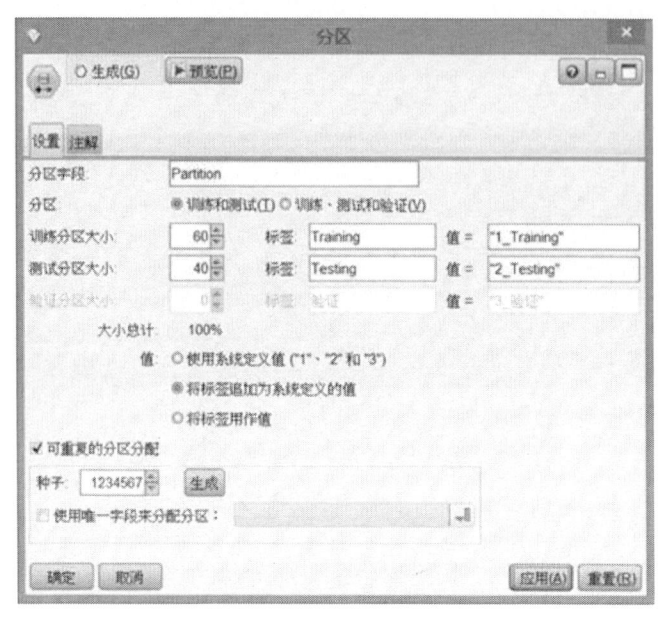

圖 5.52　設置分區節

（13）選擇 CHAID 的模型，雙擊模型【字段】，如圖 5.53 所示。

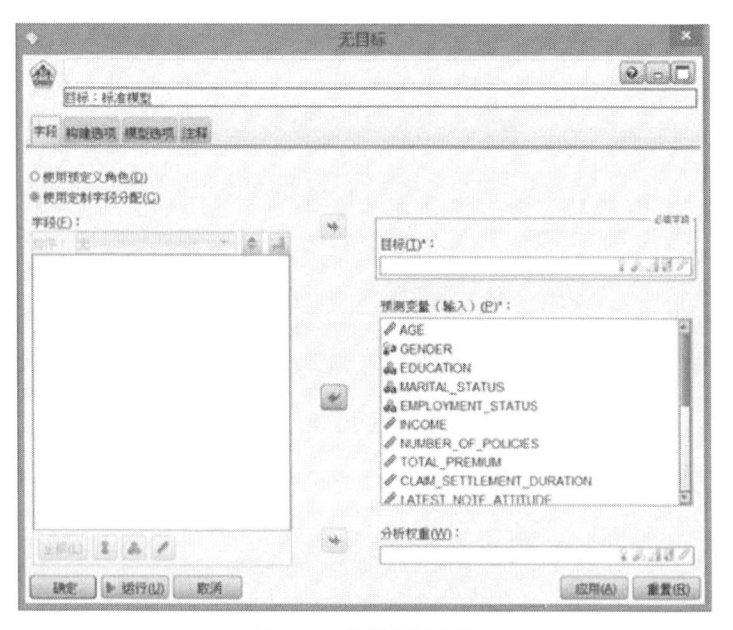

圖 5.53　設置模型字段

（14）把預測變量中的 4 個變量移到字段中，如圖 5.54 所示。

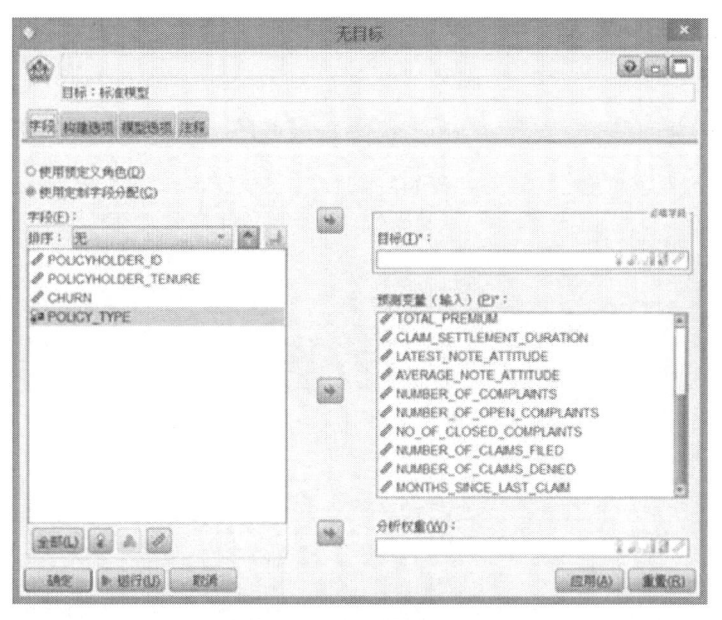

圖 5.54　設置模型字段

（15）再把 CHURN 字段移到目標中，如圖 5.55 所示。

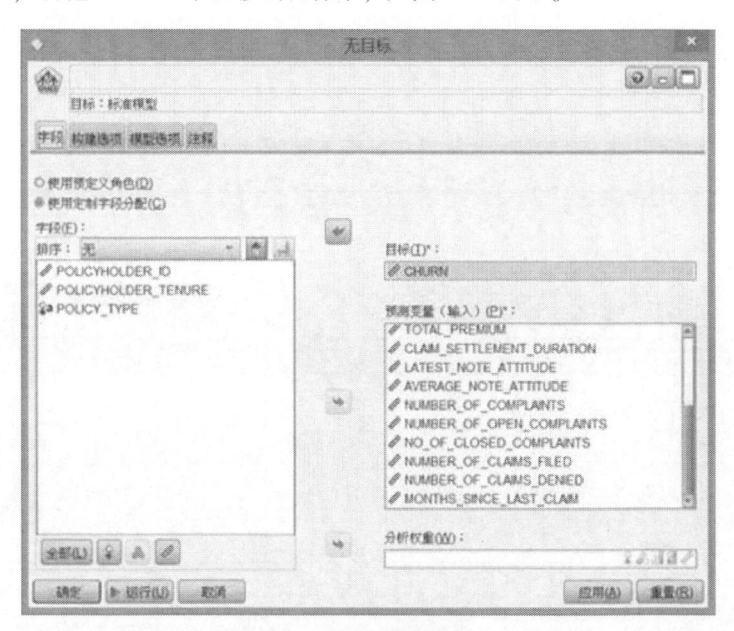

圖 5.55　設置模型字段

（16）點擊運行就能出現模型，如圖 5.56 所示。

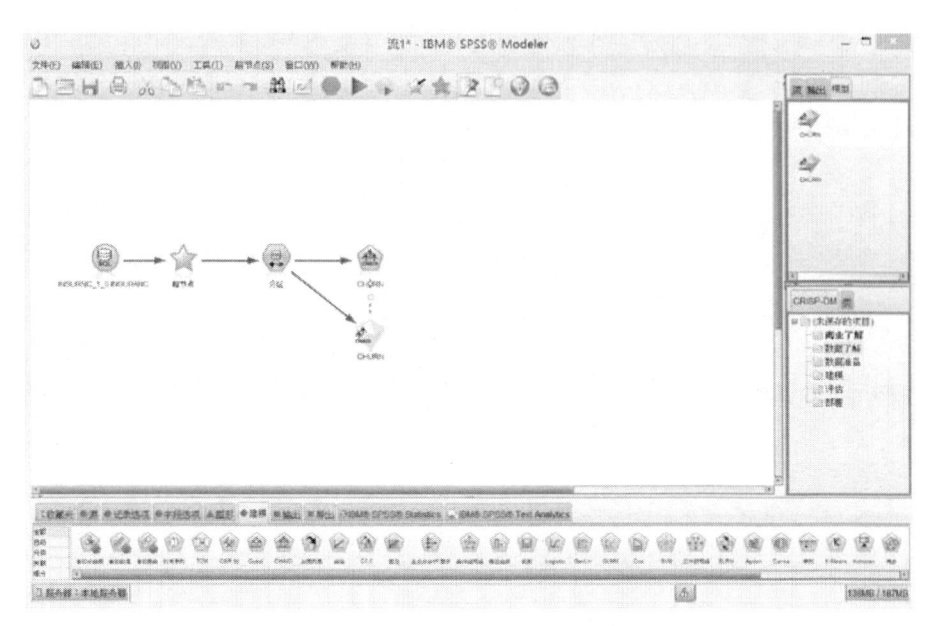

圖 5.56 運行模型

打開模型，就能得到一些結果，如圖 5.57 所示：左欄位使用文字樹狀展開，表現每一階層的分類狀況及目標變數的模式；右欄位則是整體模型預測變量的重要性比較。

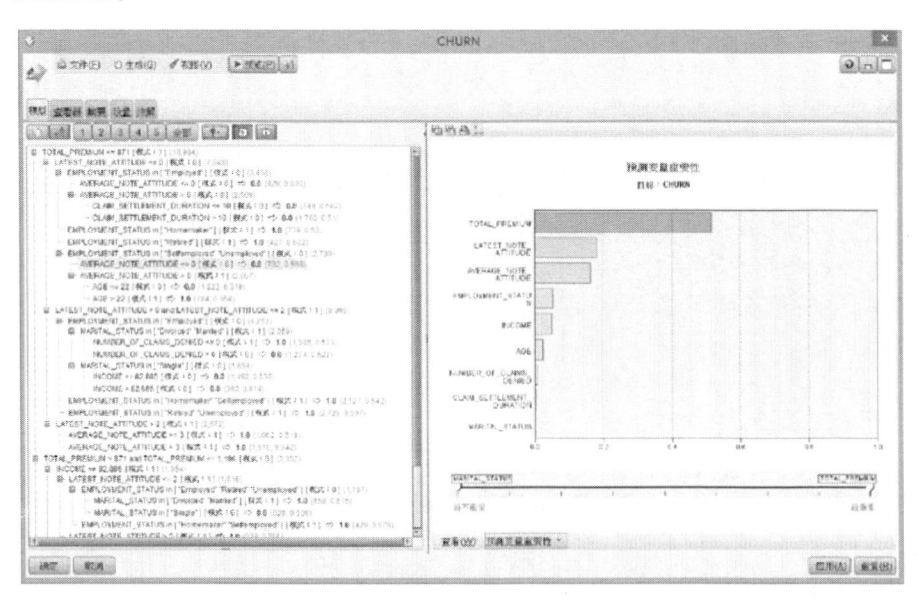

圖 5.57 模型結果

可以發現最重要的分析變量為「TOTAL_PREMIUM」「LATEST_NOTE_ATTI-TUDE」。

在查看器查看不同節點之間的關係，如圖 5.58 所示，當「TOTAL_PREMIUM」取不同的值時，客戶的滿意度又由下一節點來分。

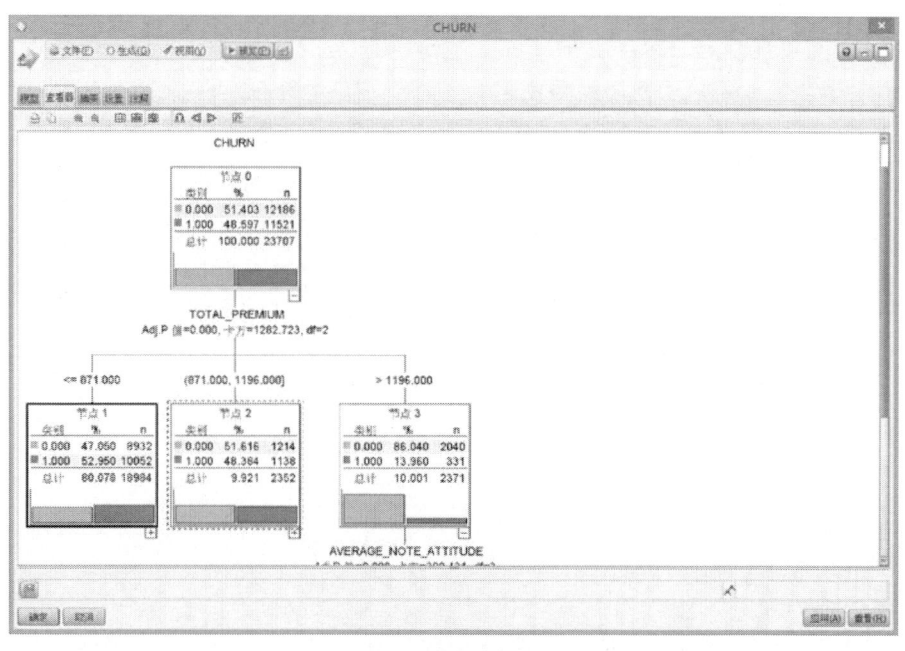

圖 5.58　模型結果

（17）添加【過濾器】，對產生的數據進行篩選，只要 4 個字段，如圖 5.59 至圖 5.61 所示。

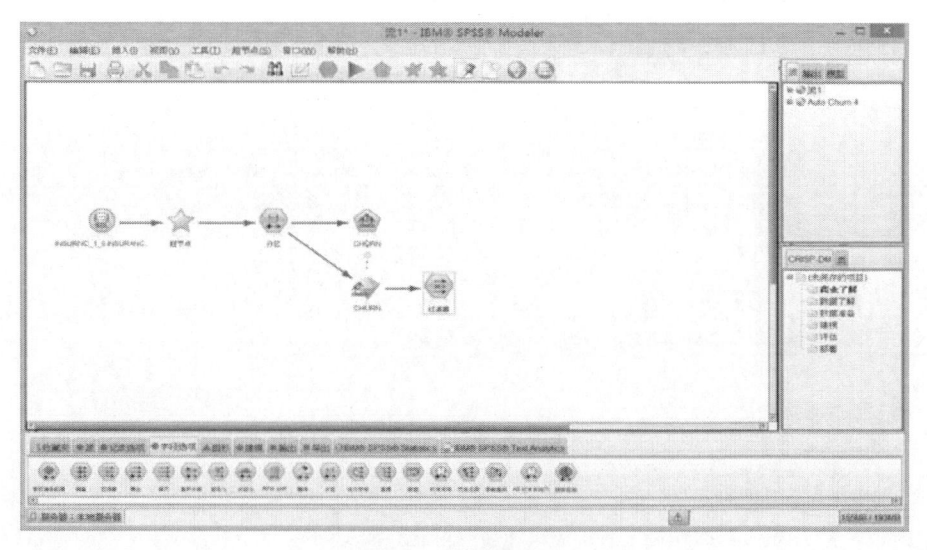

圖 5.59　篩選數據 1

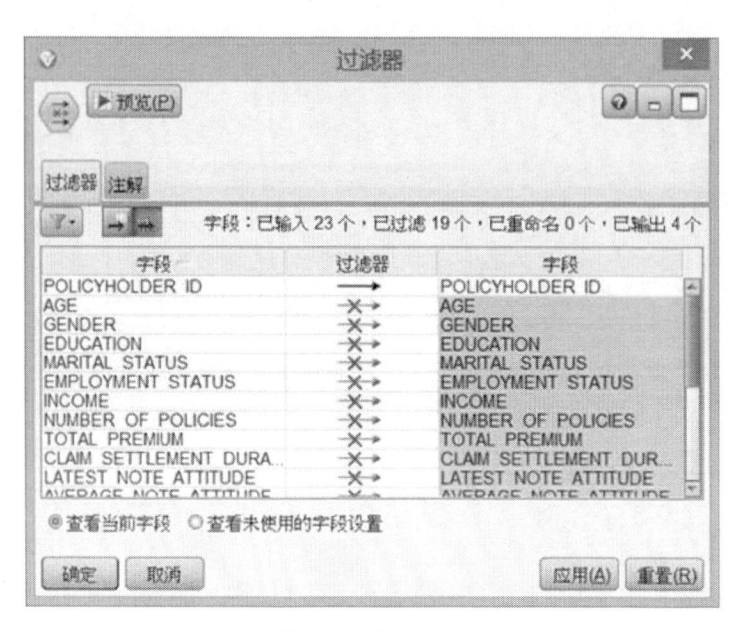

圖 5.60 篩選數據 2

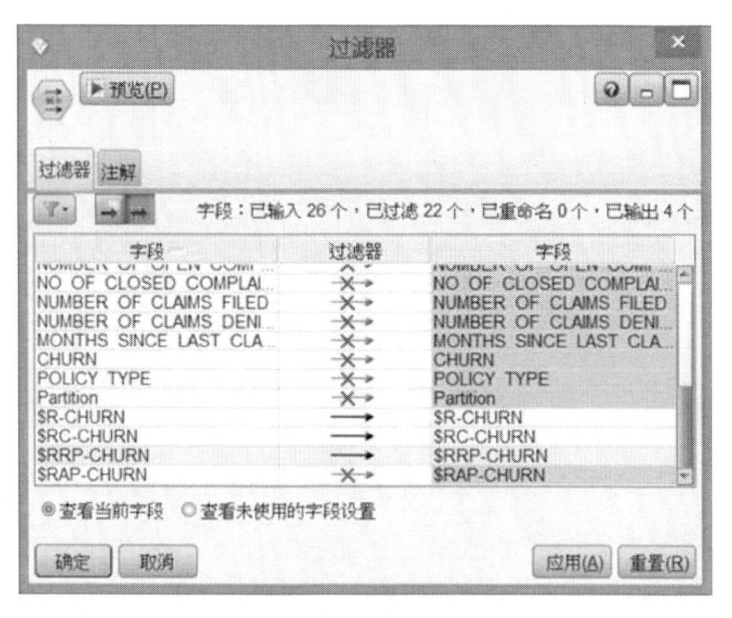

圖 5.61 篩選數據 3

（18）添加類型字節，讀取值，如圖 5.62 所示。

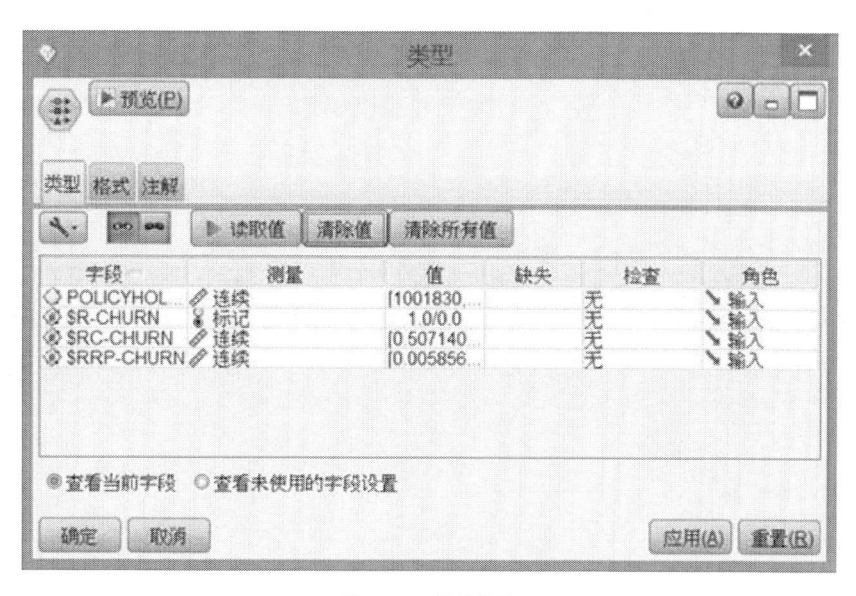

圖 5.62　類型節點

（19）結果查看，可以用表格查看，如圖 5.63 至圖 5.64 所示。

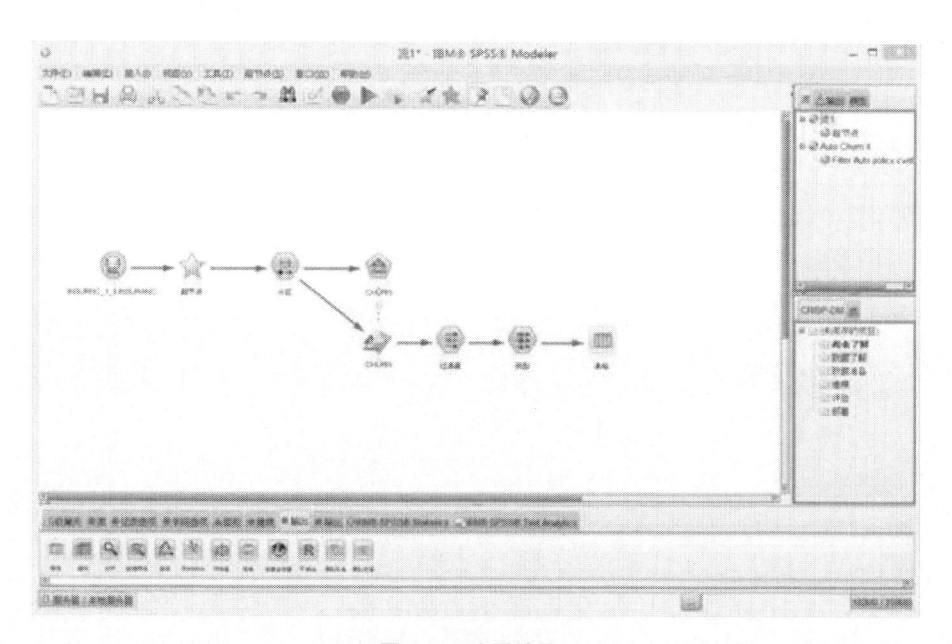

圖 5.63　查看結果 1

図 5.64　查看結果 2

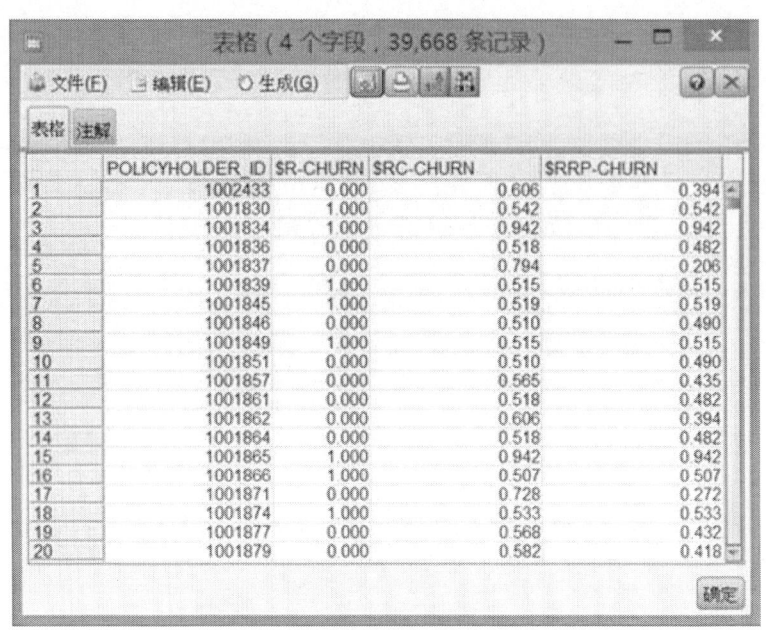

$ RC-CHURN 表示客戶的流失情況。
$ RRP-CHURN 表示客戶的流失率。
(20) 數據的導出，如 5.65 圖所示。

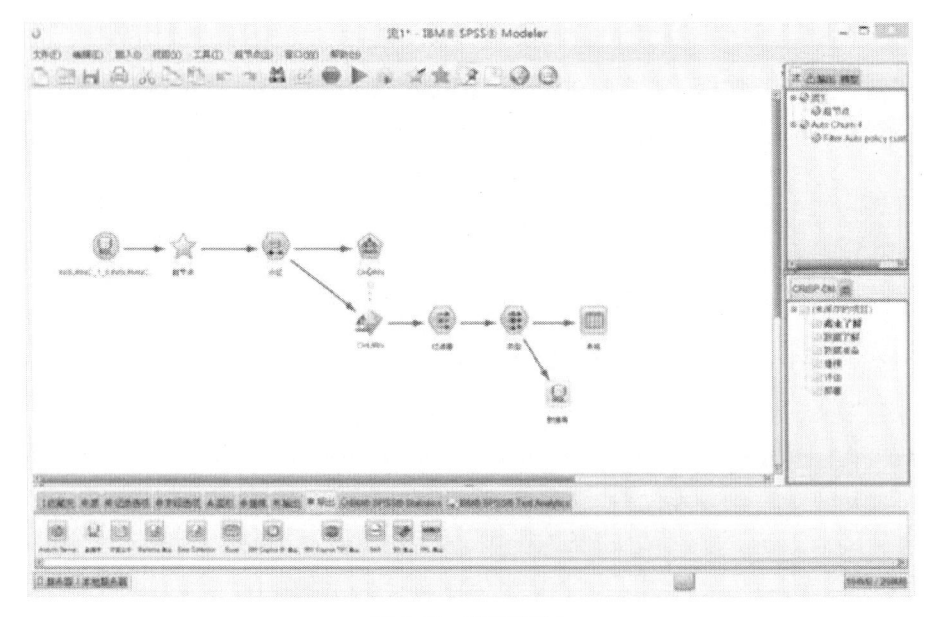

図 5.65　導出結果 1

選擇數據源，並命名，如圖 5.66 所示。

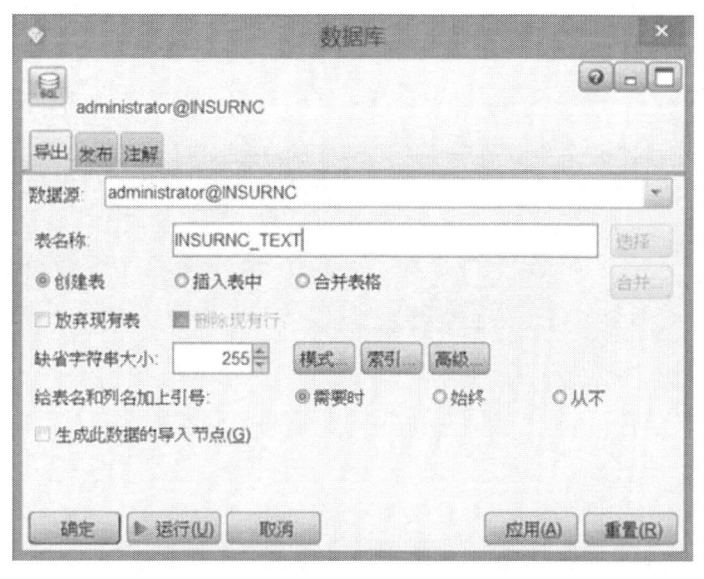

圖 5.66　導出結果 2

（21）點擊運行，數據就保存到數據庫中，並可對保存的數據進行報表操作。

（二）Cognos Framework 發布數據包

（1）在開始菜單中啟動 IBM Cognos Framework Manager，選擇「創建新項目」選項。

（2）在「項目名稱」中輸入名稱和目錄位置，不需要選中「使用動態查詢方式」選項，如圖 5.67 所示。

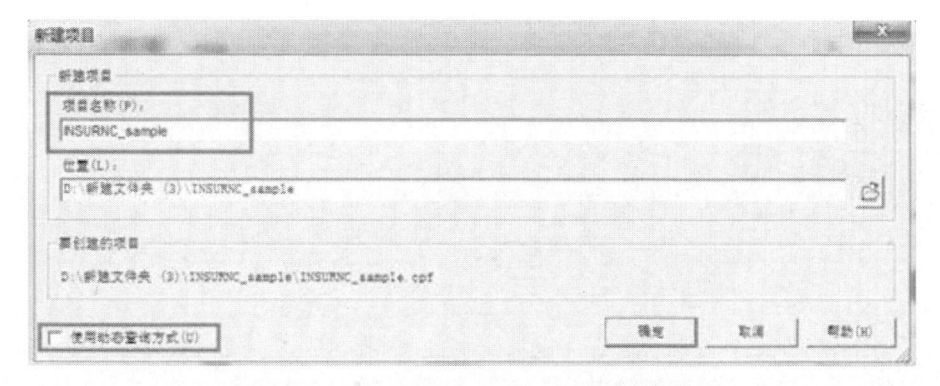

圖 5.67　Cognos Framework Management 創建新項目

（3）語言選擇默認選項即可。

（4）進入「元數據」向導—選擇元數據源，選擇「數據源」選項，點擊「下一步」。

（5）選擇「INSURNC」數據源，點擊「下一步」。

（6）選擇在 SPSS Modeler 中處理過的數據「INSURNC_TEXT」，以及「INSURNC_1_0」中的「POLICYHOLDER_FACT」，點擊「下一步」如圖 5.68 和圖 5.69 所示。

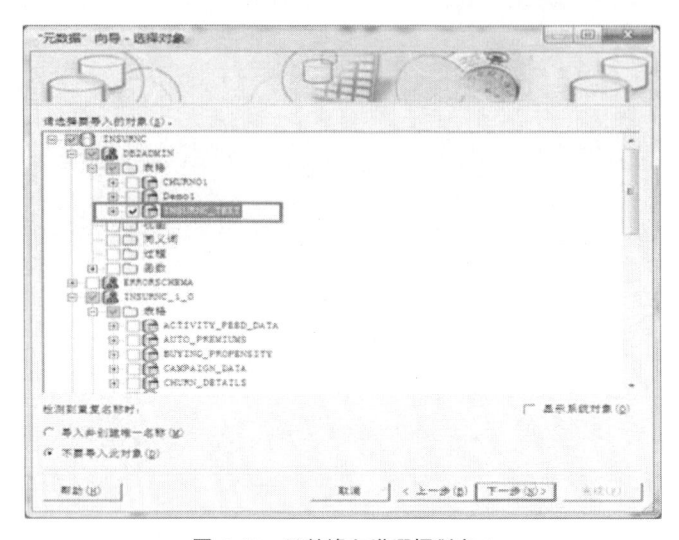

圖 5.68　元數據向導選擇對象 1

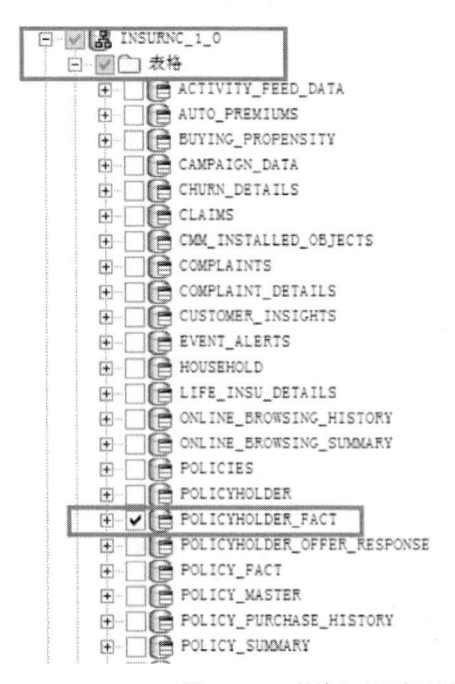

圖 5.69　元數據向導選擇對象 2

（7）在「元數據」向導—生成關係中，不選中「使用主鍵和外鍵」，點擊「導入」。

（8）然後，完成數據源的導入。

（9）我們可以看到導入的數據「INSURNC」，接下來選擇「圖」選項。如圖5.70所示。

圖 5.70　導入完成界面

（10）從圖 5.71 中，可以看到兩張之前導入的數據表。

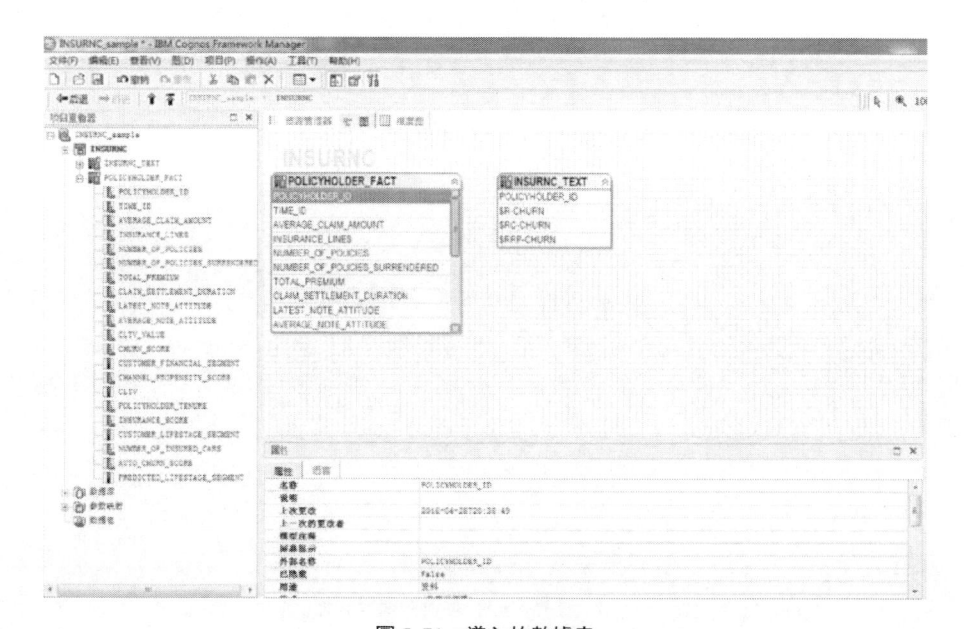

圖 5.71　導入的數據表

（11）在「POLICYHOLDER_FACT」的「POLICYHOLDER_ID」中右鍵選擇「創建」「關係」。如圖 5.72 所示。

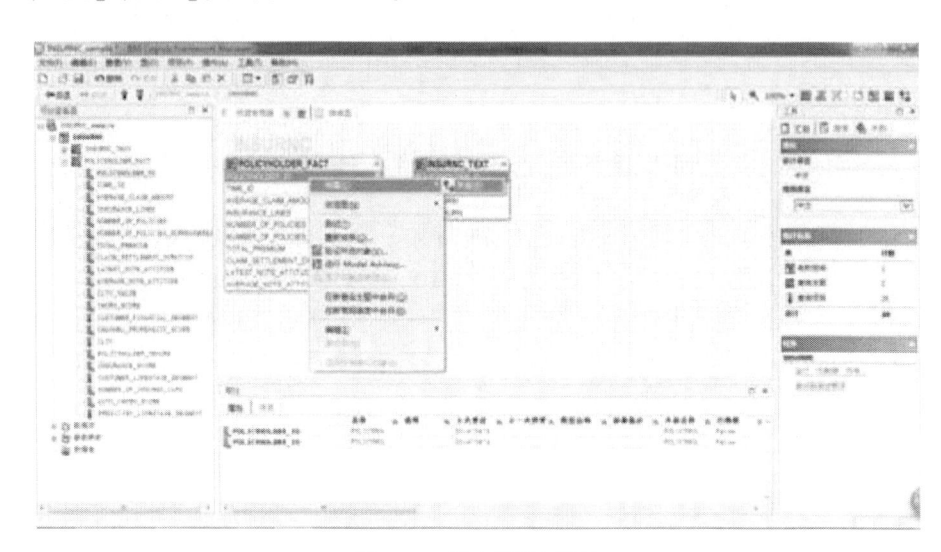

圖 5.72 創建數據表關係

（12）在關係定義窗口右側選擇「查詢主題」，然後選擇「INSURNC_TEXT」，點擊確定。如圖 5.73、圖 5.74 所示。

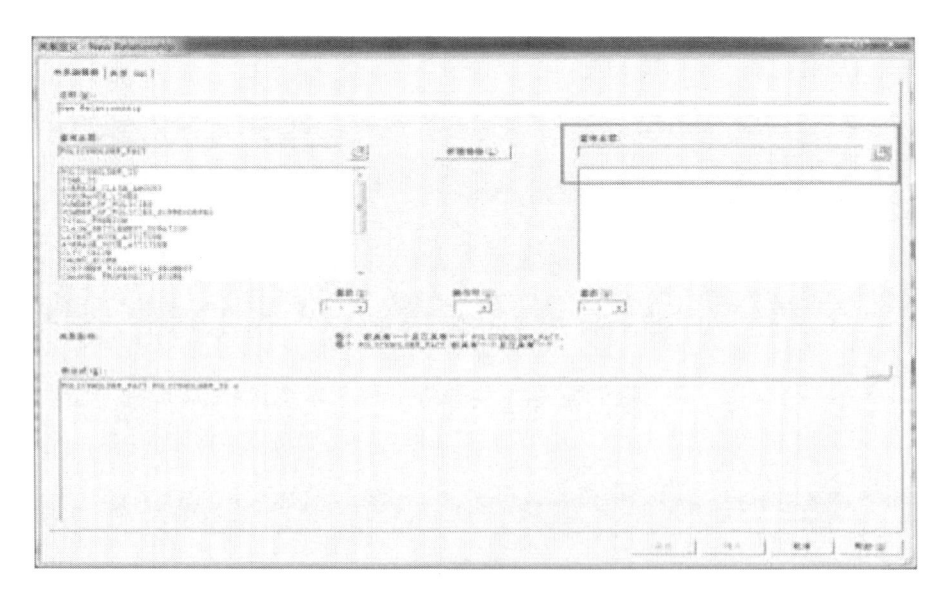

圖 5.73 定義數據表關係

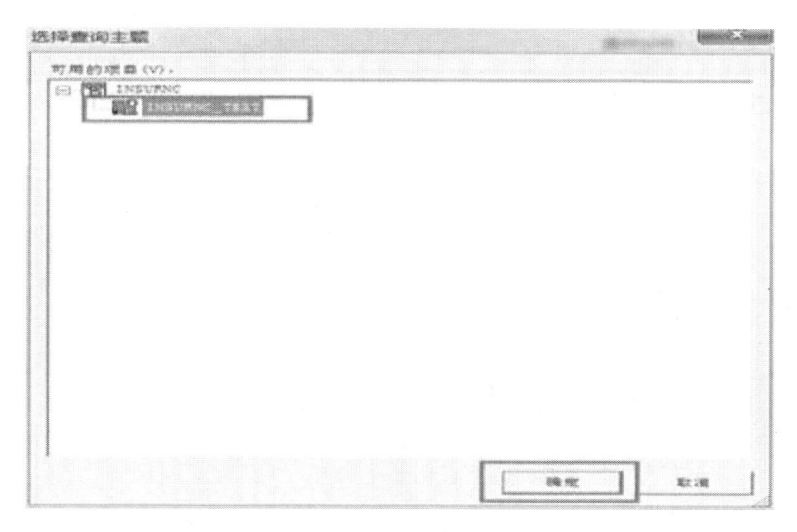

圖 5.74　定義數據表關係

（13）已建立兩個表的鏈接，在窗體中間可設置連接屬性「1 對 1 或 1 對 n」。如圖 5.75 所示。

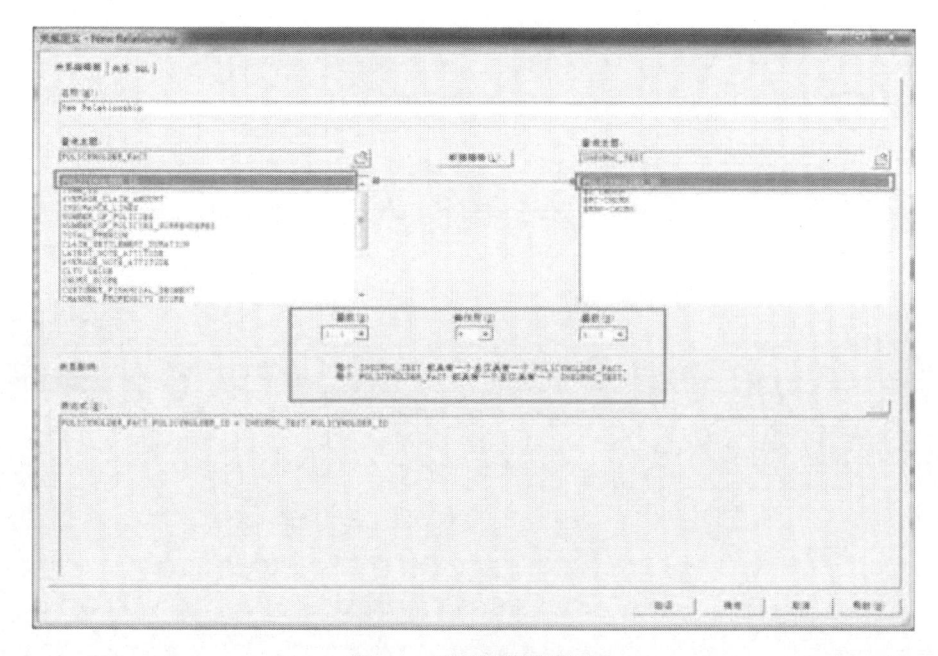

圖 5.75　定義數據表關係

（14）如圖 5.76，已建立 POLICYHOLDER_FACT 和 INSURNC_TEXT 的連接。

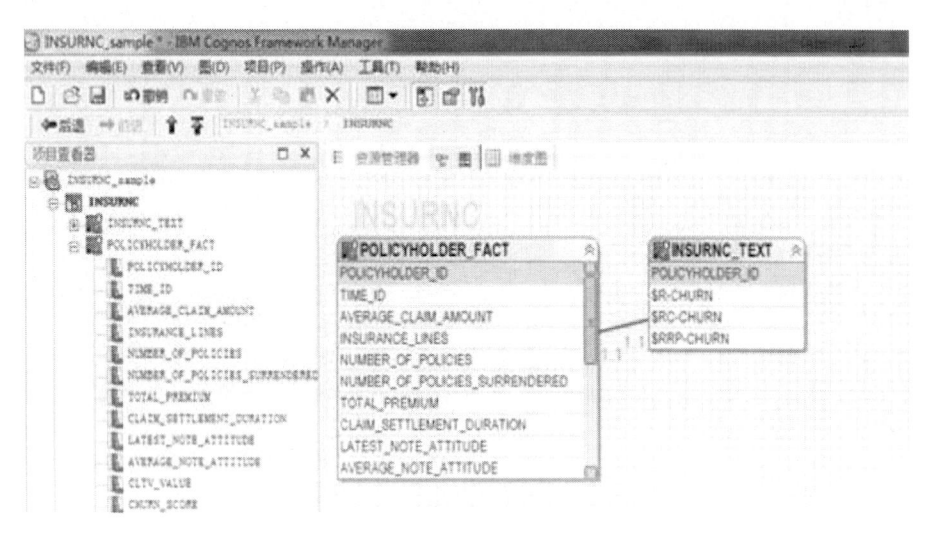

圖 5.76　查看數據表關係

（15）在左側「項目查看器」中的「INSURNC」下創建三個層級：「physic layer」「business layer」「database layer」。如圖 5.77、圖 5.78 所示。

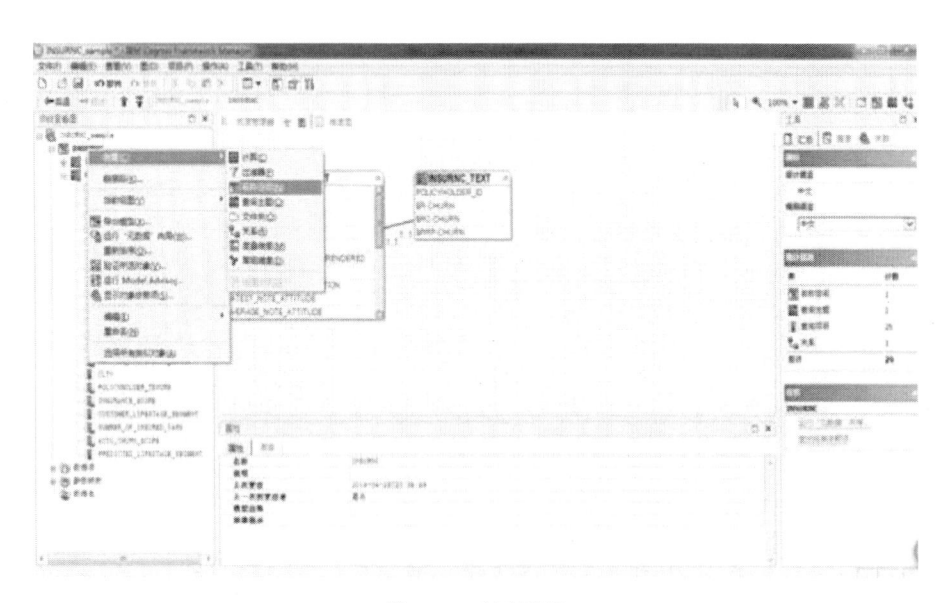

圖 5.77　創建層級

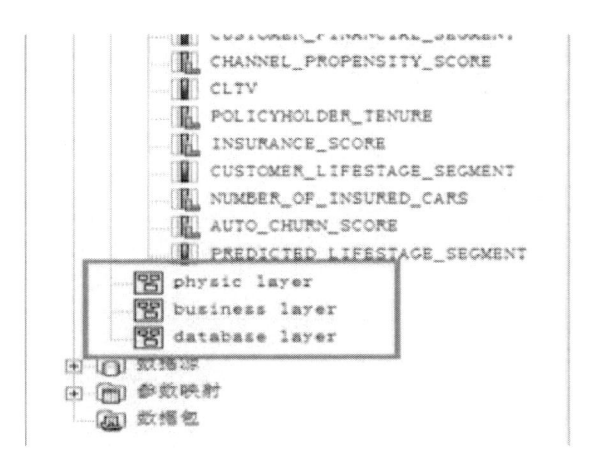

圖 5.78　創建層級

（16）將 INSURNC_TEXT 和 POLICYHOLDER_FACT 拖入 physic layer（物理業務層）。如圖 5.79、圖 5.80 所示。

圖 5.79　層級劃分 1

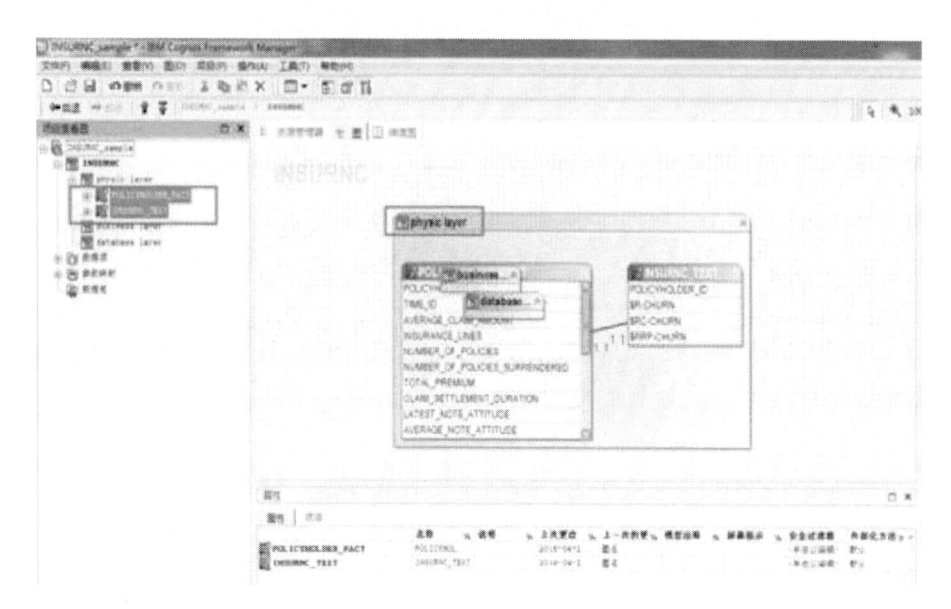

圖 5.80　層級劃分 2

　　(17) 在 business layer 中創建查詢主題，創建一個名為「INSURNC_QUERY」的查詢主題。如圖 5.81、圖 5.82 所示。

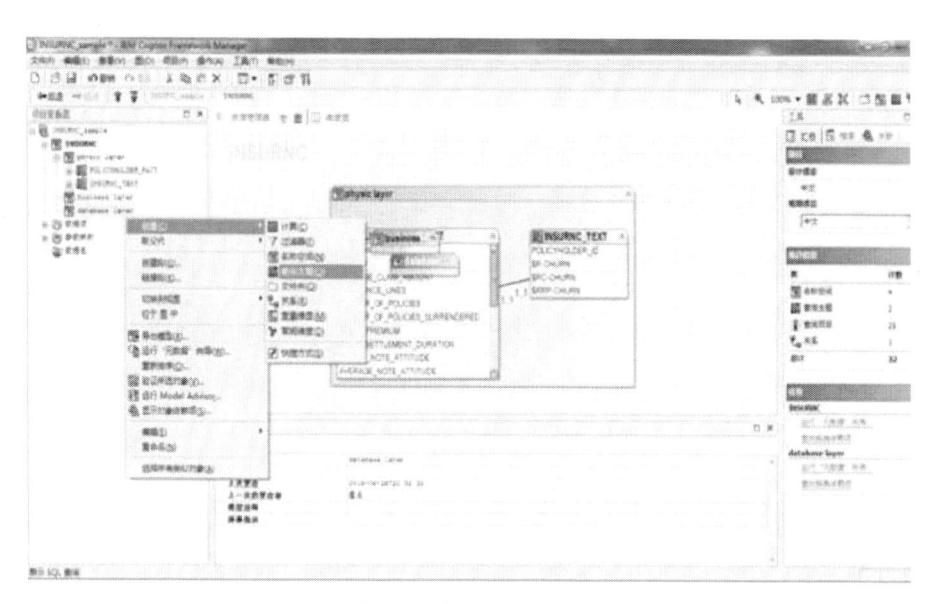

圖 5.81　創建查詢主題 1

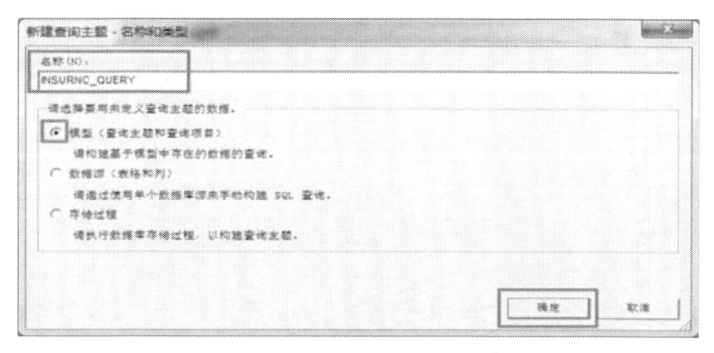

圖 5.82　創建查詢主題 2

（18）將需要的表從「可用的模型對象」拖入到「查詢項目和計算中」，點擊確定。如圖 5.83 所示。

圖 5.83　創建查詢主題 3

（19）右鍵單擊 business layer 下創建的查詢主題，選擇「創建」→「快捷方式」。如圖 5.84 所示。

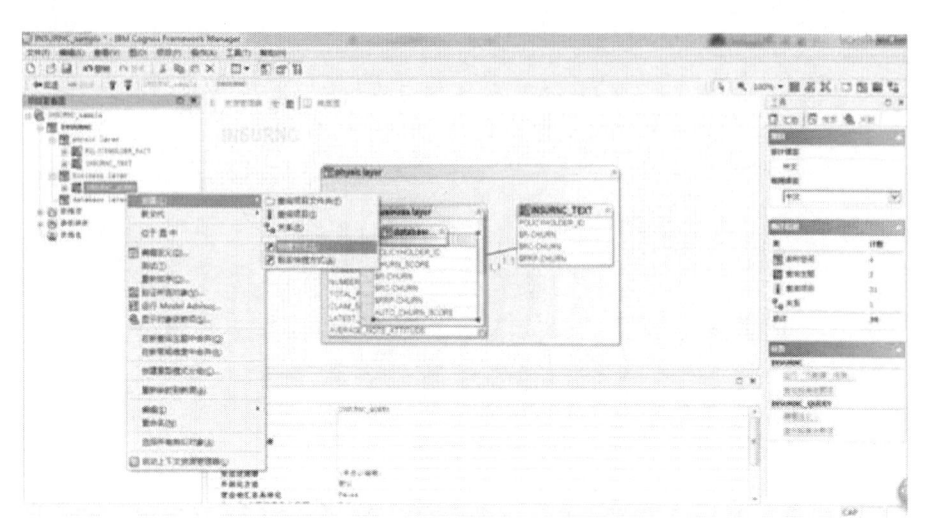

圖 5.84　創建查詢主題的快捷方式

（20）將創建好的快捷方式拖動到「database layer」中。如圖 5.85、圖 5.86 所示。

圖 5.85　創建查詢主題的快捷方式 1

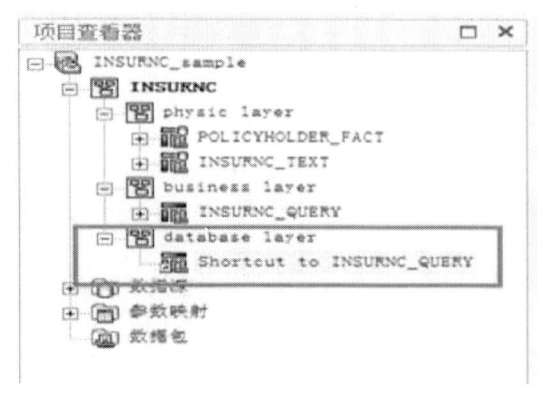

圖 5.86　創建查詢主題的快捷方式 2

（21）發布數據包，右鍵單擊「項目查看器」中的「數據包」，選擇「創建」→「數據包」。如圖 5.87 所示。

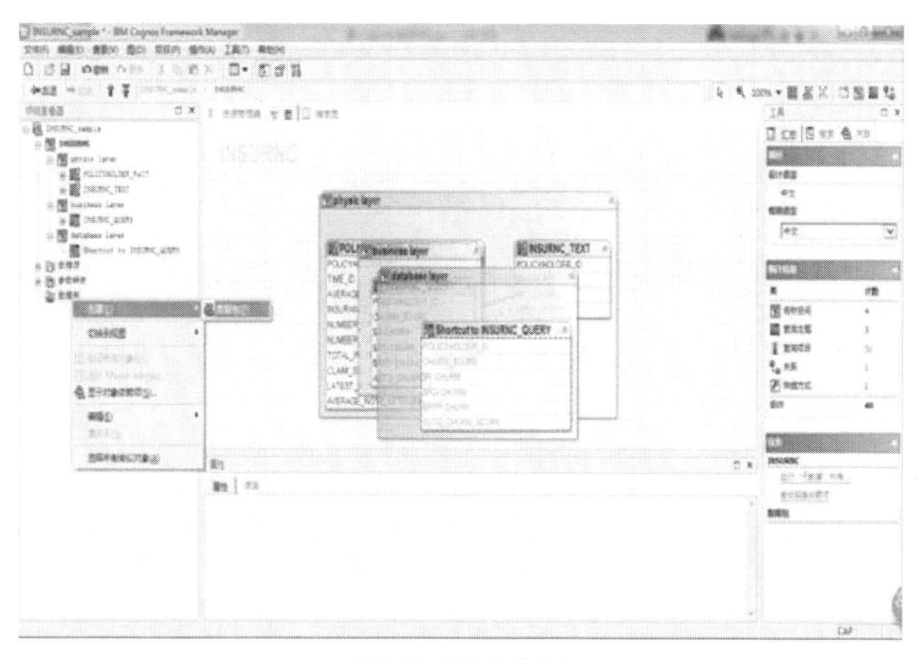

圖 5.87　發布數據包 1

（22）創建數據包的名稱，點擊「下一步」。如圖 5.88 所示。

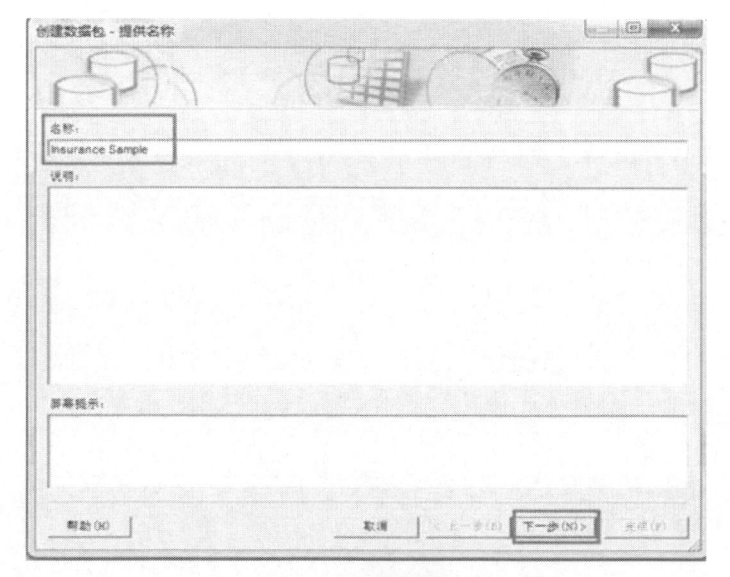

圖 5.88　發布數據包 2

（23）在「創建數據包-定義對象」窗口中，只勾選「database layer」，點擊「下一步」。如圖 5.89 所示。

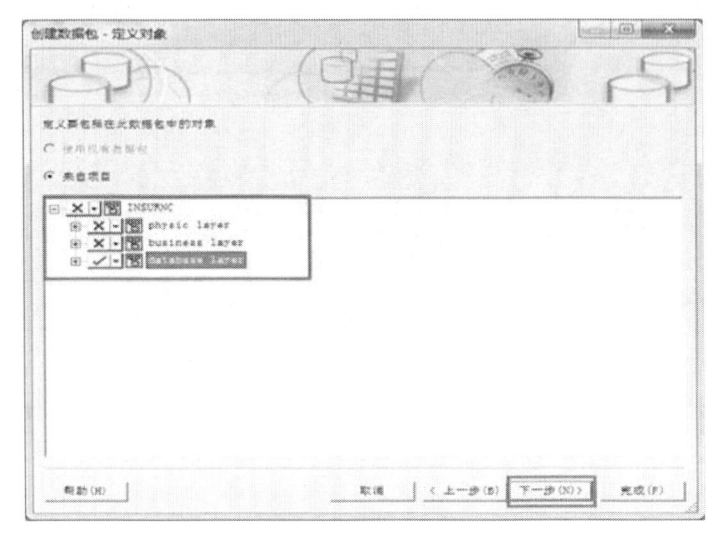

圖 5.89 發布數據包 3

（24）在「創建數據包—選擇函數列表」中默認選項，點擊完成。如圖 5.90 所示。

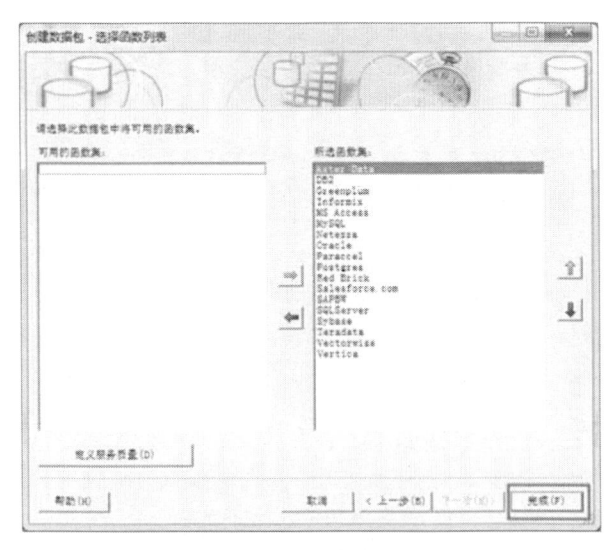

圖 5.90 發布數據包 4

（25）點擊「是」，發布數據包。

（26）在「content store 中的文件位置中」設置數據包的發布位置，並不選中「啟用模板控製」，點擊「下一步」。

（27）選擇默認設置，點擊「下一步」→「發布」→「完成」→「關閉」，

完成元數據建模。

(三) 製作 Cognos BI 可視化圖表

通過瀏覽器訪問：http://172.20.2.75/ibmcognos。進入門戶後點擊「我的主頁」，在我的文件夾>Demo 下可以看到我們在 Framework Manger 中創建並發布的包「New Package」，接下來我們利用這個數據包進行簡單的報表開發。如圖 5.91 所示。

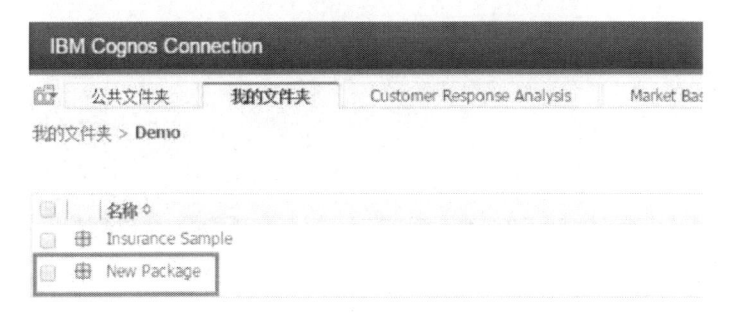

圖 5.91　查看數據包

(1) 在右上角選擇「啓動」→「Report Studio」。如圖 5.92 所示。

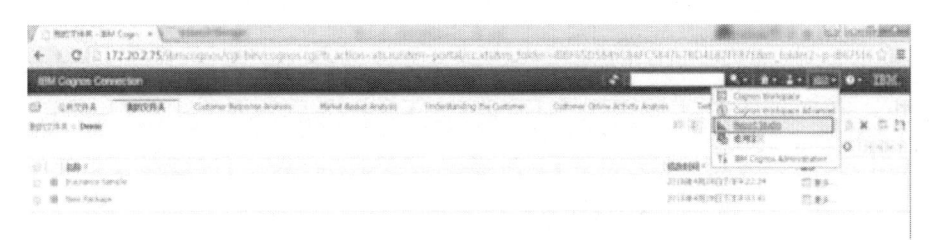

圖 5.92　啓動

(2) 然後跳到「選擇數據包」頁面，在 Cognos>我的文件夾>Sample 目錄下雙擊「New Package」。如圖 5.93 所示。

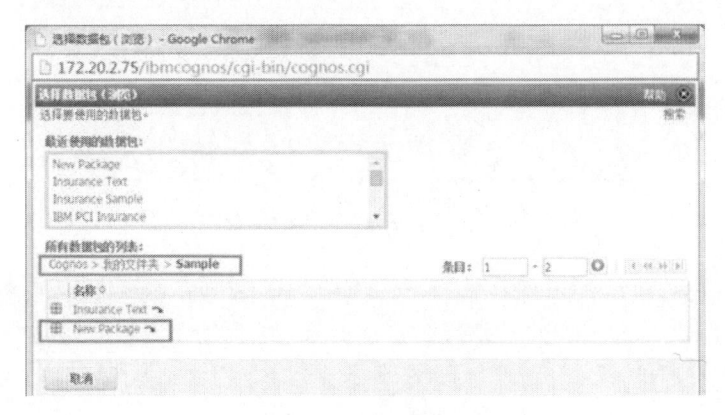

圖 5.93　選擇數據包

(3) 進入 IBM Cognos Report Studio 主頁面，選擇「新建」。如圖 5.94 所示。

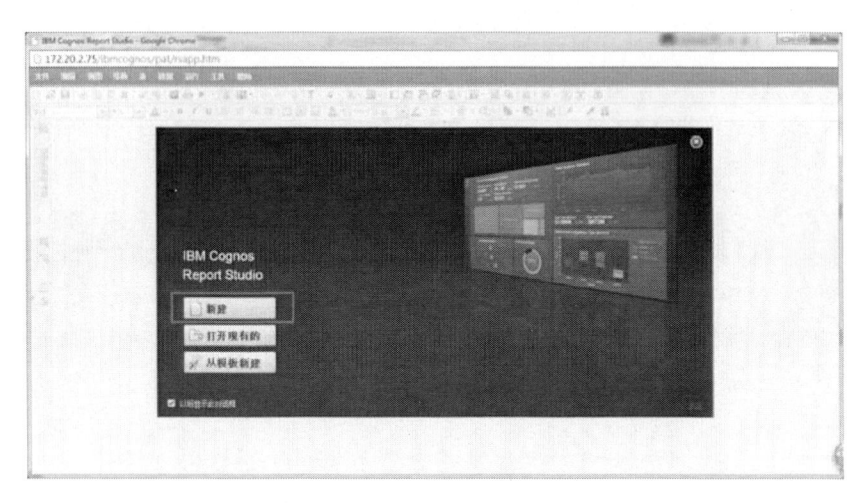

圖 5.94　新建項目

(4) 新建一個「列表」，點擊「確定」。如圖 5.95 所示。

圖 5.95　新建列表

(5) 在左側的可插入對象中，展開「database layer」目錄，再展開「Shortcut to INSURNC_QUERY」，選擇對象，一個一個拖動到右邊的列表中。如圖 5.96 所示。

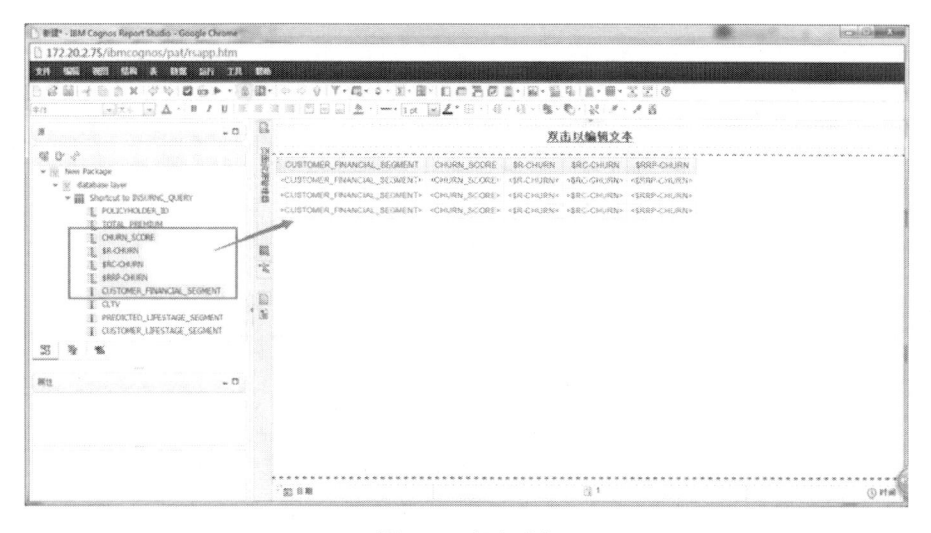

圖 5.96 新建列表

（6）在左側選項卡中，點擊「工具箱」，選擇「圖表」，並拖動到右邊報表頁中，選擇圖標樣式，點擊「確定」。如圖 5.97 所示。

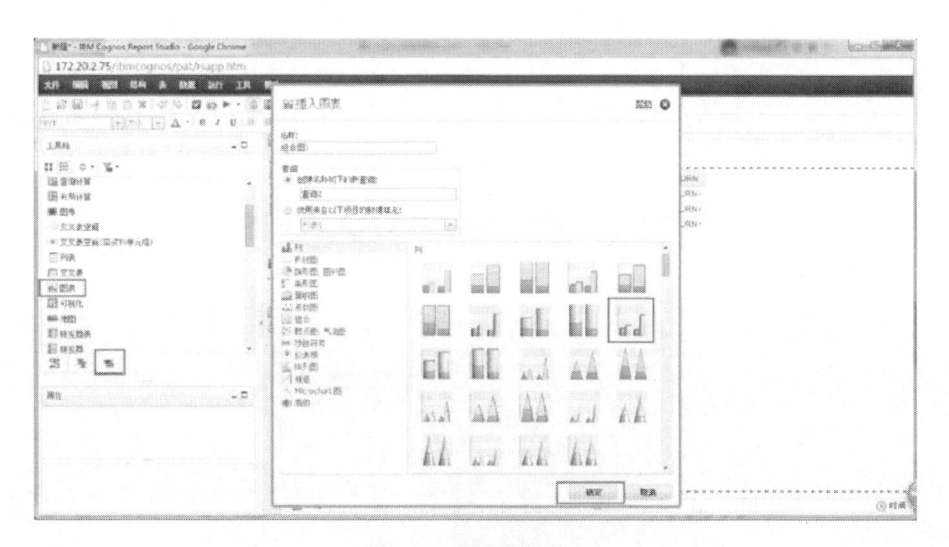

圖 5.97 選擇圖標樣式

（7）將「CHURN_SCORE」拖到圖表中的「默認度量」中，「PREDICTED_FINACIAL_SEGMENT」拖到圖表中的「類別」中，「CUSTOMER_FINACIAL_SEGMENT」拖到圖表中的「序列」中。如圖 5.98 所示。

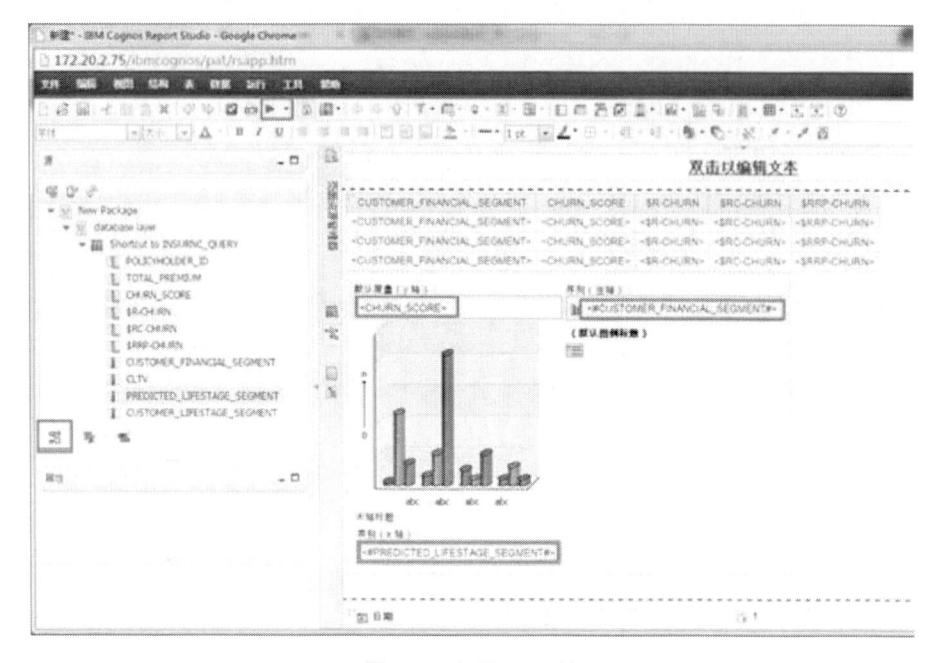

圖 5.98　設置 X、Y 軸

（8）點擊工具欄中的運行，一個簡單的報表就展現出來了。報表主要給出了兩種客戶經濟的分類情況以及相關的流失度量數據。圖表則主要體現了這兩類客戶經濟分群的流失率情況。如圖 5.99 所示。

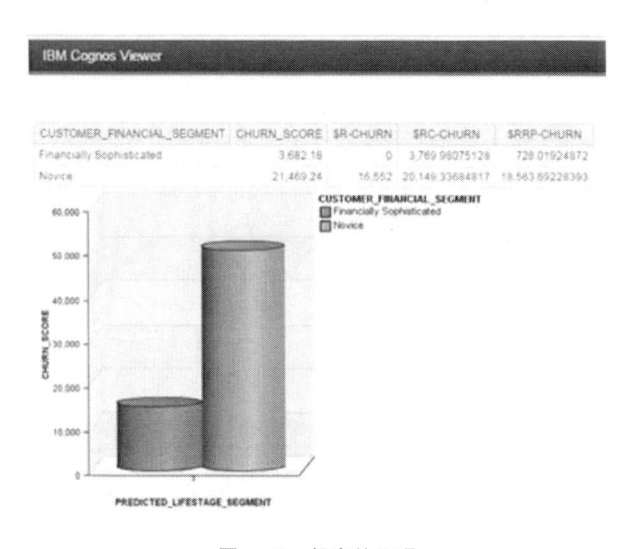

圖 5.99　報表的呈現

第三節　零售行業案例

一、實驗目的

1. 熟悉零售行業背景，在 SPSS Modeler 中選用合適的模型，根據零售行業消費者行為進行分類；

2. 在 Cognos Framework Management 中選取合適的數據表進行關聯；

3. 在 Cognos BI 中發布可視化圖表，能夠說明數據之間的關係，並得出預測結果。

二、實驗原理

聚類分析是研究「物以類聚」問題的分析方法。「物以類聚」問題在社會經濟研究中心十分常見。聚類分析被用來發現不同的客戶群，並且通過購買模式刻畫不同的客戶群的特徵。聚類分析是細分市場的有效工具，同時也可用於研究消費者行為，尋找新的潛在市場、選擇實驗的市場，並作為多元分析的預處理。

例如，收集到大型商廈的客戶自然特徵、消費行為等方面的數據，客戶群細分是常見的分析需求。可從客戶自然特徵和消費行為的分組入手，如根據客戶的年齡、職業、收入、消費金額、消費頻率、購物偏好等進行單變量分組，或者多變量的交叉分組。

本實驗採用聚類模型分析消費者的上網購物行為，對消費者進行分類，主要根據消費者年齡、性別、職業、收入、會員等字段，把一些具有相似特點的消費者歸為同一類。

三、實驗內容

首先在 SPSS Modeler 中建立與零售行業相關的合適模型，並導出到數據庫中，接著在 Cognos FM 中發布數據包，最後在 Cognos BI 中製作可視化圖表。

四、實驗步驟

（一）SPSS Modeler 建立模型

（1）打開數據文件。首先選擇窗口底部節點選項板中的「源」選項卡，再點擊「數據庫」節點，單擊工作區的合適位置，即可將「數據庫」的源添加到流中。雙擊「數據庫」，選擇數據源和表名稱「RETAIL_1_0.CUSTOMER_SUMMARY_DATA_VIEW」。如圖 5.100 所示。

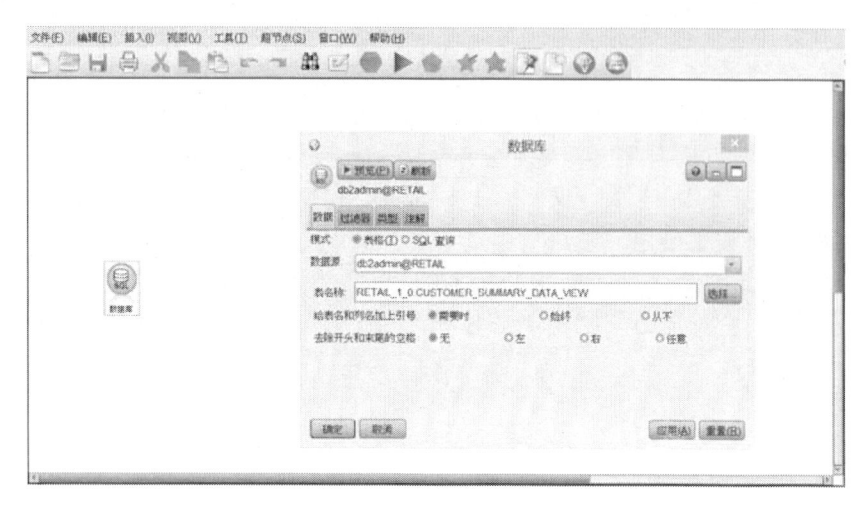

圖 5.100　設置數據庫來源

　　(2) 首先選擇窗口底部節點選項板中的「字段選項」選項卡，再點擊「導出」節點，雙擊進行編輯。如圖 5.101 所示，「導出字段」編輯為「CUST_ID_1」，「公式」編輯為「to_integer（CUST_ID）」。

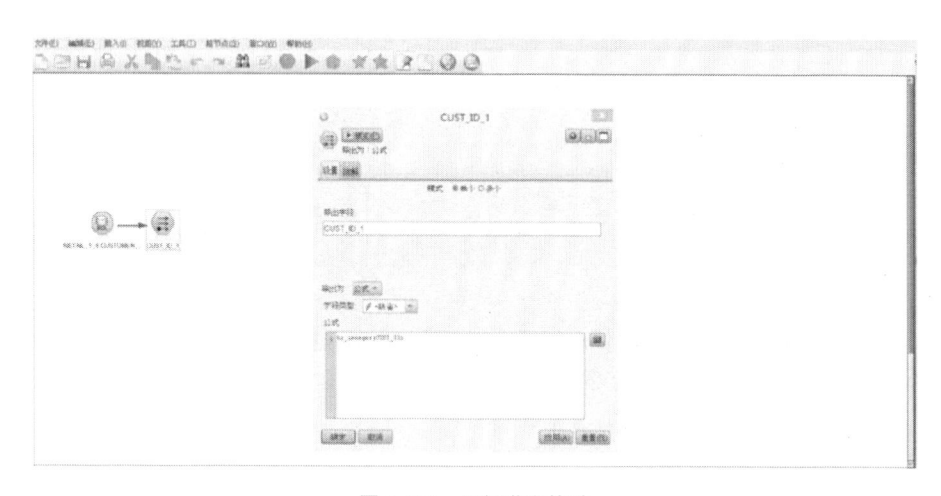

圖 5.101　編輯導出節點

　　(3) 在窗口底部節點選項板中的「字段選項」選項卡中，選擇「導出」節點，雙擊進行編輯。如圖 5.102 所示，「導出字段」編輯為「NEW_BUYER_CATEGORY」，「公式」編輯為 if PRODUCT_PURCHASED_TOTAL >＝2 then "RepeatBuyer" elseif PRODUCT_PURCHASED_TOTAL >＝1 then " Buyer" elseif PRODUCT_BROWSED_TOTAL >＝1 then "Product Viewer" else "Visitor" endif。

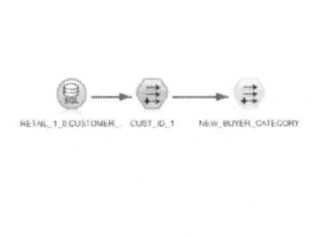

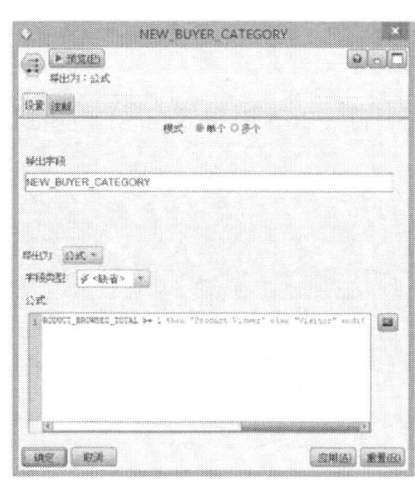

圖 5.102　設置導出節點

（4）在窗口底部節點選項板中的「字段選項」選項卡中，選擇「過濾器」節點，對字段進行過濾，並對新導出的字段進行重命名。如圖 5.103、圖 5.104 所示。

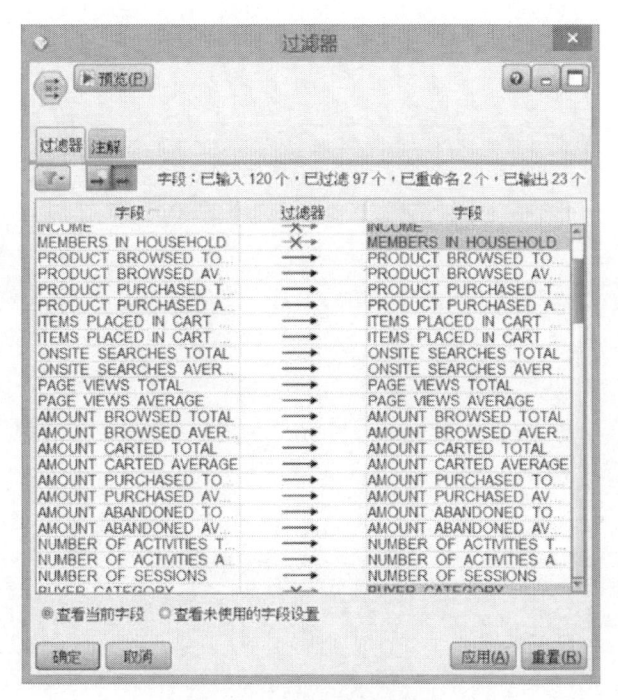

圖 5.103　設置過濾器節點 1

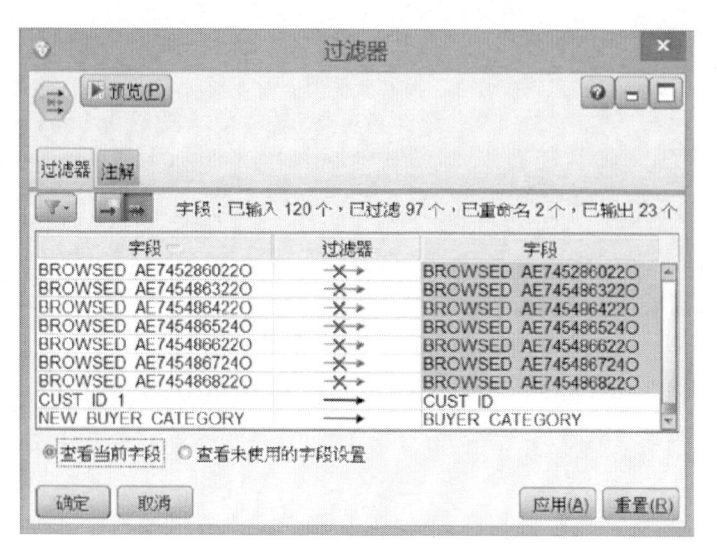

圖 5.104　設置過濾器節點 2

（5）在窗口底部節點選項板中的「字段選項」選項卡中，選擇「類型」節點，並讀取其值。角色項的「輸入」表示該字段要進行聚類分析。如圖 5.105 所示。

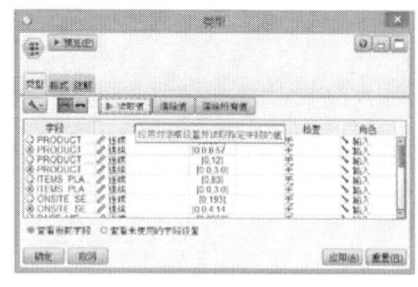

圖 5.105　設置類型節點

（6）進行接入模型。這裡使用兩步聚類模型進行聚類分析。選擇「建模」選項卡中的「兩步」模型，對該節點進行設置，並運行，如圖 5.106、圖 5.107 所示。

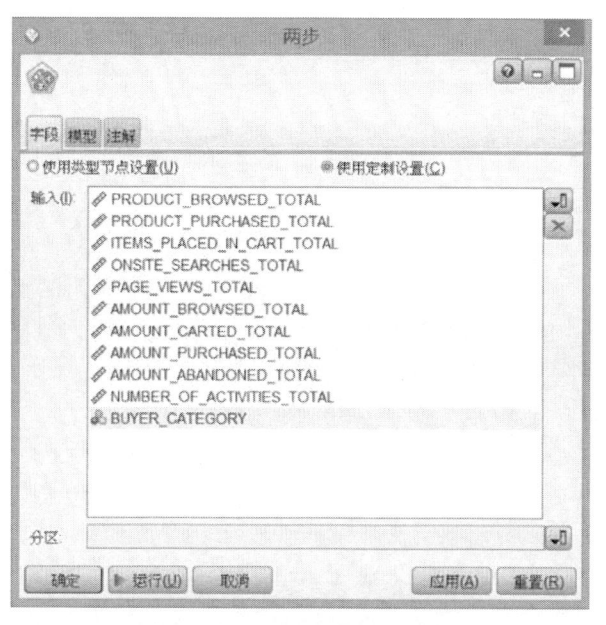

圖 5.106　設置兩步模型字段

圖 5.107　設置兩步模型

（7）運行完畢後，可以在窗口看到「兩步」聚類分析模型，雙擊該模型，即可得到聚類分析圖，如圖 5.108 所示。從圖中可以發現，「兩步」聚類分析得到的是五個類。

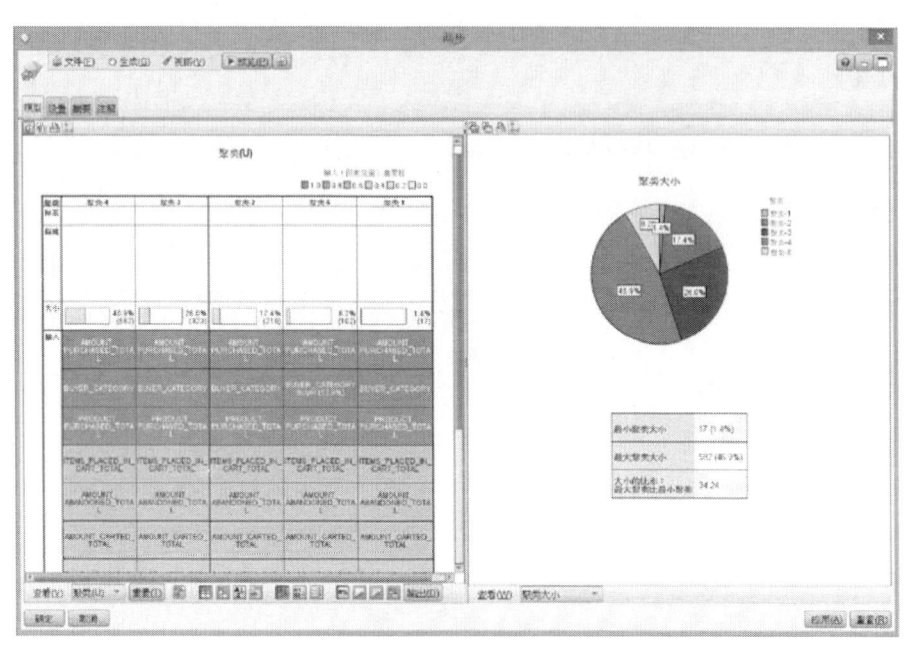

圖 5.108 「兩步」聚類分析圖

(8) 左側選中聚類，右側「查看—聚類比較」，可以看出不同所屬類別的差異。如圖 5.109 所示。

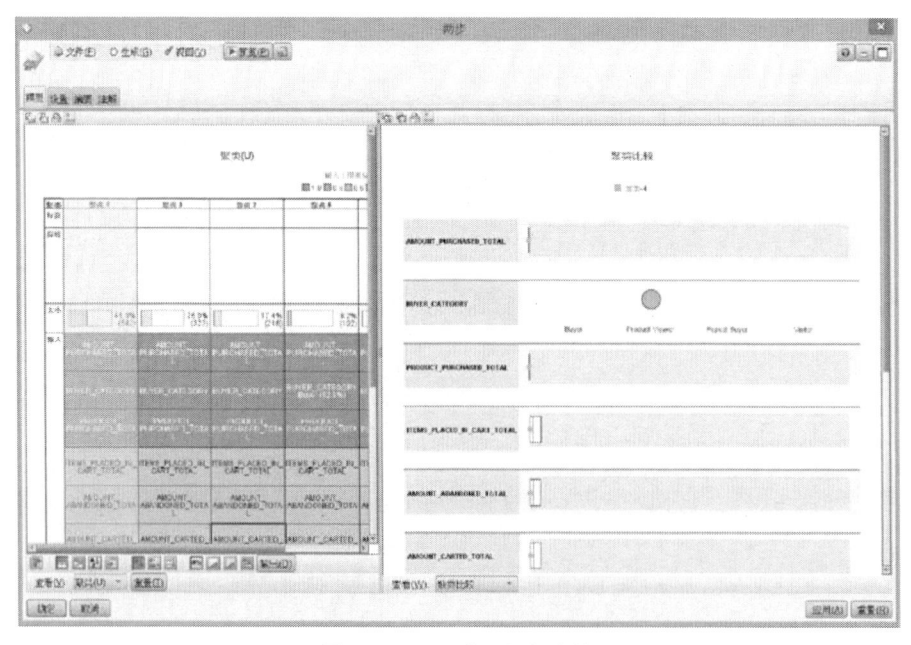

圖 5.109 「兩步」聚類比較

（9）在窗口底部節點選項板中的「字段選項」選項卡中，選擇「導出」節點，如圖 5.110 所示。「導出字段」編輯為「＄T-TwoStep_New」，「字段類型」選「分類」，「公式」編輯為 if '＄T-兩步'='cluster-1' then "PRODUCT VIEWER" elseif '＄T-兩步'='cluster-5' then "PROBABLE BUYER" elseif '＄T-兩步'='cluster-3' then "REPEAT BUYER" elseif ('＄T-兩步'='cluster-2' and BUYER_CATEGORY = "Buyer") then "BUYER" elseif ('＄T-兩步'='cluster-4' and BUYER_CATEGORY = "Repeat Buyer") then "REPEAT BUYER" elseif '＄T-兩步'='cluster-4' then "PRODUCT VIEWER" else "VISITOR" endif。

圖 5.110　設置導出節點

（10）選擇「數據庫」導出數據，如圖 5.111 所示。

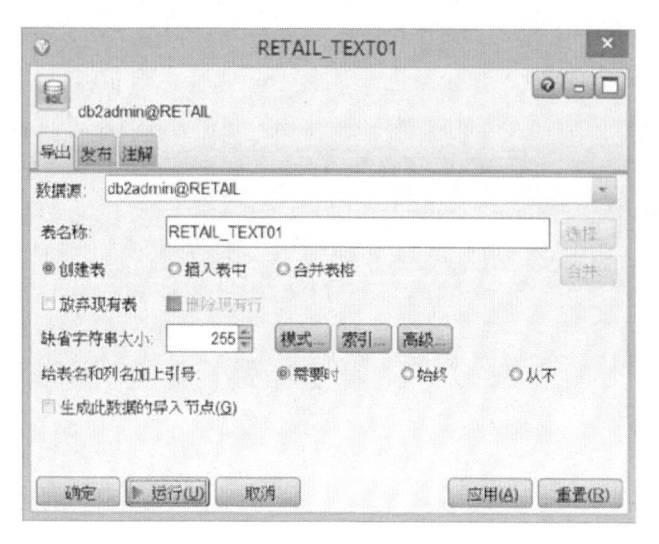

圖 5.111　導出結果

（二）Cognos Framework 發布數據包

零售行業 Cognos 部分案例

（1）在開始菜單中啓動 IBM Cognos Framework Manager，選擇「創建新項目」選項。

（2）在「項目名稱」中輸入名稱和目錄位置。如圖 5.112 所示。

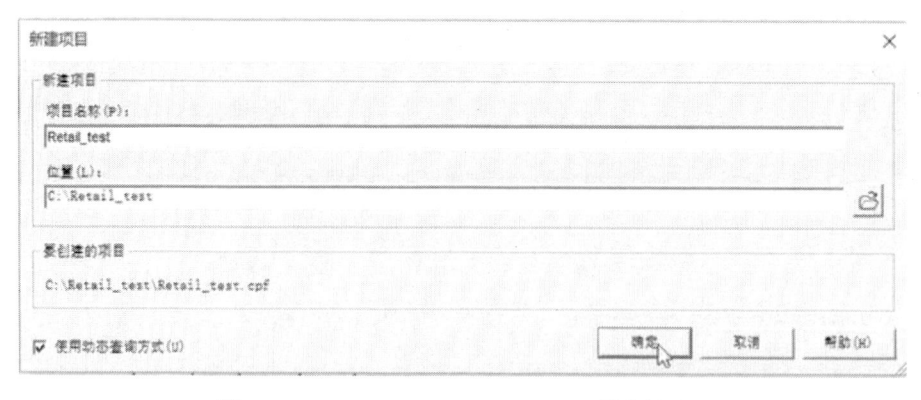

圖 5.112　Cognos Framework Management 創建新項目

（3）在「選擇語言」中保持默認選項單擊「確定」。進入「元數據」向導－選擇元數據源，選擇「數據源」選項，點擊「下一步」。如圖 5.113 所示。

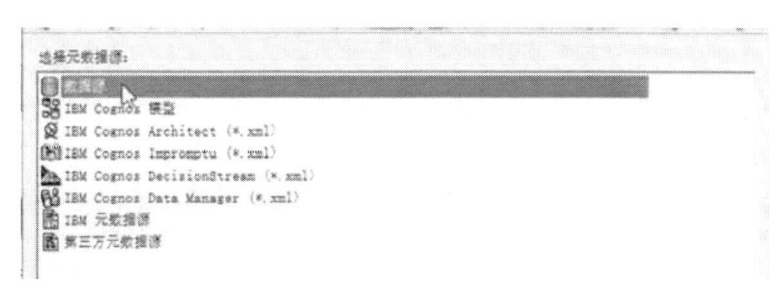

圖 5.113　選擇元數據源

（4）選擇「RETAIL」數據源，點擊「下一步」。

（5）在「『元數據』向導—選擇對象」中選中經 SPSS Modeler 挖掘處理生成的表「RETAIL_TEXT01」，以及「RETAIL_1_0」中的表「CUSTOMER」，點擊「下一步」。如圖 5.114 所示。

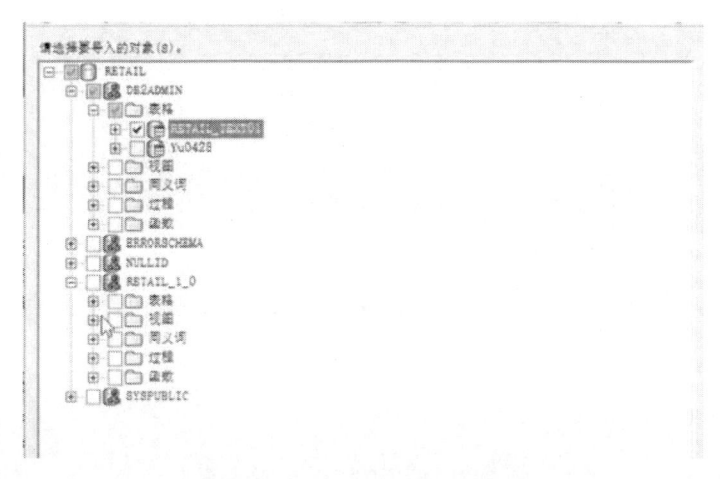

圖 5.114　元數據向導—選擇對象

（6）在「『元數據』向導—生成關係」中，不選中「使用主鍵和外鍵」，點擊「導入」。

單擊「完成」選項完成數據源的導入，進入「IBM Cognos Famework Manager」編輯頁面。如圖 5.115 所示。

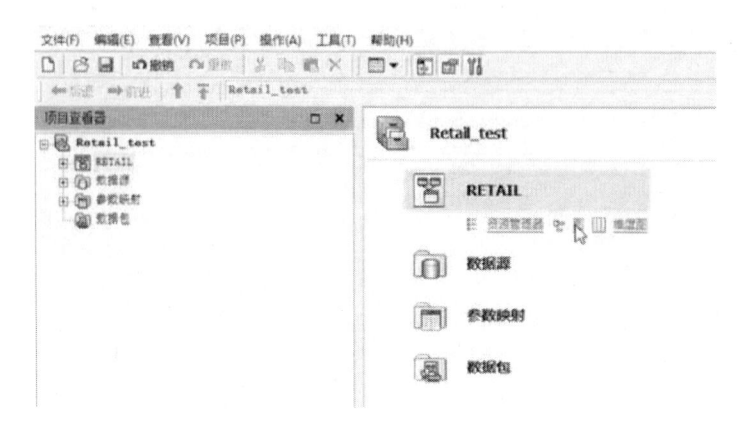

圖 5.115　導入完成界面

（7）在左側我們可以看到導入的數據「RETAIL」，在右側雙擊「圖」選項，可以看到之前導入的兩張數據表。如圖 5.116 所示。

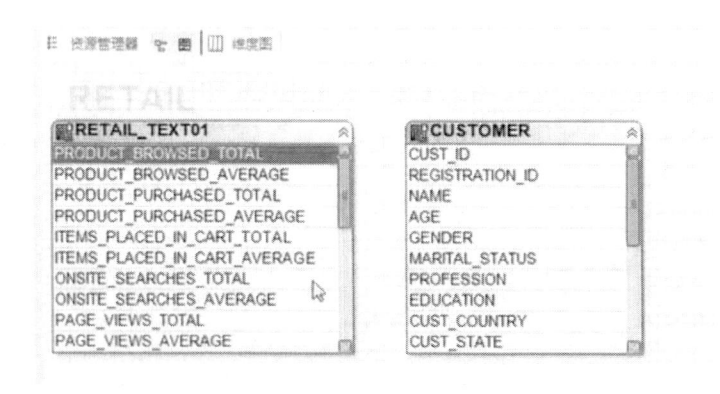

圖 5.116　導入的數據表

（8）在「RETAIL_TEXT01」表中單擊右鍵選擇「創建」→「關係」，進入「關係定義」窗體。

（9）在關係定義窗口右側選擇「查詢主題」，然後選擇「CUSTOMER」表，選中兩個查詢主題中的「CUST_ID」項建立連接。

（10）已建立兩個表的鏈接，在窗體中間設置連接屬性「1 對 1 或 1 對 n」，單擊「確定」。如圖 5.117 所示。

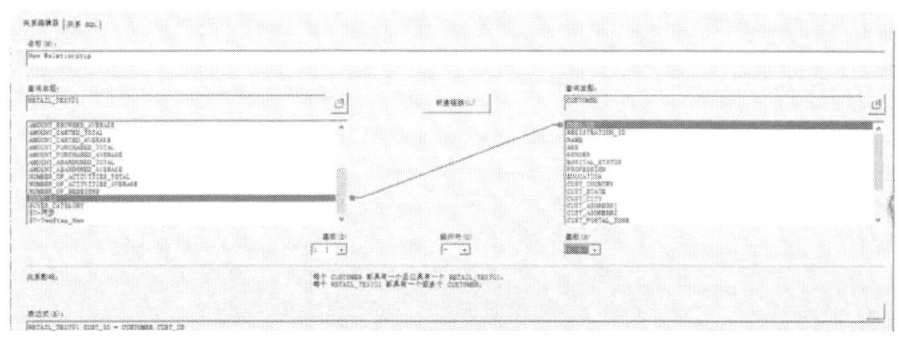

圖 5.117　定義數據表關係

（11）如圖 5.118 所示，已建立「RETAIL_TEXT01」和「CUSTOMER」的連接。

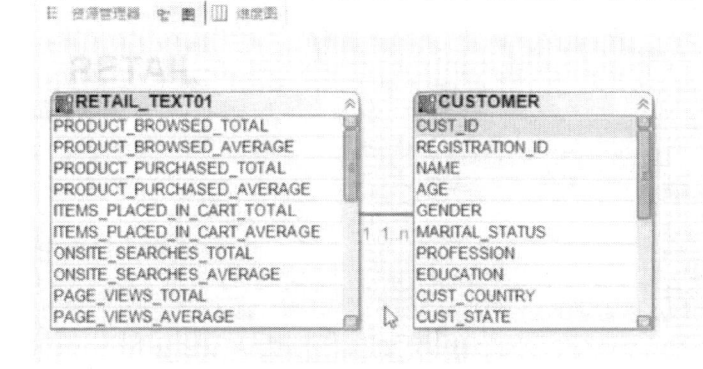

圖 5.118　查看數據表關係

（12）在左側「項目查看器」中的「RETAIL」下單擊右鍵，「創建」→「名稱空間」，分別創建三個層級：「physics layer」「business layer」「database layer」。如圖 5.119 所示。

圖 5.119　創建層級

（13）將「RETAIL_TEXT01」和「CUSTOMER」拖入 physic layer（物理層）。
（14）在「business layer」中右鍵單擊「創建」→「查詢主題」，創建一個名

為「產品瀏覽」的查詢主題，點擊「確定」。在「查詢主題定義」窗體中將需要的表從「可用的模型對象」拖入到「查詢項目和計算」中，點擊「確定」。如圖 5.120 所示。

圖 5.120　創建「產品瀏覽」查詢主題

（15）在「business layer」中右鍵單擊「創建」→「查詢主題」，創建一個名為「產品購買」的查詢主題，點擊「確定」。在「查詢主題定義」窗體中將需要的表從「可用的模型對象」拖入到「查詢項目和計算」中，點擊「確定」。如圖 5.121 所示。

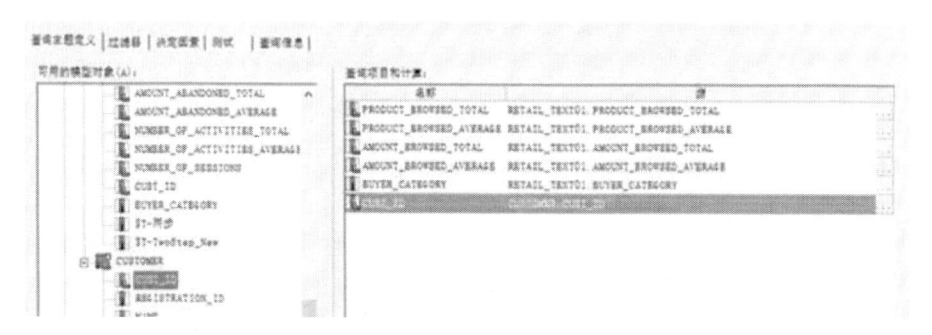

圖 5.121　創建「產品購買」查詢主題

（16）在「business layer」中右鍵單擊「創建」→「查詢主題」，創建一個名為「購物車」的查詢主題，點擊「確定」。在「查詢主題定義」窗體中將需要的表從「可用的模型對象」拖入到「查詢項目和計算」中，點擊「確定」。如圖 5.122 所示。

圖 5.122　創建「購物車」查詢主題

（17）分別選擇「business layer」下已創建的查詢「產品瀏覽」「產品購買」「購物車」，「右鍵」→「創建」→「快捷方式」。將創建好的快捷方式拖動到「database layer」中。如圖 5.123 所示。

圖 5.123 創建查詢主題的會計方式

（18）發布數據包，選擇「數據包」選項「右鍵」→「創建」→「數據包」。在「創建數據包」窗體中輸入數據包名稱「Retail_Samples」，點擊「下一步」。

（19）在「創建數據包—定義對象」窗口中，只勾選「database layer」，點擊「下一步」。如圖 5.124 所示。

圖 5.124 發布數據包

179

（20）在「創建數據包—選擇函數列表」中默認選項，點擊完成。出現「是否發布數據包」詢問窗體，點擊「是」。如圖 5.125 所示。

圖 5.125　發布數據包

（21）在「『發布』向導—選擇位置類型」窗體中，「content store 中的文件位置（F）:」設置數據包的發布路徑，並取消選中「啟用模板控製」，點擊「下一步」。如圖 5.126 所示。

圖 5.126　選擇數據包路徑

（22）選擇默認設置，點擊「下一步」→「發布」→「完成」→「關閉」，完成元數據建模。如圖 5.127 所示。

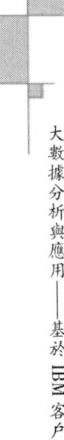

圖 5.127　完成元數據建模

(三) 製作 Cognos BI 可視化圖表

(1) 通過瀏覽器訪問：http：//172.20.2.75/ibmcognos，進入門戶網站後點擊「我的主頁」，進入「IBM Cognos Connection」界面。如圖 5.128 所示。

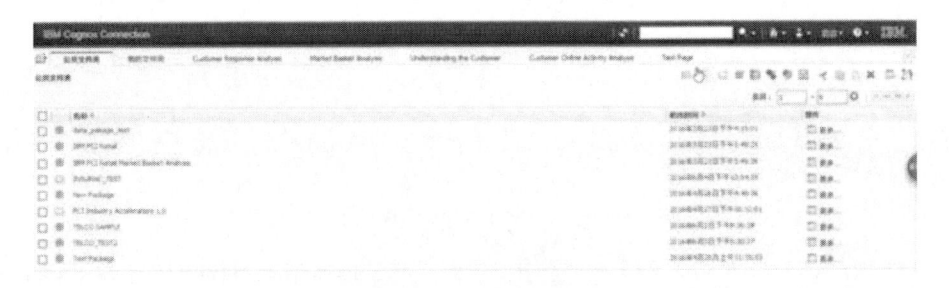

圖 5.128　查看數據包

(2) 在右上角選擇「啓動」→「Report Studio」。
(3) 在「選擇數據包」頁面，根據 Cognos Framework Manager 創建的數據包保存路徑「Cognos＞我的文件夾＞Sample ＞Retail_samples」找到數據包，雙擊「Retail_samples」。如圖 5.129 所示。

181

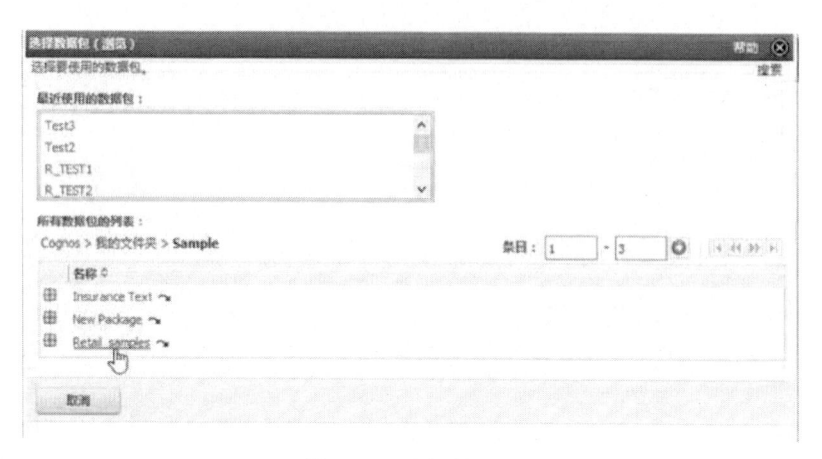

圖 5.129　選擇數據包

（4）進入 IBM Cognos Report Studio 主頁面，選擇「新建」。新建一個「列表」，點擊「確定」。如圖 5.130 所示。

圖 5.130　新建列表

（5）在左側的可插入對象中，展開「database layer」目錄，再展開「Shortcut to 產品瀏覽」，選擇需要展示的對象，拖動到右邊的列表中。如圖 5.131 所示。

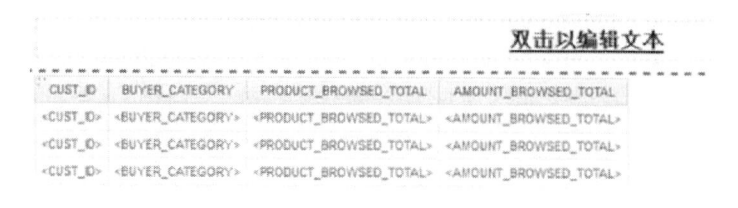

圖 5.131　新建列表

（6）在左側選項卡中，點擊「工具箱」，選擇「圖表」，並拖動到右邊報表頁中，選擇所需的圖標樣式，點擊「確定」。如圖 5.132 所示。

圖 5.132　創建圖表

（7）把用戶想要展示在圖表上的數據拖到圖表各個屬性中，將「PRODUCT_BROWSED_TOTAL」拖到圖表中的「默認度量」中，「BUYER_CATEGORY」拖到圖表中的「序列」中。如圖 5.133 所示。

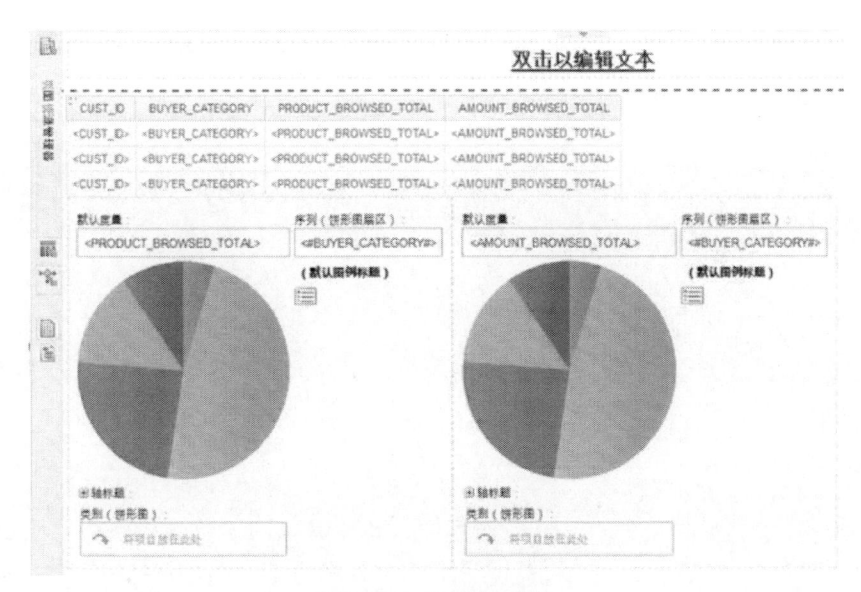

圖 5.133　設置圖表屬性

（8）點擊「工具箱」，選擇「列表」拖動到右邊報表頁中，對「Shortcut to 產品購買」「Shortcut to 購物車」重複圖 131 至圖 133 步驟；如圖 5.134 所示。

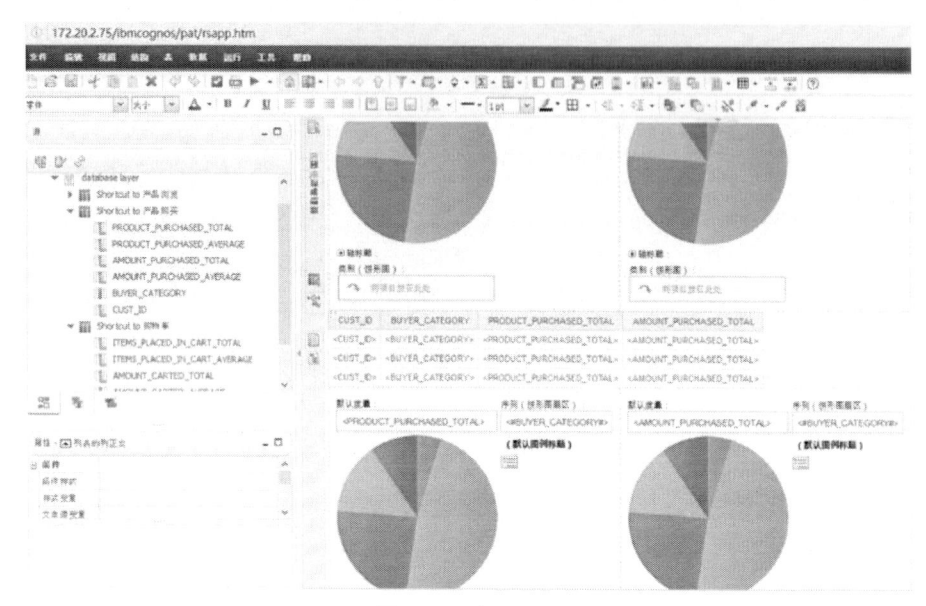

圖 5.134　設置圖表

（9）點擊工具欄中的「運行」按鈕，跳轉至報表展示頁。

由圖 5.135 可知，瀏覽產品的用戶群中，84%左右只是瀏覽產品，並沒有產生購買行為；有13%的瀏覽量是再次購買產品（回頭客）用戶產生的；其餘僅有3%左右的用戶在瀏覽商品後產生了購買行為。

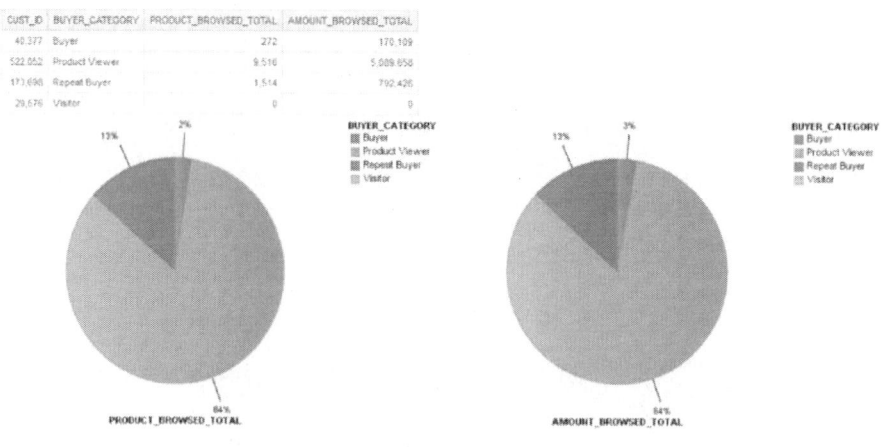

圖 5.135　報表的呈現

由圖 5.136 可知，在購買產品的用戶群體中，有 92% 的用戶是再次購買該產品的客戶，僅有 8% 左右的新用戶群體。

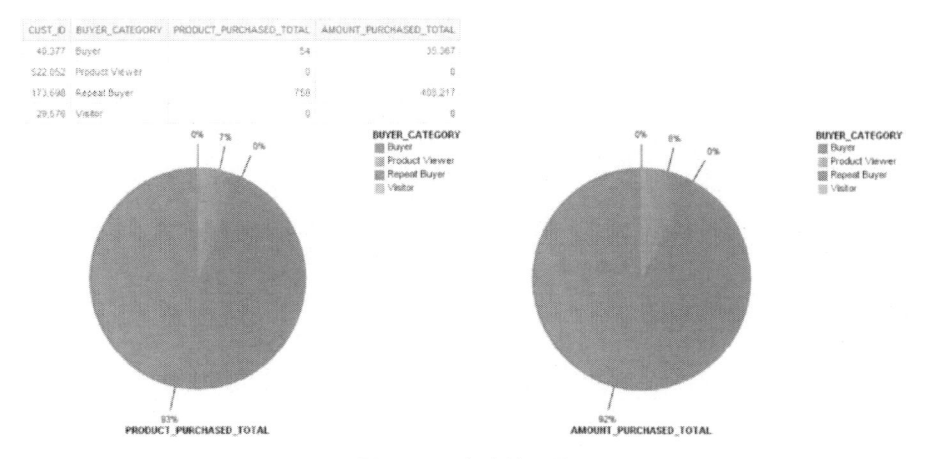

圖 5.136　報表的呈現

由圖 5.137 可知，在將該產品加入購物車的用戶群體中，有 61% 左右是沒有購買，僅瀏覽了該產品的用戶；有 35% 左右是重複購買該產品的用戶；4% 左右是產生購買行為的用戶。

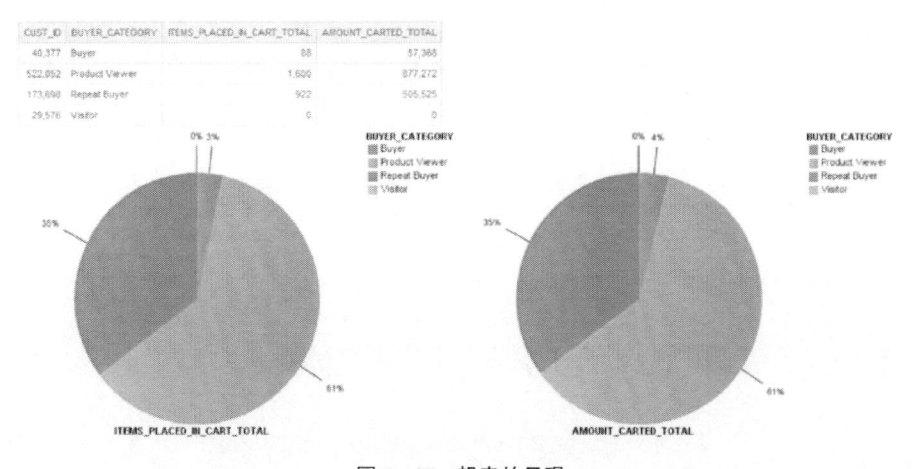

圖 5.137　報表的呈現

從上面的數據可以看出，該零售商的產品消費者中以重複購買的消費者為主，即老客戶的比率較高，所以在做客戶關係維護的時候，應重點考慮對購買過產品的客戶的關係維護以及對客戶的激勵。新用戶的比例較小，瀏覽商品的轉化率較低，零售商應在行銷手段、新用戶的挖掘上做出調整。

第四節　銀行行業案例

一、實驗目的

1. 熟悉銀行行業背景，在 SPSS Modeler 中選用合適的模型對銀行行業的客戶產品關聯性進行預測分析；
2. 在 Cognos Framework Management 中選取合適的數據表進行關聯；
3. 在 Cognos BI 中發布可視化圖表，能夠說明數據之間的關係，並得出預測結果。

二、實驗原理

序列關聯研究的對象是事物序列，簡稱序列。序列關聯研究的目的是要從所搜集到的眾多序列中，找到事物發展的前後關聯性，進而推斷其後續的發生可能。

本實驗中用序列分析模型，分析銀行客戶的歷史產品購買數據，並得出哪種產品客戶的購買率最高，以及哪些產品的關聯度高。

三、實驗內容

首先在 SPSS Modeler 中建立與銀行行業相關的合適模型，並導出到數據庫中，接著在 Cognos FM 中發布數據包，最後在 Cognos BI 中製作可視化圖表。

四、實驗步驟

（一）SPSS Modeler 建立模型

（1）添加數據源並導入數據 BANKING_1_0.CUSTOMER_RELATIONSHIP_HISTORY，如圖 5.138 所示。

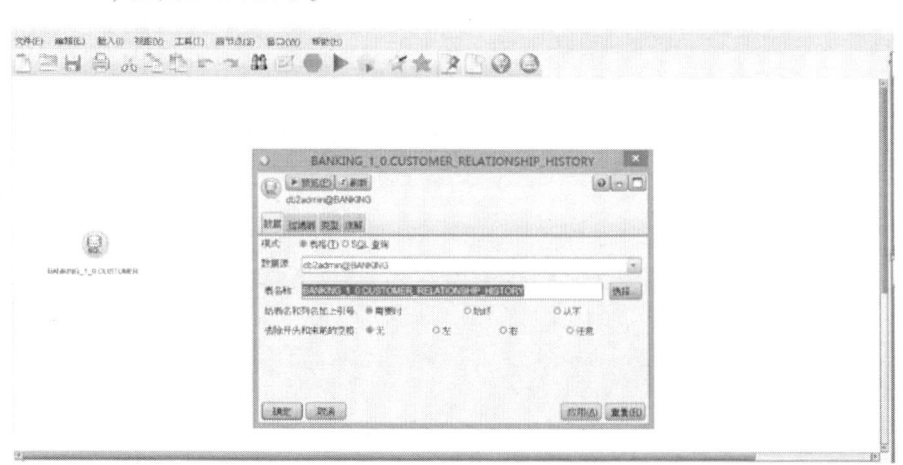

圖 5.138　設置數據源節點

（2）添加「字段選項」中的類型，雙擊「讀取值」，給每個字段添加數值，並與數據庫連接。如圖 5.139 所示。

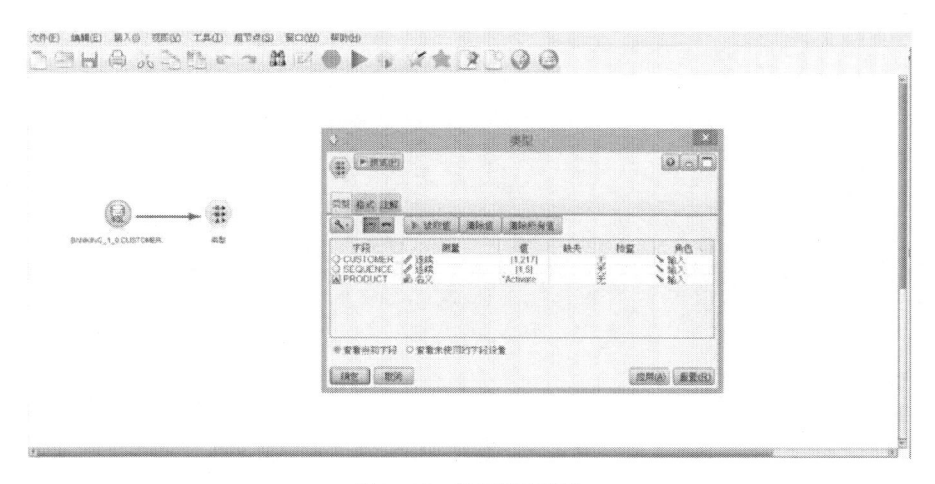

圖 5.139　設置類型節點

（3）選擇「關聯—序列」模型，並連接。如圖 5.140 所示。

圖 5.140　選擇模型

（4）對序列分析模型進行字段的選擇，標示字段選擇 CUSTOMERID（客戶ID）；在使用時間字段前面打勾，並選擇 SEQUENCE（序列）字段；內容字段選擇 PRODUCT（產品）。如圖 5.141 所示。

圖 5.141　選擇模型字段

（5）對序列分析模型進行設計，不同的設置會得到不同的結果，「要添加到流的預測」指利用置信度最高的前幾個序列關聯規則對案例進行推測。這裡我們採取的設置如圖 5.142 所示。

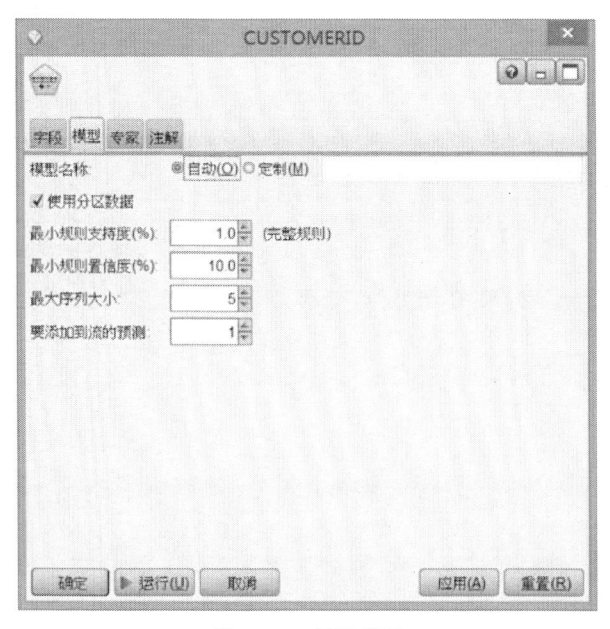

圖 5.142　設置模型

（6）如圖5.143，「簡單」表示採用 SPSS Modeler 默認的參數建立模型，默認值如窗口所示；也可以選擇「專家」，自行設置參數。我們這裡採用「簡單」進行操作。

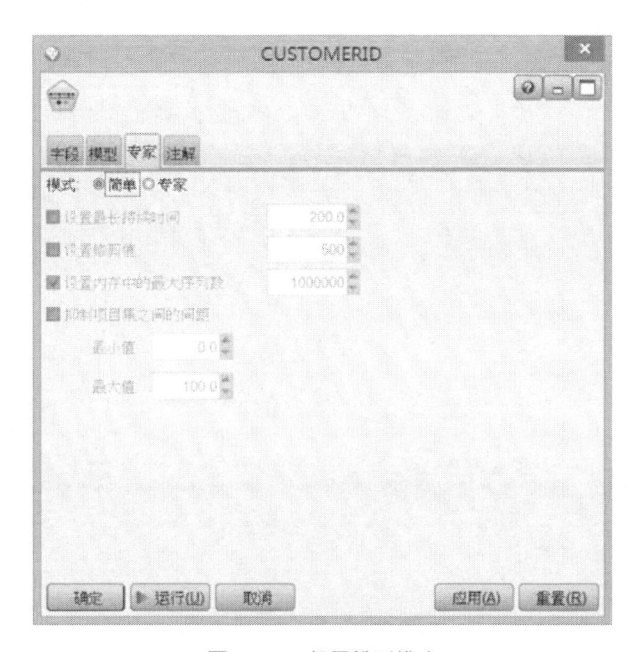

圖 5.143　設置模型模式

（7）運行即可得到結果，如圖5.144所示。

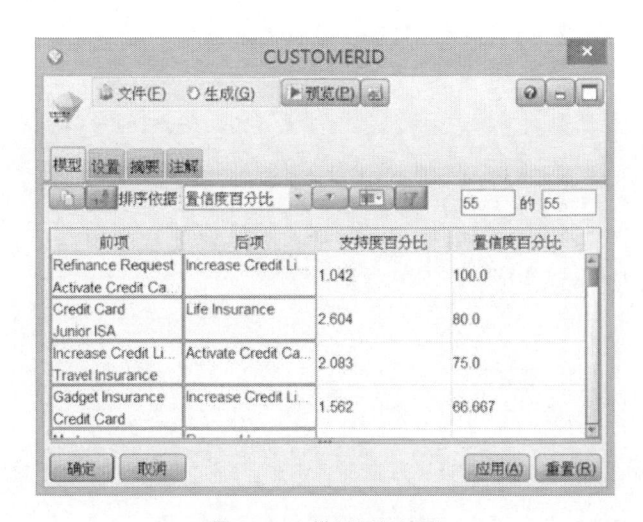

圖 5.144　模型運行結果

在「模型」中我們可以看到不同產品的支持度和置信度。

（8）用字段選項—過濾器，對模型得到的數據進行過濾，得到需要的字段，在這裡我們只保留如圖 5.145 所示的字段。「＄S」開頭的字段是給出置信度最高的 1 個規則的推測結果，「＄SC」是給出置信度最高的 1 個規則的置信度。

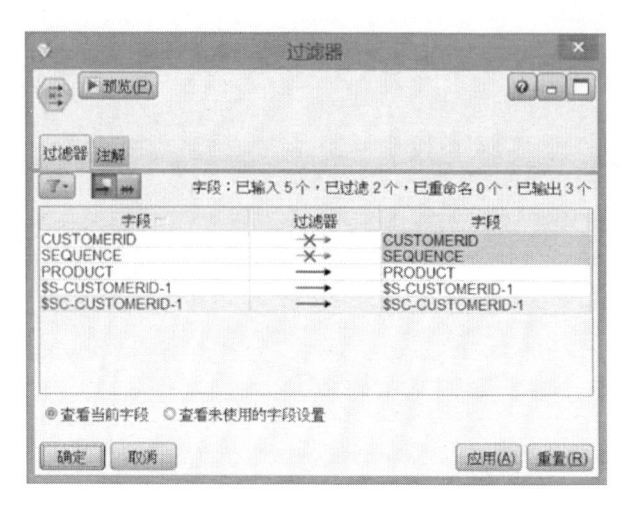

圖 5.145　設置過濾器節點

（9）選擇「數據庫」導出數據，並用「表格」查看數據如圖 5.146、圖 5.147 所示。

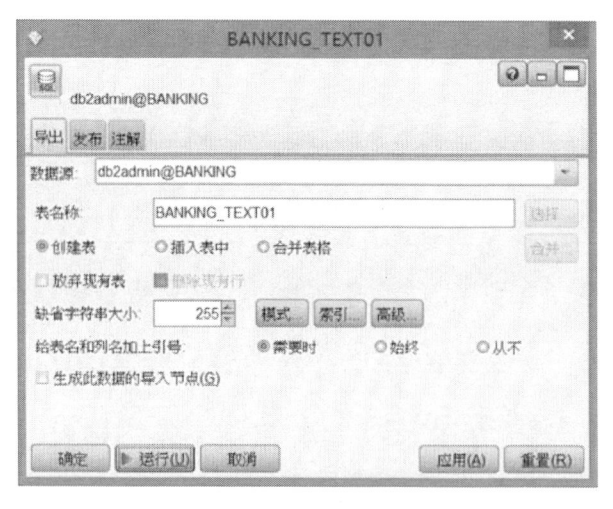

圖 5.146　導出數據

图 5.147 输出表格

我们发现 Mortgage 和 Life Insurance；Home Insurance 和 Life Insurance；Personal Loan 和 Life Insurance 同时出现的几率最高。

（10）整体的流的过程如图 5.148 所示。

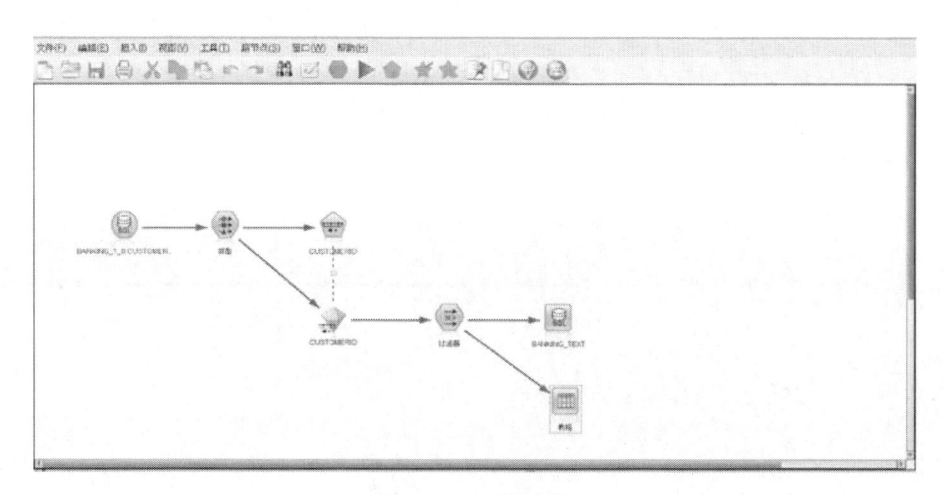

图 5.148 查看结果

(二) Cognos Framework 發布數據包

(1) 在開始菜單中啓動 IBM Cognos Framework Manager。如圖 5.149 所示。

圖 5.149　啓動 IBM Cognos Framework Manager

(2) 選擇「創建新項目」選項。在「項目名稱」中輸入名稱和目錄位置，不需要選中「使用動態查詢方式」選項，如圖 5.150 所示。

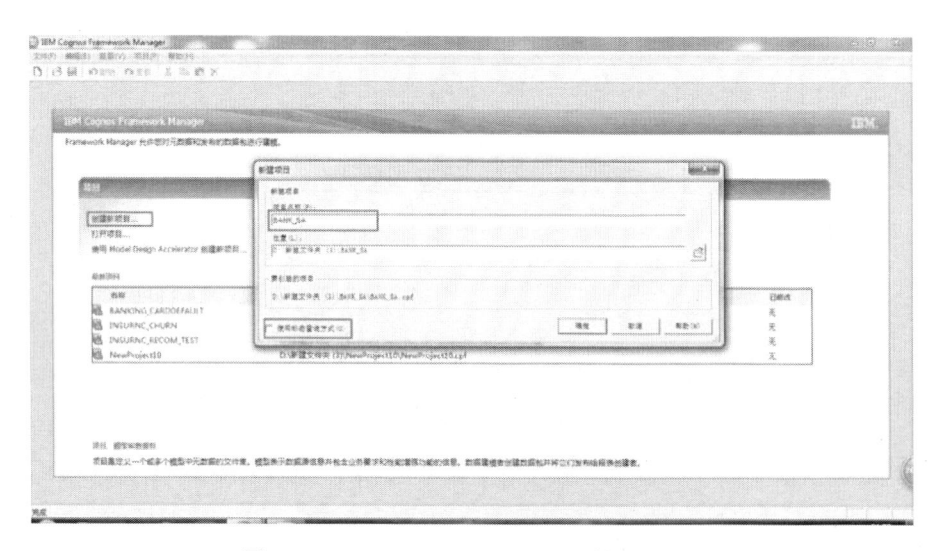

圖 5.150　Cognos Framework Manager 創建新項目

(3) 語言選擇默認選項即可。如圖 5.151 所示。

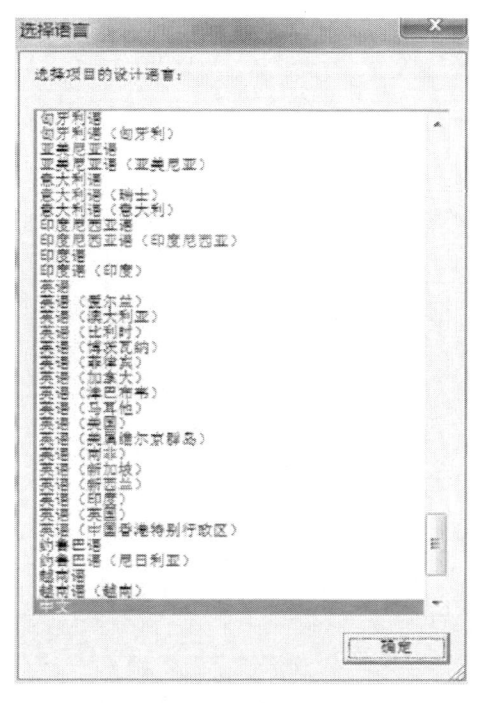

圖 5.151　選擇默認語言

（4）進入「元數據」向導—選擇元數據源，選擇「數據源」選項，點擊「下一步」。如圖 5.152 所示。

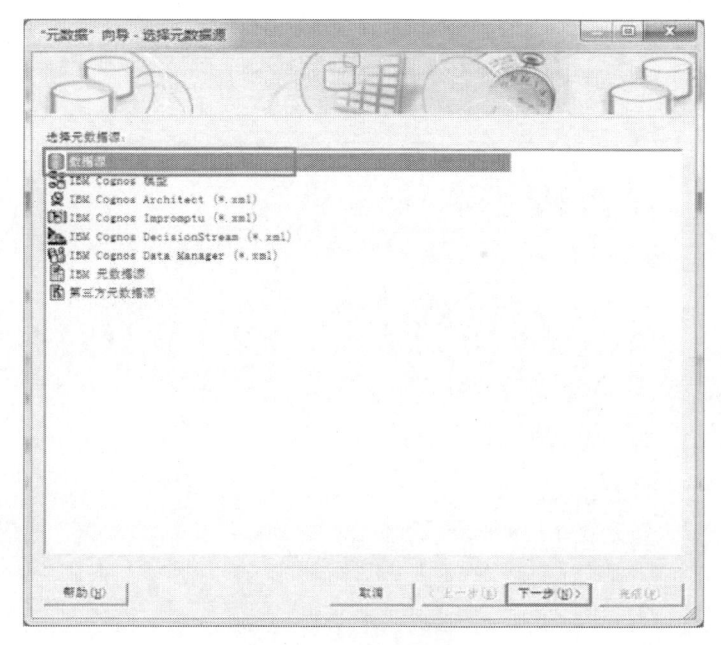

圖 5.152　選擇元數據庫

（5）選擇「BANKING」數據源，點擊「下一步」。如圖 5.153 所示。

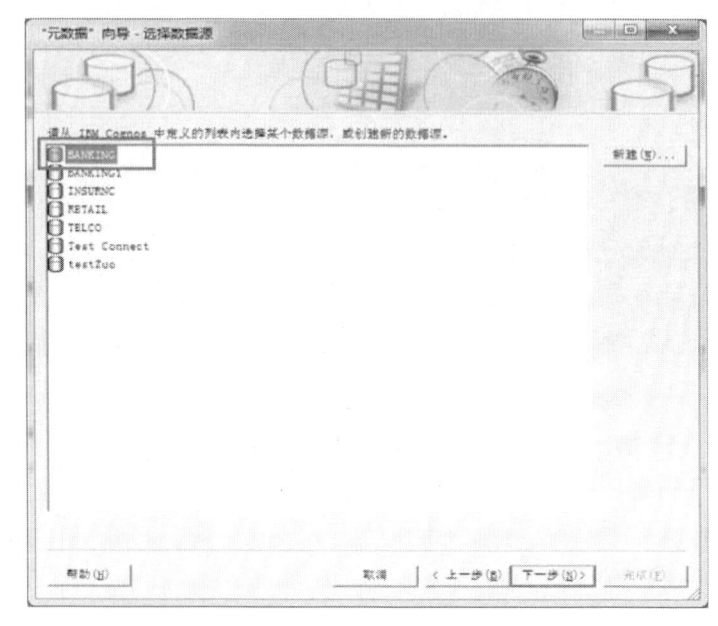

圖 5.153　選擇數據源

（6）選擇「BANKING_1_0」中的「CUSTOMER_TRANSACTIONS」，以及在 SPSS Modeler 提升過的數據「BANKING_TEXT01」，點擊「下一步」，如圖 5.154、圖 5.155 所示。

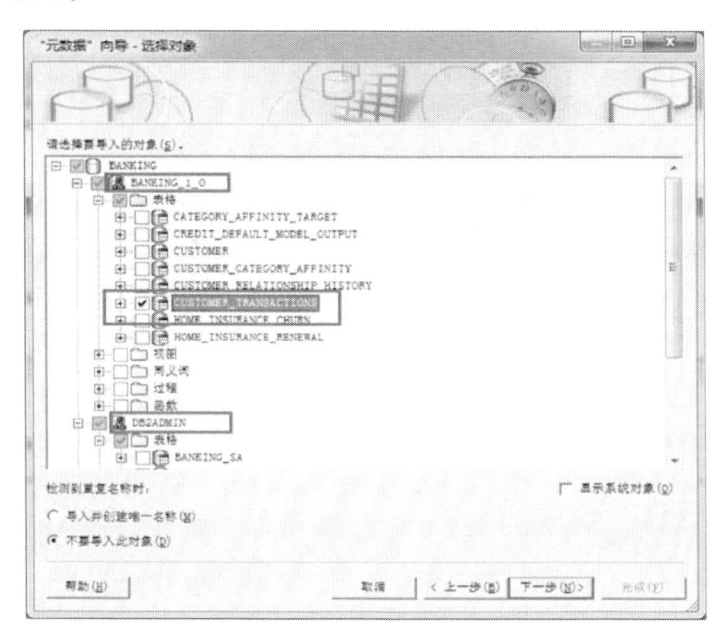

圖 5.154　元數據向導選擇對象

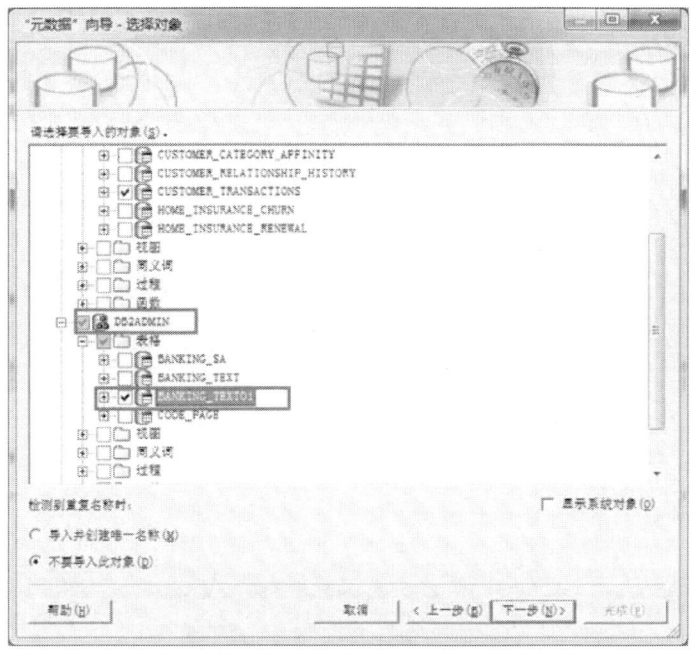

圖 5.155　元數據向導選擇對象

（7）在「元數據」向導—生成關係中，不選中「使用主鍵和外鍵」，點擊「導入」。然後，完成數據源的導入。如圖 5.156 所示。

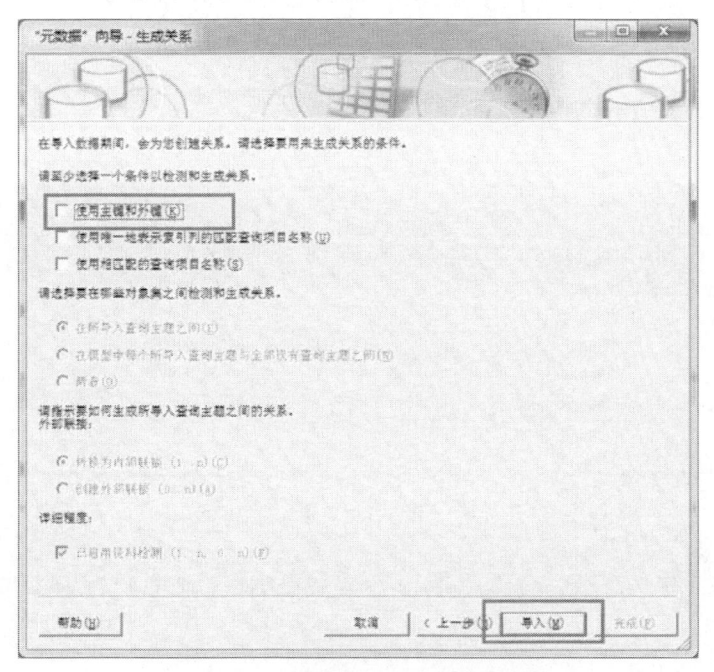

圖 5.156　元數據向導—生成關係設置

（8）我們可以看到導入的數據「BANKING」，接下來選擇「圖」選項。如圖 5.157 所示。

圖 5.157　導入完成界面

（9）從圖 5.158 可以看到兩張之前導入的數據表。

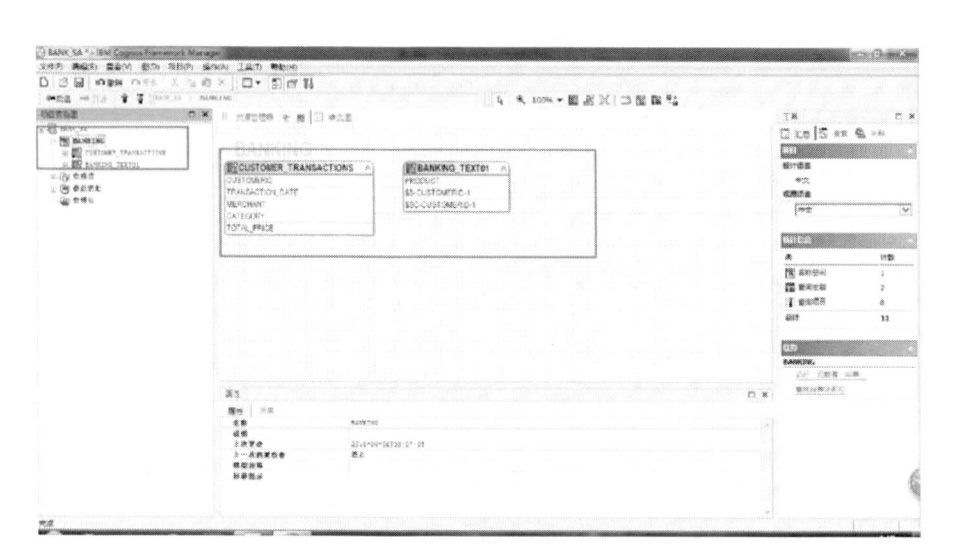

圖 5.158　導入的數據表

（10）在任意一張數據表中單擊右鍵選擇「創建」「關係」。如圖 5.159 所示。

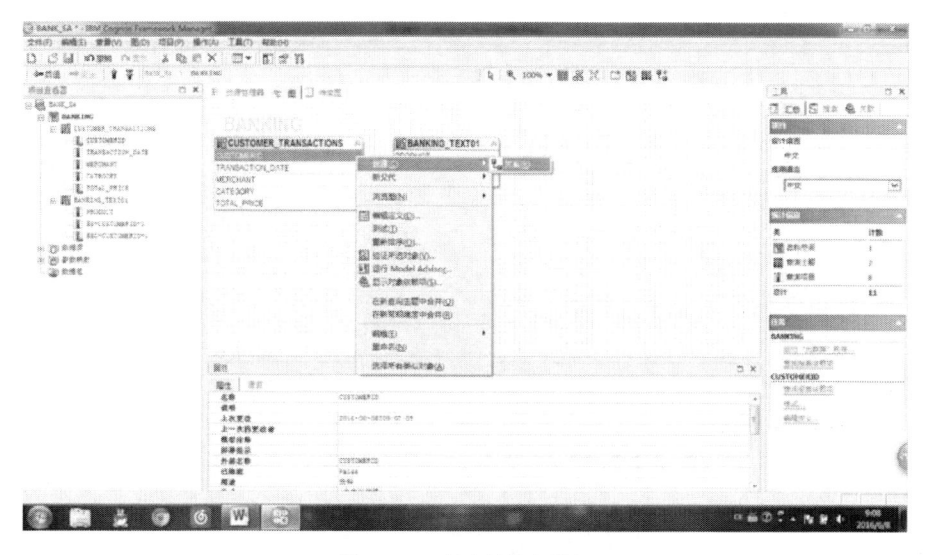

圖 5.159　創建數據表關係

（11）在關係定義窗口右側選擇「查詢主題」，然後選擇需要與上一步的數據表建立關係的數據表，點擊確定，並且選擇兩個相同屬性建立對應關係。如圖 5.160、圖 5.161 所示。

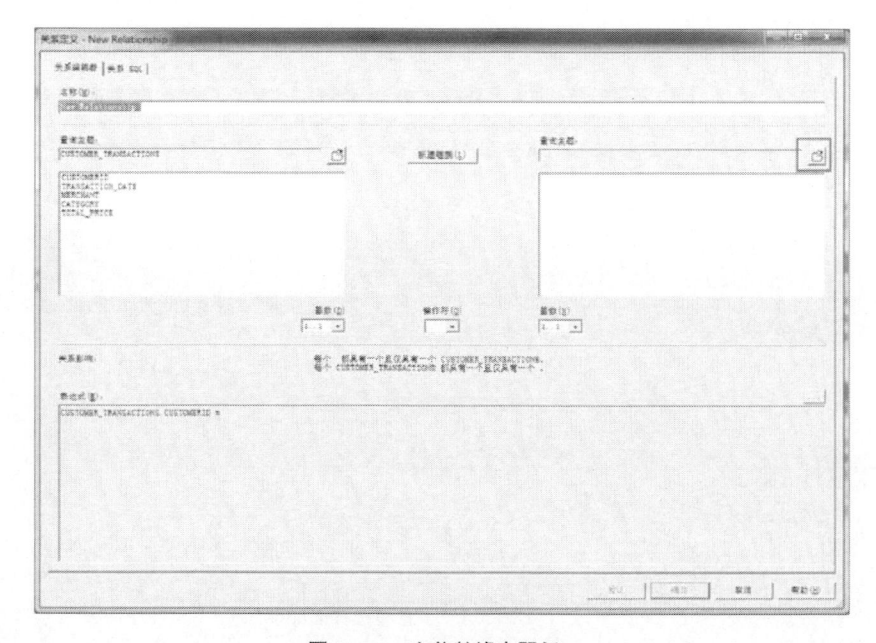

圖 5.160　定義數據表關係 1

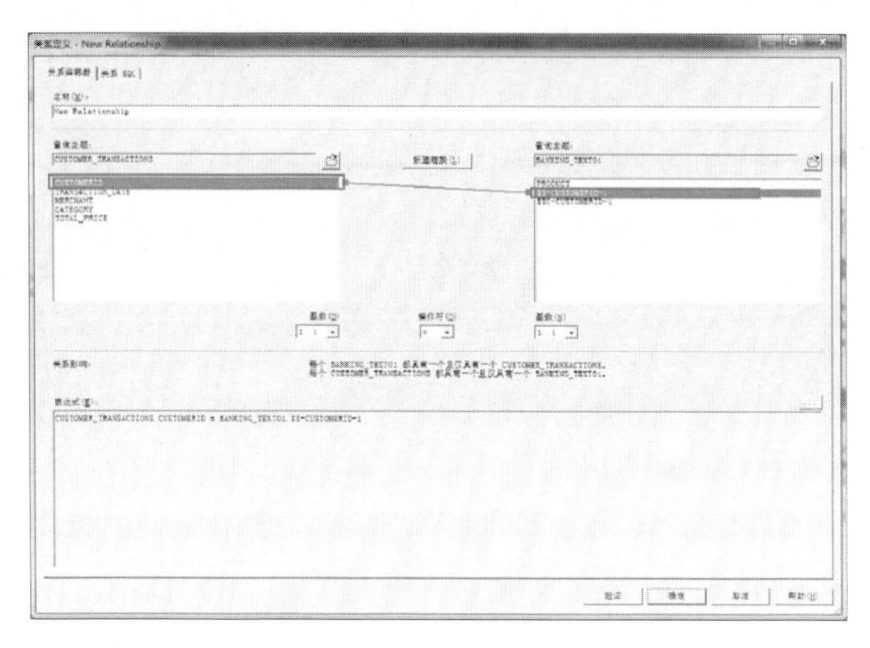

圖 5.161　定義數據表關係 2

（12）如圖 5.162 所示，已建立 CUSTOMER_TRANSACTIONS 和 BANKING_TEXT01 的連接。

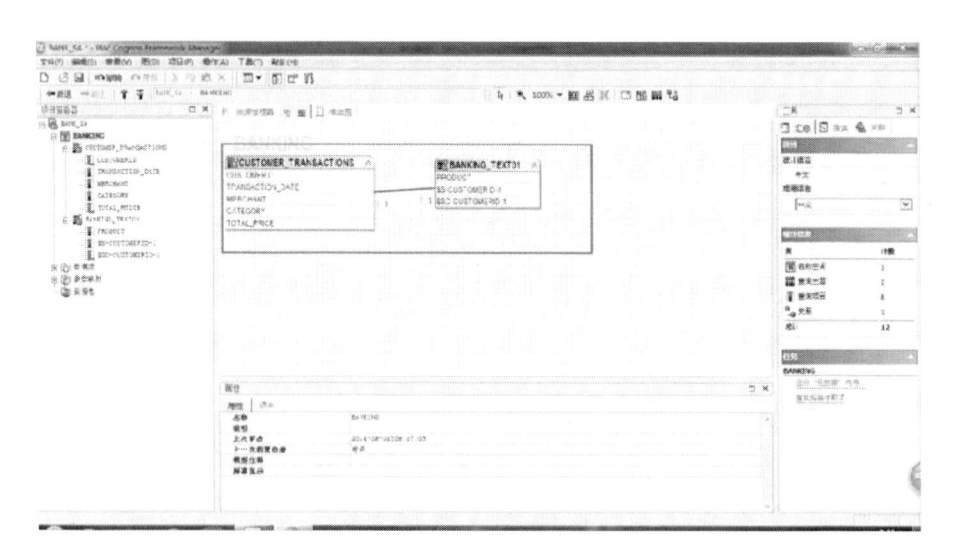

圖 5.162　查看數據表關係

（13）在左側「項目查看器」中的「BANKING」下創建三個層級：「physic layer」「business layer」「database layer」。如圖 5.163、圖 5.164 所示。

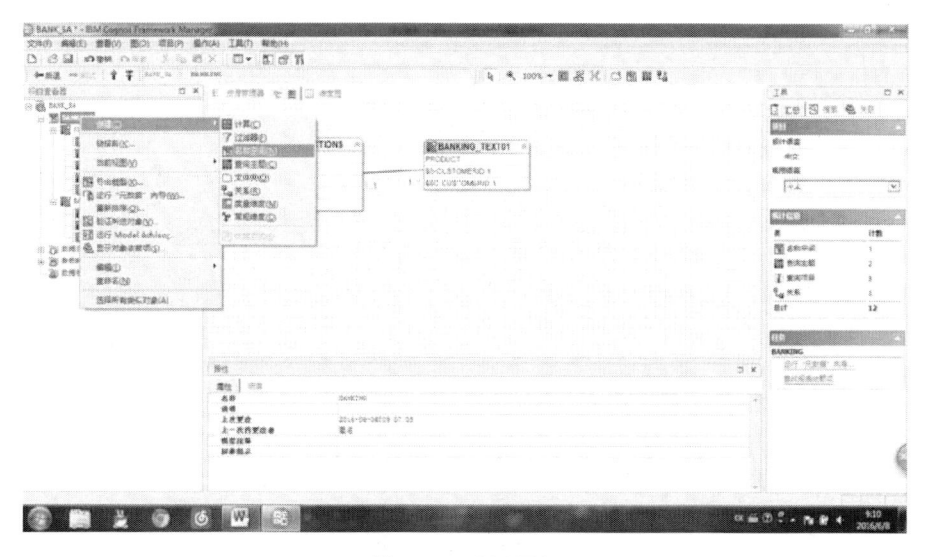

圖 5.163 創建層級

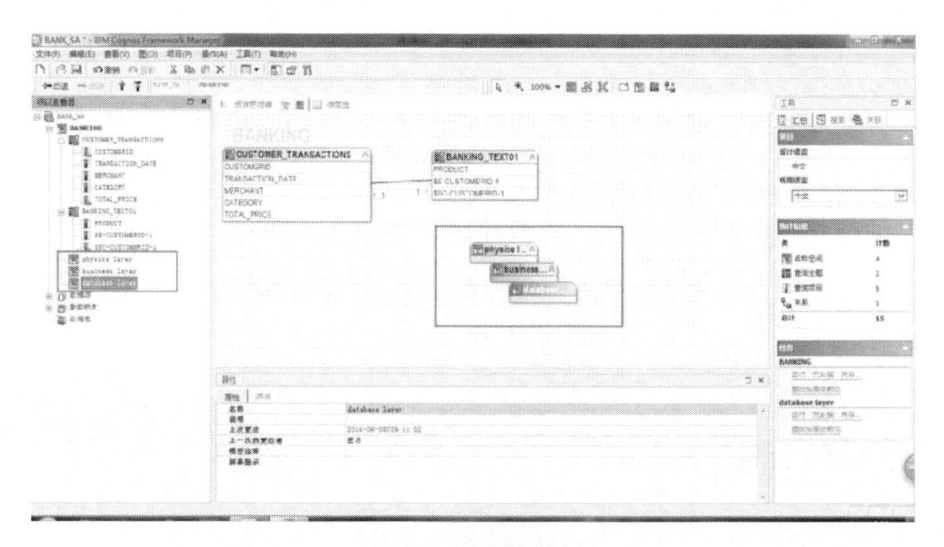

圖 5.164 創建層級結果

（14）將 BANKING 中的數據表拖入 physic layer（物理業務層）。如圖 5.165 所示。

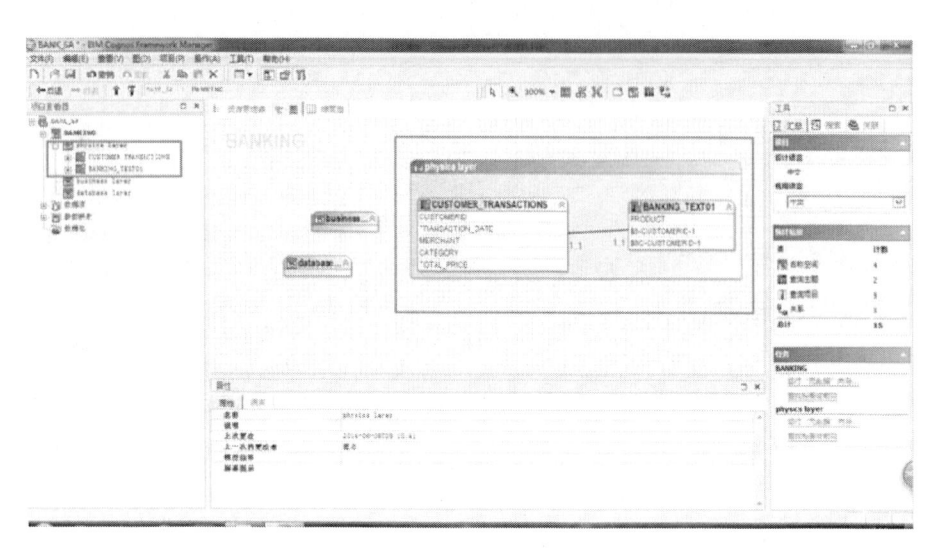

圖 5.165　層級劃分

（15）在 business layer 中創建查詢主題，創建一個名為「BANKING_SA」的查詢主題。如圖 5.166、圖 5.167 所示。

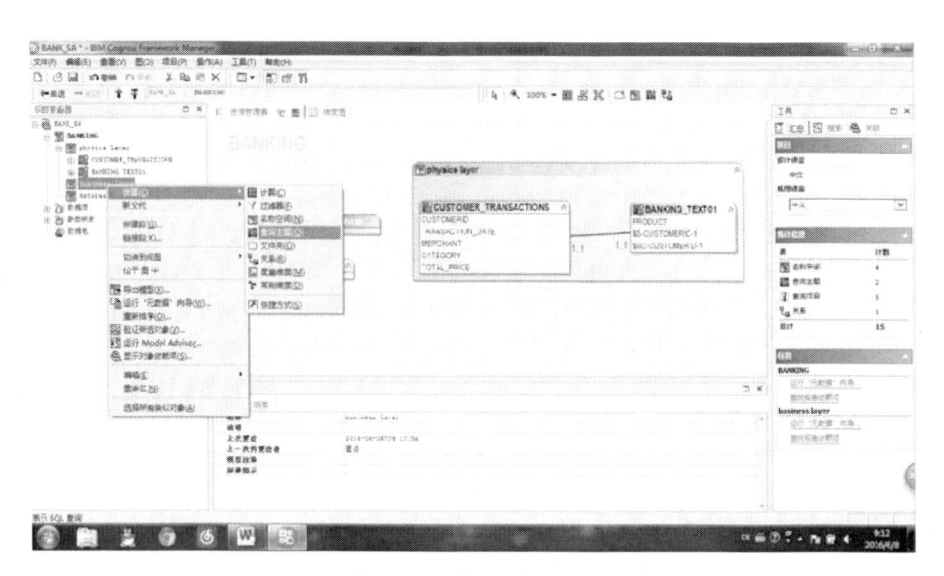

圖 5.166　創建查詢主題 1

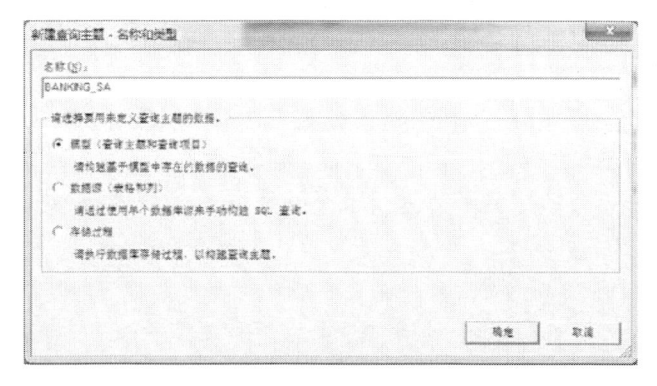

圖 5.167　創建查詢主題 2

（16）將需要的表從「可用的模型對象」拖入到「查詢項目和計算中」，點擊確定。如圖 5.168 所示。

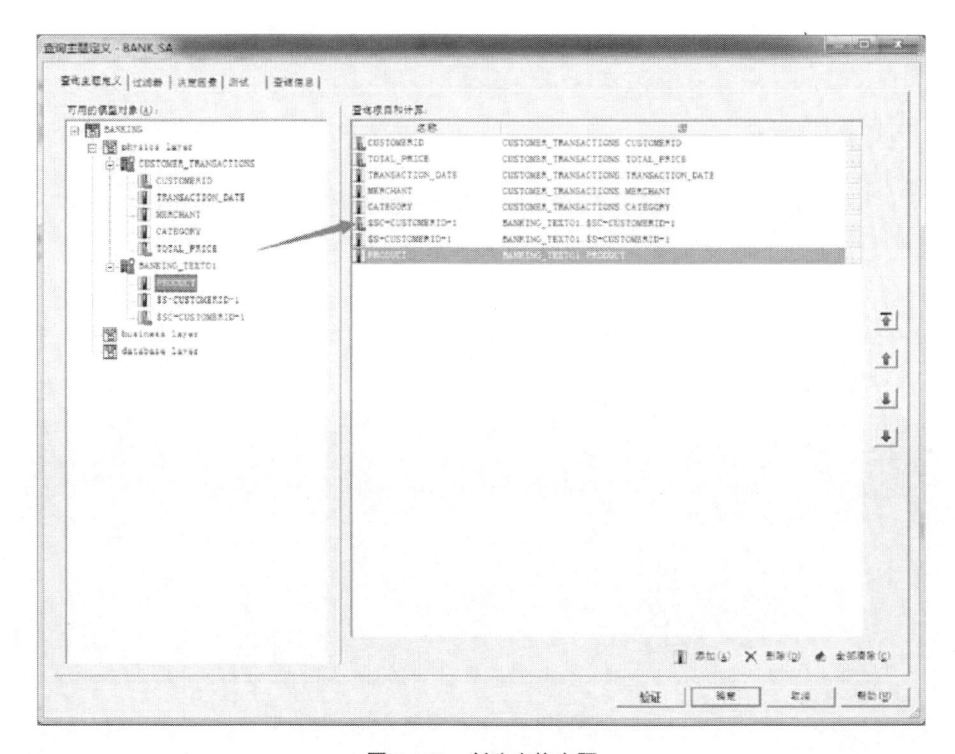

圖 5.168　創建查詢主題

（17）右擊 business layer 下創建的查詢主題，選擇「創建」→「快捷方式」。如圖 5.169 所示。

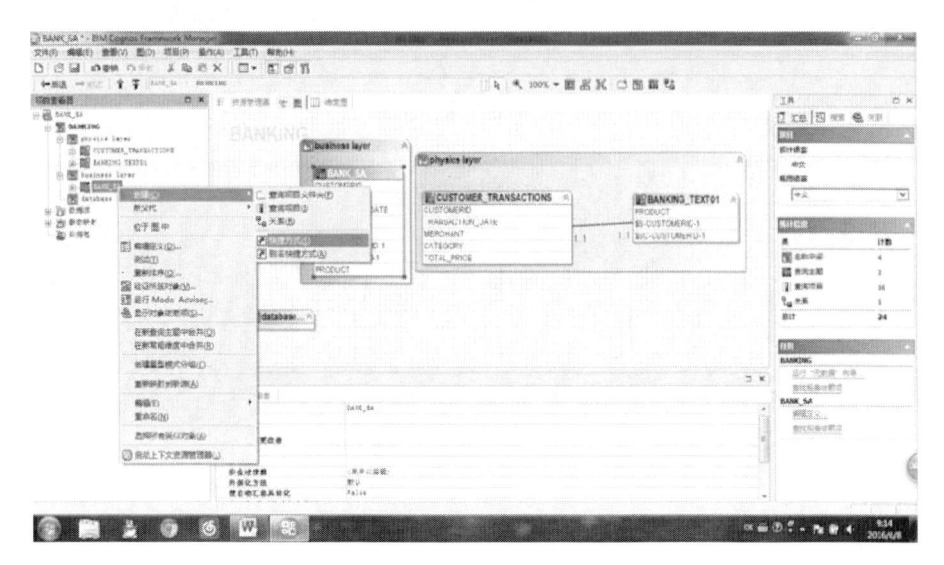

圖 5.169 創建查詢主題的快捷方式

（18）將創建好的快捷方式拖動到「database layer」中。如圖 5.170、圖 5.171 所示。

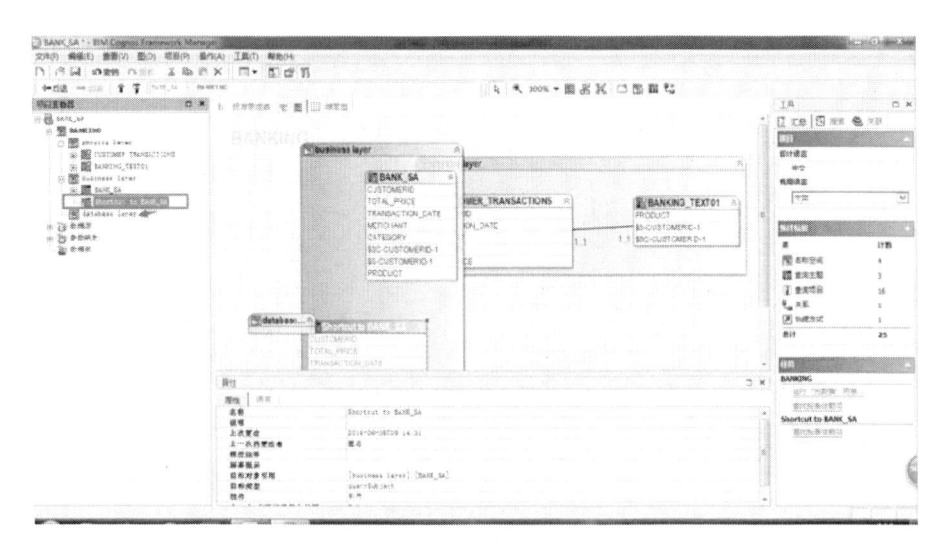

圖 5.170 創建查詢主題快捷方式

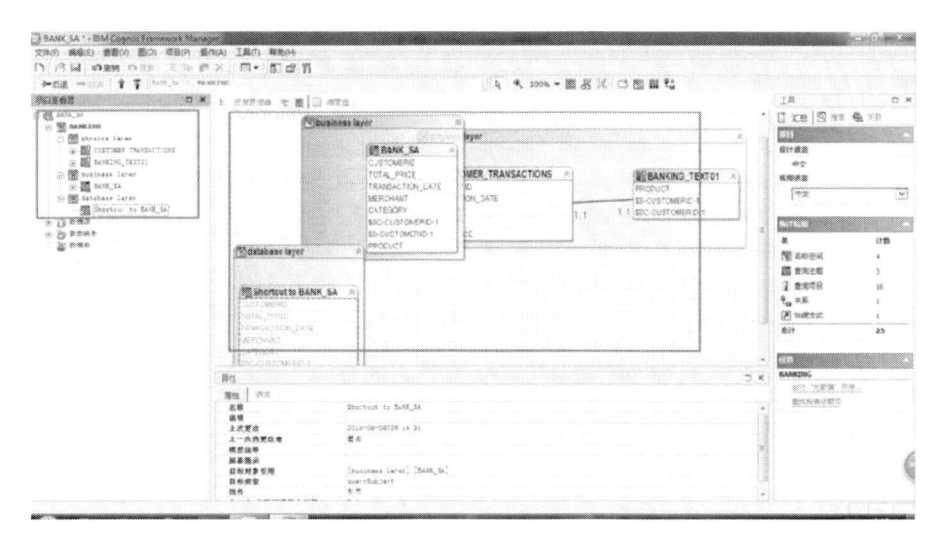

圖 5.171　創建查詢主題快捷方式結果

（19）發布數據包，右鍵單擊「項目查看器」中的「數據包」，選擇「創建」→「數據包」。如圖 5.172 所示。

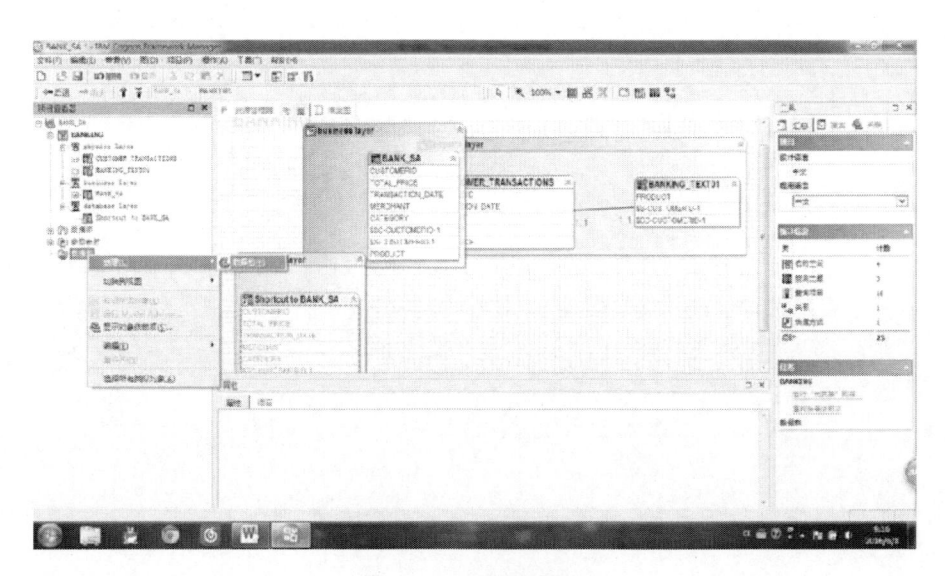

圖 5.172　發布數據包 1

（20）創建數據包的名稱，點擊「下一步」。如圖 5.173 所示。

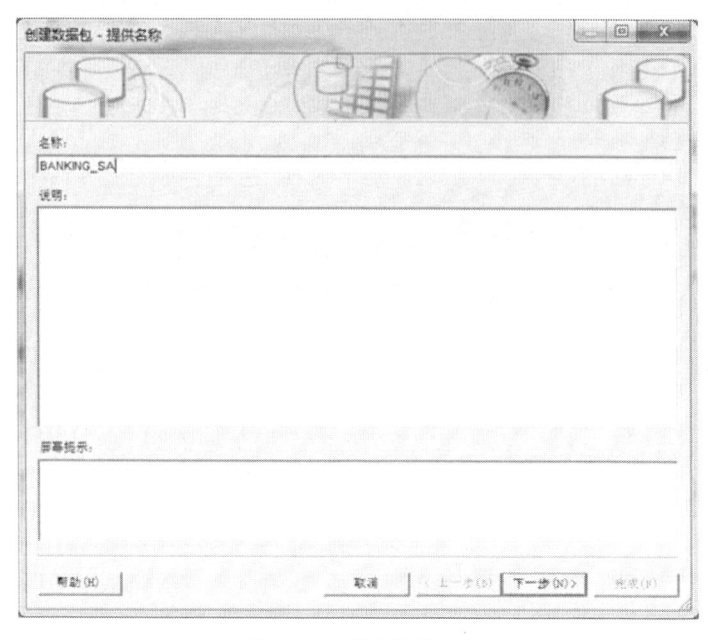

圖 5.173　發布數據包 2

（21）在「創建數據包—定義對象」窗口中，只勾選「database layer」，點擊「下一步」。如圖 5.174 所示。

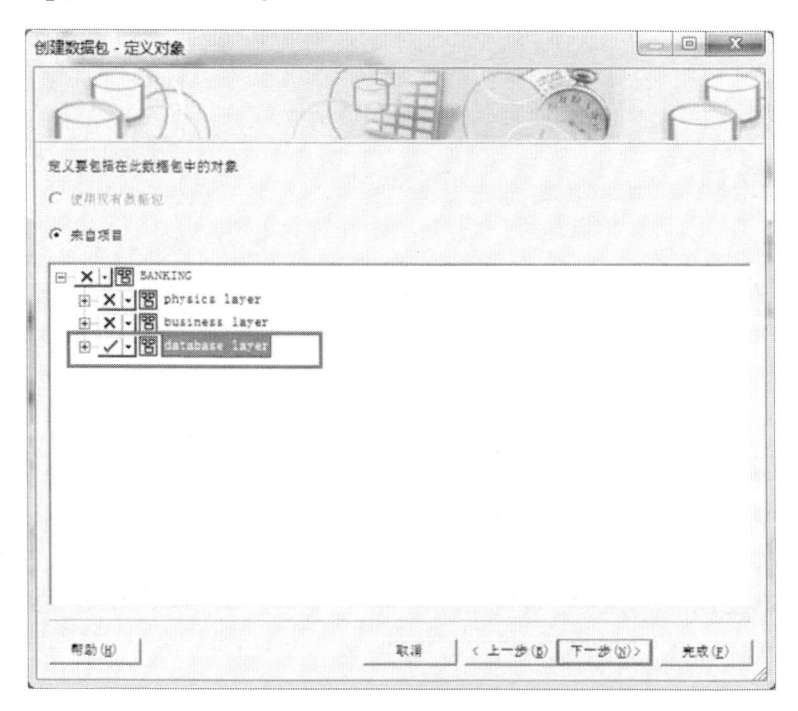

圖 5.174　發布數據包 3

（22）在「創建數據包—選擇函數列表」中默認選項，點擊完成。如圖 5.175 所示。

圖 5.175　發布數據包 4

（23）點擊「是」，發布數據包。如圖 5.176 所示。

圖 5.176　發布數據包 5

（24）在「content store 中的文件位置中」設置數據包的發布位置，可以像下面的步驟一樣建立新的文件夾，也可以不建立，並不選中「啟用模板控製」，點擊「下一步」。如圖 5.177 至圖 5.180 所示。

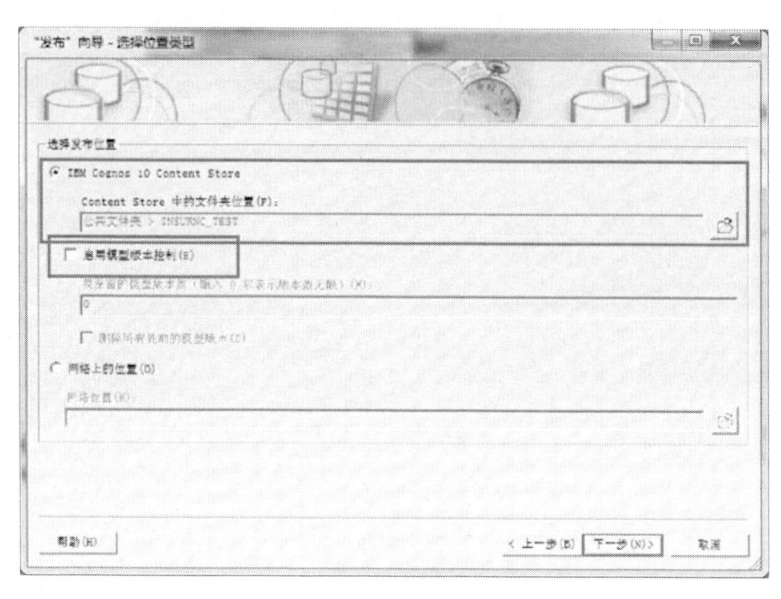

圖 5.177　數據包發布位置設置 1

圖 5.178　數據包發布位置設置 2

圖 5.179　數據包發布位置設置 3

圖 5.180　數據包發布位置設置 4

（25）選擇默認設置，點擊「下一步」→「發布」→「完成」→「關閉」，完成元數據建模。如圖 5.181 至圖 5.183 所示。

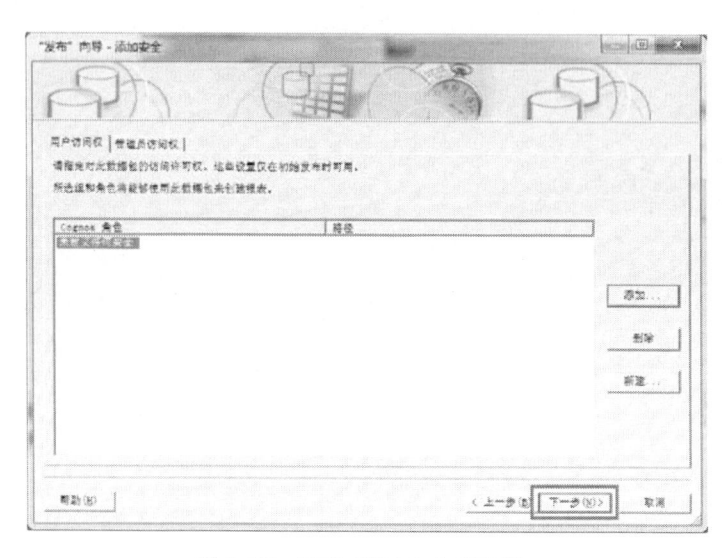

圖 5.181　完成「發布」向導設置 1

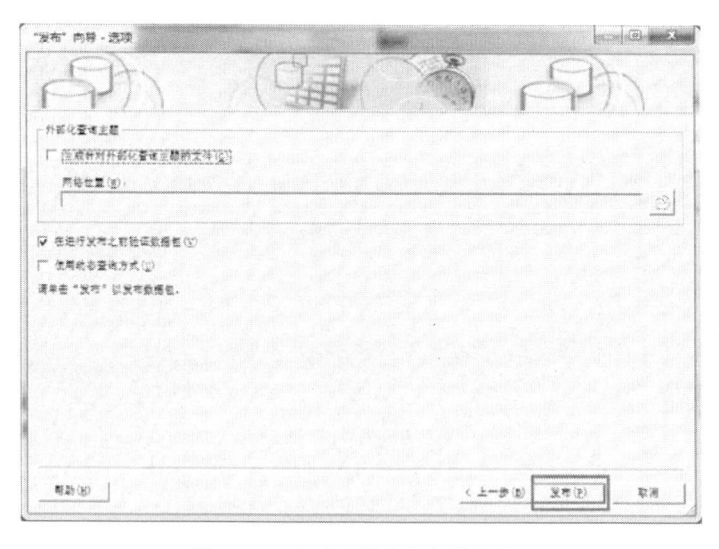

圖 5.182　完成「發布」向導設置 2

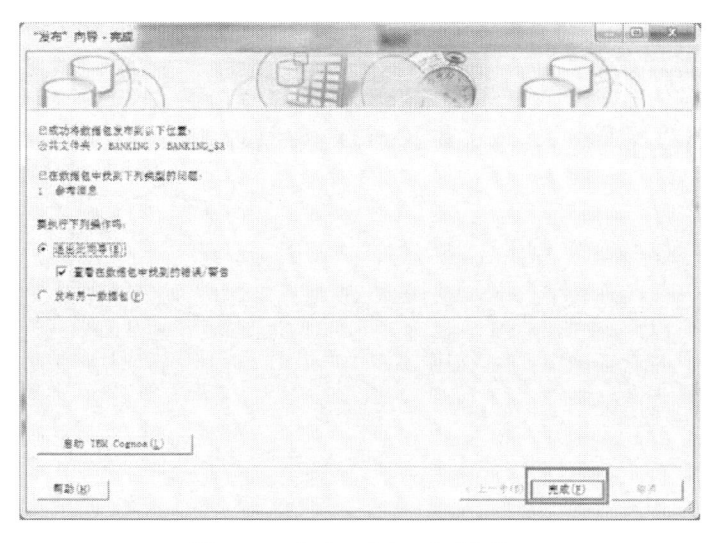

圖 5.183　完成「發布」向導設置 3

(三) 創建 Cognos BI 可視化報表

通過瀏覽器訪問：http://172.20.2.75/ibmcognos/。進入門戶後點擊「我的主頁」，如圖 5.184 所示。在公共文件夾>BANKING 下可以看到我們在 Framework Manger 中創建並發布的包「BANKING_SA」，接下來我們利用這個數據包進行簡單的報表開發。

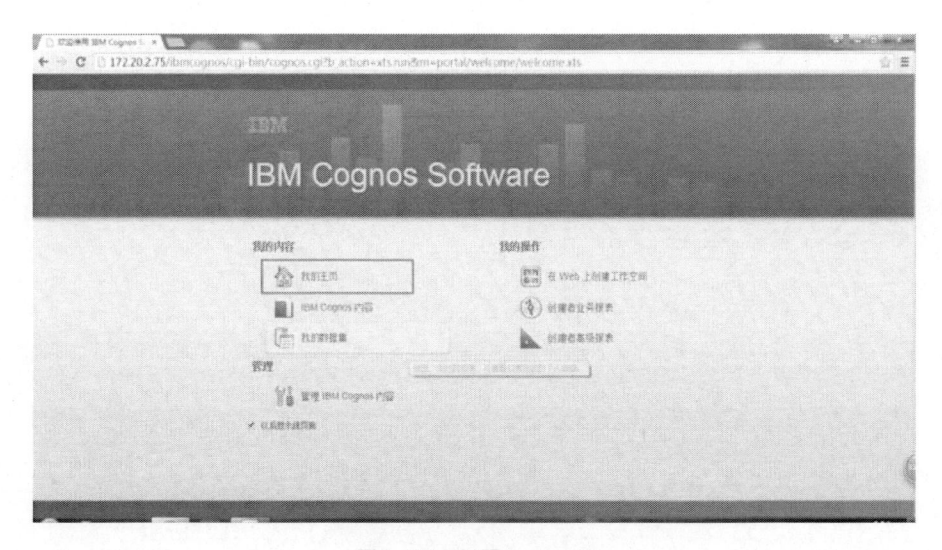

圖 5.184　打開 Cognos BI

（1）在右上角選擇「啓動」→「Report Studio」。如圖 5.185 所示。

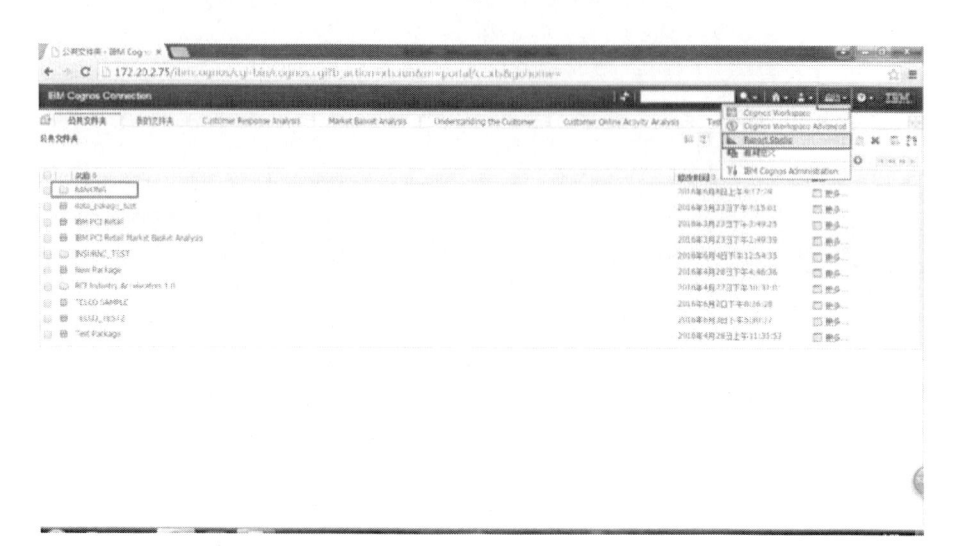

圖 5.185　查看數據包並啓動

（2）然後跳到「選擇數據包」頁面，在 Cognos>公共文件夾>BANKING 目錄下單擊「BANKING_SA」。如圖 5.186、圖 5.187 所示。

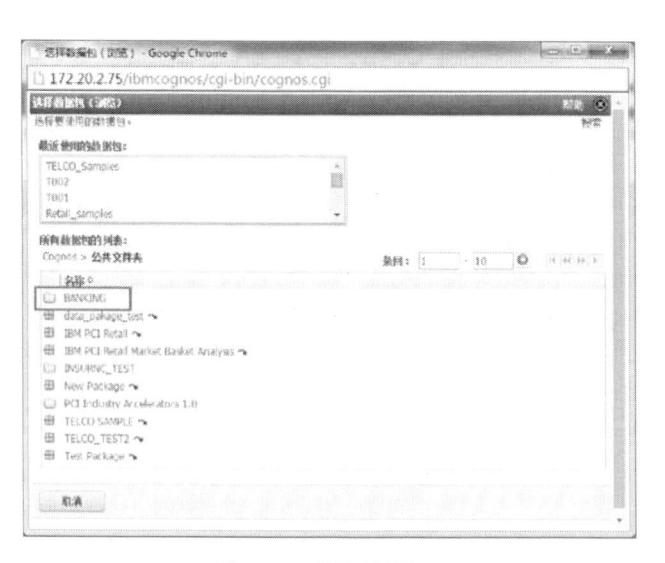

圖 5.186　選擇數據包 1

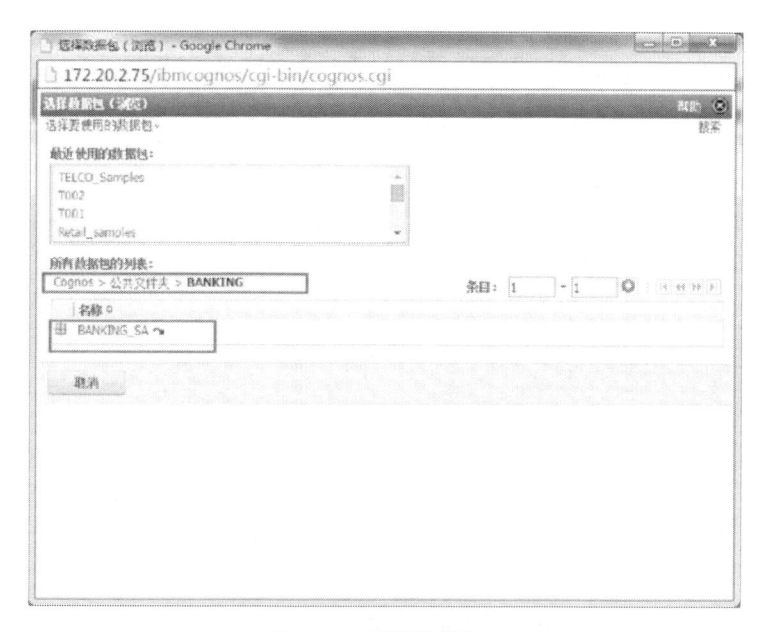

圖 5.187　選擇數據包 2

（3）進入 IBM Cognos Report Studio 主頁面，選擇「新建」。如圖 5.188 所示。

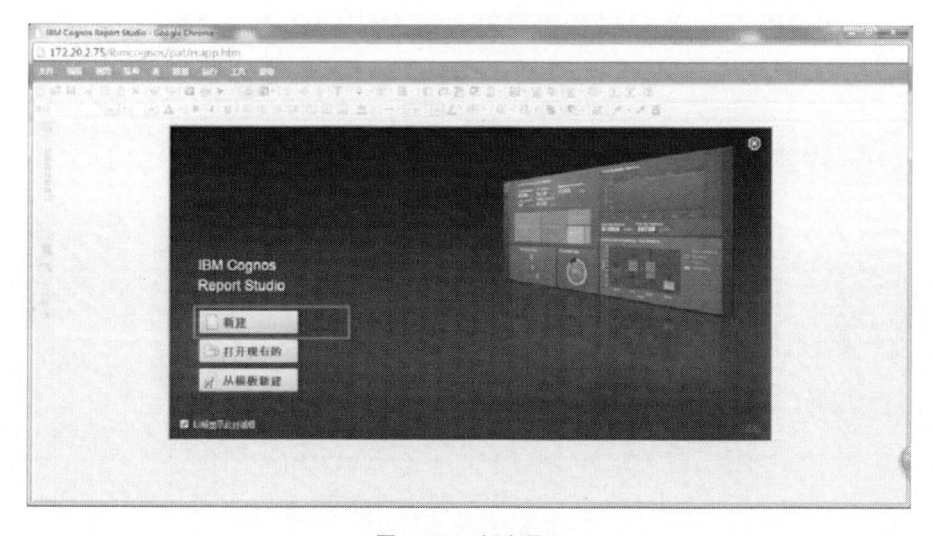

圖 5.188　新建項目

（4）新建一個「列表」，點擊「確定」。如圖 5.189 所示。

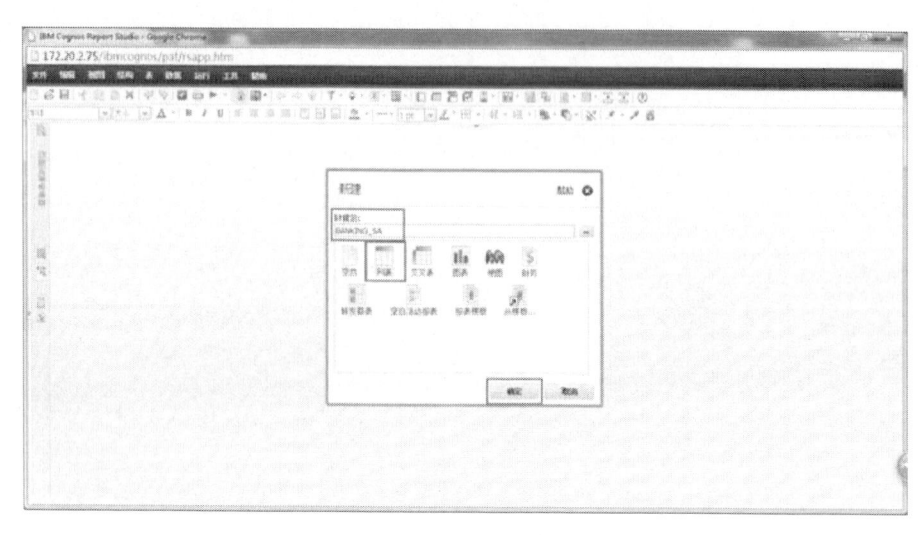

圖 5.189　新建列表

（5）在左側的可插入對象中，展開「database layer」目錄，再展開「Shortcut to BANKING_SA」，選擇對象，一個一個拖動到右邊的列表中。如圖 5.190 所示。

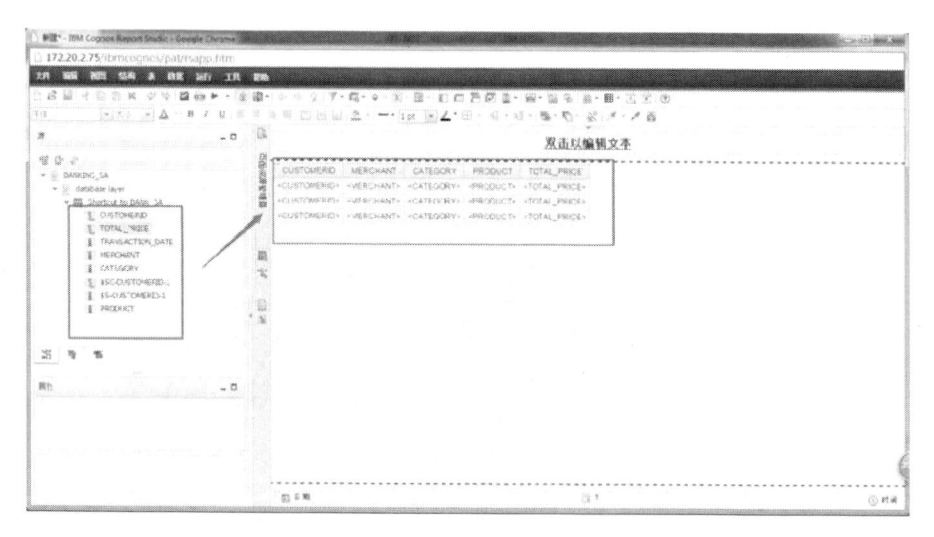

圖 5.190　新建列表

（6）在左側選項卡中，點擊「工具箱」，選擇「圖表」，並拖動到右邊報表頁中，選擇圖標樣式，點擊「確定」。如圖 5.191、圖 5.192 所示。

圖 5.191　新建圖表

圖 5.192　選擇圖標樣式

（7）在數據列中選擇想要呈現在圖表上的屬性拖動到圖表的相應屬性中，並點擊運行。如圖 5.193 所示。

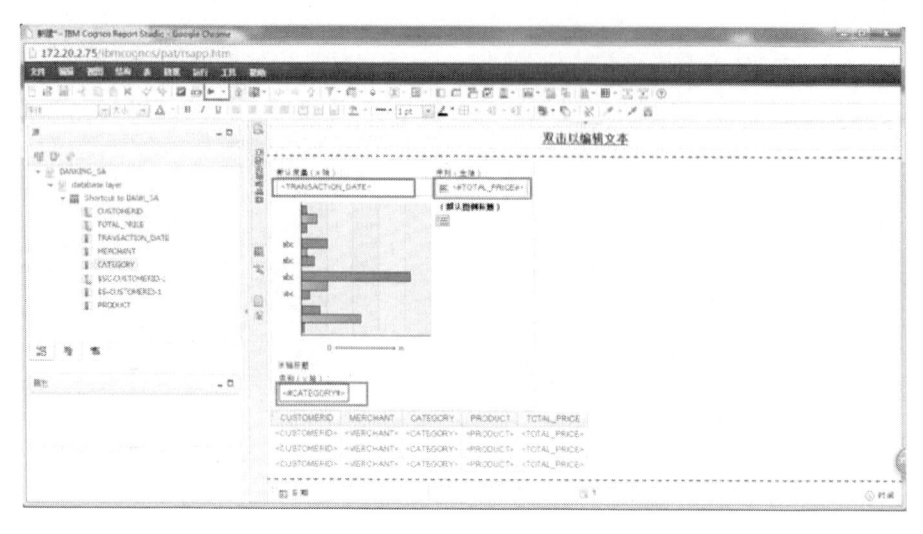

圖 5.193 設置 X、Y 軸

（8）點擊工具欄中的運行，一個簡單的報表就展現出來了，如圖 5.194 所示。根據本案例的模型和相關數據表，得出以下的圖表和報表結果。

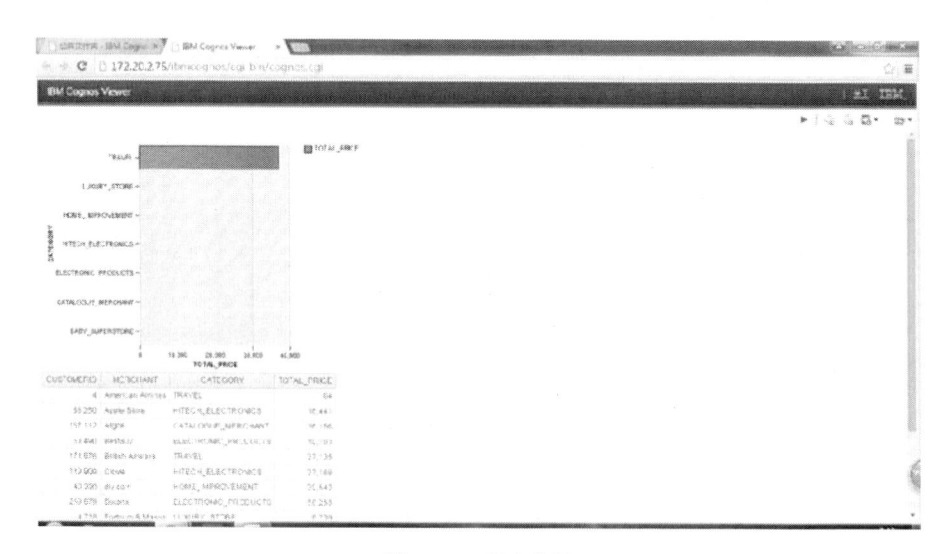

圖 5.194 報表呈現

圖表的結果顯示客戶購買的各類產品和購買的總價格之間的關係。
圖表下面的報表則顯示了客戶購買的產品、產品類型和總價格的情況。

附錄 A　使用報表的配置

IBM 的預測性客戶智能使用報表監測提供的各種提議或建議。

如果用戶使用 IBM 企業行銷管理（IBM Enterprise Marketing Management，EMM）作為推薦發生器，那麼數據來源於用於記錄提議的系統表。如果用戶使用 IBM 分析決策管理（IBM Analytical Decision Management）作為推薦發生器，那麼只有那些被提出的提議能在日誌表中找到。在這種情況下，如果用戶想要獲取接受和拒絕的信息，用戶可以創建自定義擴展呼叫中心或 Web 應用程序。

要配置使用報表，首先必須配置事件記錄，然後用戶必須填充預測性客戶智能數據庫。該步驟能否做到這一點取決於用戶使用的是企業行銷管理的推薦發生器還是分析決策管理的推薦發生器。

使用報表將作為示例安裝的一部分。欲瞭解更多信息，請參閱 Microsoft Windows 操作系統，或者適用於 Linux 操作系統的 IBM 預測性客戶智能安裝指南。IBM 提供的 IBM Knowledge Center 預測性客戶智能安裝指南（www.ibm.com/support/knowledgecenter/SSCJHT_1.0.1）。

預測性客戶智能數據庫表

IBM 的預測性客戶智能定制數據庫包含以下 11 個表和它們的屬性：

廣告活動

該活動主數據表中包含的報價屬於廣告活動，如下圖所示：

Colun	Data Type
CAMPAIGN_ID	INTEGER(4)
LANGUAGE_ID	INTEGER(4)
CAMPAIGN_CD	VARGRAPHIC(50)
CAMPAIGN_NAME	VARGRAPHIC(200)
CAMPAIGN_DESCRIPTION	VARGRAPHIC(500)
START_DATE	DATE(4)
END_DATE	DATE(4)

渠道

該渠道的主數據表中包含了與客戶之間的互動溝通渠道，如下圖所示：

Column	Data Type
CHANNEL_ID	INTEGER(4)
LANGUAGE_ID	INTEGER(4)
CHANNEL_CD	VARGRAPHIC(50)
CHANNEL_NAME	VARGRAPHIC(200)

索引查找

該索引查找主數據表包含外鍵,如下圖所示:

Column	Data Type
KEY_LOOKUP_ID	BIGINT(8)
TABLE_NAME	VARGRAPHIC(50)
KEY_LOOKUP_CD	VARGRAPHIC(50)

PCI 日曆

該 PCI_CALENDAR 主數據表包含日曆,如下圖所示:

Column	Data Type
PCI_DATE	DATE(4)
LANGUAGE_ID	INTEGER(4)
YEAR_NO	INTEGER(4)
MONTH_NO	INTEGER(4)
QUARTER_NO	INTEGER(4)
MONTH_NAME	VARGRAPHIC(20)
QUARTER_NAME	VARGRAPHIC(20)
WEEKDAY_NO	INTEGER(4)
WEEKDAY_NAME	VARGRAPHIC(10)
YEAR_CAPTION	VARGRAPHIC(10)
PERIOD_NO	INTEGER(4)
PERIOD_NAME	VARGRAPHIC(25)
WEEK_IN_PERIOD	INTEGER(4)
WEEK_IN_PERIOD_CAPTION	VARGRAPHIC(25)

PCI 語言

該 PCI_LANGUAGE 主數據表包含用於全球化的語言代碼,如下圖所示:

Column	Data Type
LANGUAGE_ID	INTEGER(4)
LANGUAGE_CD	VARGRAPHIC(50)
LANGUAGE_NAME	VARGRAPHIC(50)

PCI 時間

此主數據表包含時間,精確到秒,如下圖所示:

Column	Data Type
TIME_OF_DAY	TIME(3)
HOUR_NO	INTEGER(4)
HOUR_CAPTION	VARCHAR(5)
AM_OR_PM	VARGRAPHIC(25)
TIME_OF_DAY_TEXT	VARCHAR(50)

要約

該要約的事實表記錄了日期和時間提出的報價數量，如下圖所示：

Column	Data Type
CAMPAIGN_ID	INTEGER(4)
CHANNEL_ID	INTEGER(4)
LOG_DATETIME	TIMESTAMP(10)
LOG_DATE	DATE(4)
LOG_TIME	TIME(3)
OFFER_COUNT	INTEGER(4)

報價反饋

該報價反饋事實表記錄了按類型、日期和時間收到回覆的數量，如下圖所示：

Column	Data Type
CAMPAIGN_ID	INTEGER(4)
CHANNEL_ID	INTEGER(4)
RESPONSE_TYPE_ID	INTEGER(4)
LOG_DATETIME	TIMESTAMP(10)
LOG_DATE	DATE(4)
LOG_TIME	TIME(3)
OFFER_COUNT	INTEGER(4)

OFFER_TARGET_MONTH

該 OFFER_TARGET_MONTH 事實表中包含的紀錄是特定的年份中，按月份購買建議的數量，它需要在安裝期間就裝入軟件中。

通常在 OFFER_TARGET_MONTH 表中，每一行的十二分之一就是同年在 OFFER_TARGET_YEAR 中的建議，但該值可以被覆蓋。如下圖所示：

Column	Data Type
PURCHASE_YEAR	INTEGER(4)
PURCHASE_MONTH	INTEGER(4)
RECOMMENDATION_COUNT	INTEGER(4)

OFFER_TARGET_YEAR

該 OFFER_TARGET_YEAR 事實表中包含了今年購買建議的數量，如果需要的話，在安裝期間要將它裝入軟件中。如下圖所示：

Column	Data Type
PURCHASE_YEAR	INTEGER(4)
RECOMMENDATION_COUNT	INTEGER(4)

RESPONSE_TYPE

該 RESPONSE_TYPE 主數據表中包含響應類型的要約的範圍，如下圖所示：

Column	Data Type
RESPONSE_TYPE_ID	INTEGER(4)
LANGUAGE_ID	INTEGER(4)
RESPONSE_TYPE_CD	VARGRAPHIC(50)
RESPONSE_TYPE_NAME	VARGRAPHIC(200)

IBM 企業行銷管理中配置日誌記錄

如果用戶使用 IBM 企業行銷管理作為推薦發生器，並且使用 IBM 預測性客戶智能使用報表，用戶必須配置用於不同類別的事件日誌記錄。

關於此任務

溝通渠道可配置 IBM 企業行銷管理。配置部分包括設置不同類別的事件的記錄。獲取優惠的默認類別必須登錄為接受和拒絕。如果有用戶定義的類別為接受和拒絕，他們還必須設置日誌為接受或拒絕。

步驟：

1. 以管理員身分登錄到 IBM 廣告活動管理中心控製臺。
2. 選擇廣告活動，然後選擇互動渠道。
3. 選擇並編輯每個互動渠道：
（1）單擊事件標籤；
（2）選擇事件獲取優惠，接受或拒絕要約的任何其他用戶定義的事件；
（3）選擇登錄要約的，驗收記錄和日誌拒絕。

填充企業行銷管理中的預測性客戶智能數據庫

如果用戶使用的是 IBM 企業行銷管理的推薦發生器，則 IBM 預測性客戶智能使用報表的數據來自用於提供記錄的系統表。

IBM SPSS Collaboration and Deployment 配置日誌記錄

如果用戶使用的是 IBM 分析決策管理的推薦發生器，且正在使用 IBM 預測性客戶智能使用報表，那麼用戶不能得到廣告活動、渠道、客戶的提供或 IBM SPSS 數據庫表的反饋，而必須從另一個應用程式獲得該信息，然後作為輸入來決定模型是否可用於記錄。

在 SPSS 中配置事件日誌

用戶可以將 SPSS 中的日誌記錄配置為屬性級別。考慮以下幾點：

① 該通道必須輸入字段到模型，必須設立記錄。
② 該廣告活動必須輸入字段到模型，必須設立記錄。
③ 由儀表板所需，諸如廣告活動的任何其他尺寸，必須輸入和記錄模型的

輸出。

通過使用 IBM SPSS Deployment Manager 配置評分模型，用戶可以選擇記錄任何輸入或輸出領域。客戶數據決定什麼可用於記錄。

例如，對於電信示例中，選擇記錄以下字段：

. CALL_CENTER_RESPONSE
. DIRECT_MAIL_RESPONSE
. EMAIL_RESPONSE
. SMS_RESPONSE
. CURRENT_OFFER

選擇以下型號輸出：

. Campaign
. Offer
. Output-PredictedProfit
. Output-MaxOffersNum
. Output-MinProfit
　. Output-ProbToRespond
. Output-Revenue
. Output-Cost

欲瞭解更多信息，請參閱 IBM SPSS 部署管理器用戶指南（http://www-01.ibm.com/support/knowledgecenter/SS69YH_6.0.0/com.spss.mgmt.content.help/model_management/thick/idh_dlg_scoring_configuration_logging.html）。

從 IBM SPSS 中填充預測性客戶智能數據庫

如果用戶使用的是 IBM 分析決策管理作為 IBM 預測性客戶智能使用報表的推薦發生器，那麼可以在日誌表中找到只給出報價的數量。

在 IBM SPSS 中，存在用於信道、響應的類型、且沒有提供專用系統表。自定義數據庫表必須被用於信道、響應的類型和提供。

下表顯示了數據與 IBM 預測性客戶智能數據庫之間的映射，以及 IBM SPSS 數據庫表，如下圖所示：

Predictive Customer Intelligence Column	SPSS Column	Filters
CAMPAIGN_ID	Sequentially generated number	These are distinct rows because Campaigns do not repeat.
CAMPAIGN_CD	I.INPUT_VALUE	H.CONFIGURATION_NAME = 'name of model'; I.INPUT_NAME = 'campaign cd';
CAMPAIGN_NAME	I.INPUT_VALUE	H.CONFIGURATION_NAME = 'name of model'; I.INPUT_NAME = 'campaign name';

數據庫屬性的名字替換引號中的過濾器。

SPSS 視圖：
SPSSSCORE_V_LOG_HEADER AS H
Join
SPSSSCORE_V_LOG_INPUT AS I on H.SERIAL = I.SERIAL
　　如下圖所示：

Predictive Customer Intelligence Column	SPSS Column	Filters
CHANNEL_ID	Sequentially generated number	Distinct rows so channels do not repeat
CHANNEL_CD	I.INPUT_VALUE	H.CONFIGURATION_NAME = 'name of model';
		I.INPUT_NAME = 'channel cd';

對於映射到從 IBM SPSS 用於預測性客戶智能的 CHANNEL 表，映射到 IBM SPSS 中的自定義數據庫表，如下圖所示：

Predictive Customer Intelligence Column	SPSS Column	Filters
CHANNEL_NAME	I.INPUT_VALUE	H.CONFIGURATION_NAME = 'name of model';
		I.INPUT_NAME = 'channel name';

數據庫屬性的名字替換引號中的過濾器。
SPSS 視圖：
SPSSSCORE_V_LOG_HEADER AS H
Join
SPSSSCORE_V_LOG_INPUT AS I on H.SERIAL = I.SERIAL
　　對於預測性客戶智能要約的表映射到預測性客戶智能的 OFFER_MADE 表，映射到 IBM SPSS 中的自定義數據庫表，如下圖所示：

Predictive Customer Intelligence Column	SPSS Column	Filters
CHANNEL_ID *	I.INPUT_VALUE	H.CONFIGURATION_NAME = 'name of model';
		I.INPUT_NAME = 'channel cd';
CAMPAIGN_ID *	I.INPUT_VALUE	H.CONFIGURATION_NAME = 'name of model';
		I.INPUT_NAME = 'campaign cd';
OFFER_COUNT	Count (distinct H.STAMP)	H.CONFIGURATION_NAME = 'name of model';
		I.INPUT_NAME = 'channel cd';
LOG_DATETIME	H.STAMP	H.CONFIGURATION_NAME = 'name of model';
		I.INPUT_NAME = 'channel cd';

預測性客戶智能標有 * 的列包含轉換是從查找 ID 到 CD。數據庫屬性的名字替換引號中的過濾器。

SPSS 視圖：

SPSSSCORE_V_LOG_HEADER AS h

join SPSSSCORE_V_LOG_OUTPUT on h.SERIAL = o.SERIAL

left outer join dbo.SPSSSCORE_V_LOG_INPUT li

on h.SERIAL = li.serial

預測性客戶智能報價反饋表，如下圖所示：

Predictive Customer Intelligence Column
CHANNEL_ID
CAMPAIGN_ID
RESPONSE_ID

Predictive Customer Intelligence Column
OFFER_COUNT
LOG_DATETIME

用戶不能得到來自 IBM 分析決策管理的反饋。客戶響應、客戶反饋必須從渠道應用，通過使用自定義代碼加載。

對於預測性客戶智能 RESPONSE_TYPE 表映射到 IBM SPSS 自定義數據庫表，如下圖所示：

Predictive Customer Intelligence Column	SPSS Column	Filters
RESPONSE_TYPE_ID	Sequentially generated number	Distinct rows so Response Types do not repeat
RESPONSE_TYPE_CD	I.INPUT_VALUE	H.CONFIGURATION_NAME = 'name of model';
		I.INPUT_NAME = 'response type cd';
RESPONSE_TYPE_NAME	I.INPUT_VALUE	H.CONFIGURATION_NAME = 'name of model';
		I.INPUT_NAME = 'response type name';

IBM SPSS 視圖：

SPSSSCORE_V_LOG_HEADER AS H

join SPSSSCORE_V_LOG_INPUT AS I on H.SERIAL = I.SERIAL

附錄 B 故障排除問題

故障排除是指用一種系統的方法來解決問題。排除故障的目的是確定為什麼不如預期，以及解決問題的東西為何不起作用。

查看下表來幫助用戶或客戶支持解決一個問題。

故障排除操作和說明

操作	介紹
一個產品修復可能適用解決用戶的問題	適用於所有已知的修訂包、服務水平或程序臨時性修改（PTF）
從 IBM 支持門戶網站選擇產品，然後輸入錯誤信息代碼到搜索框支持查找錯誤信息（http://www.ibm.com/support/entry/portal/）	錯誤信息能反應出重要的信息，以幫助用戶確定導致問題的組件
重現該問題，以確保它不只是一個簡單的錯誤	如果示例可用於產品，用戶可以嘗試使用示例數據來重現問題
確保成功地完成安裝	安裝位置必須包含適當的文件結構和文件的權限
查看所有相關文件，包括發行說明、技術說明和證明行之有效的做法的文檔	搜索 IBM Knowledge Center，以確定用戶的問題是否已知，或者查看問題是否已經解決和記錄
查看計算環境中的最新變化	有時，安裝新軟件可能會導致兼容性問題

如果表中的項目並沒有引導用戶成功解決問題，則可能需要收集診斷數據，作為 IBM 技術支持的代表，以協助用戶有效地解決問題為己任。用戶還可以收集診斷數據，並自己分析這個數據是否是必要的。

故障排除資源

故障排除資源是信息的來源，可以幫助用戶解決在使用 IBM 產品時出現的問題。

支持門戶

IBM 支持門戶是所有 IBM 系統、軟件和服務的所有技術支持工具和信息的統一的集中視圖。

通過 IBM 支持門戶，用戶可以訪問所有 IBM 支持資源地點，訂制頁面專用信

息和資源。如果用戶想要更快地解決問題，可以通過觀看演示視頻熟悉 IBM 支持門戶，其網址為：

https://www.ibm.com/blogs/SPNA/entry/the_ibm_support_portal_videos。

從 IBM 支持門戶網站找到用戶需要選擇的產品內容，其網址為：

http://www.ibm.com/support/entry/portal。

連接 IBM 支持之前，用戶需要收集診斷數據（系統信息、症狀、日誌文件、跟蹤等）所需要解決的一個問題。收集這些信息將有助於故障排除過程，幫助用戶熟悉並節省用戶的時間。

服務需求

服務需求也被稱為問題管理報告（PMRs），有多種方法提交診斷信息和 IBM 軟件技術支持。

需要打開一個 PMR 或者「與技術支持」，以交換信息，請查看「與技術支持」頁面中的 IBM 軟件支持交換信息。

修復中心

修復中心可以為系統的軟件、硬件和操作系統安裝補丁和更新。

使用下拉菜單導航到在修訂修復中心的產品修復（http://www.ibm.com/systems/support/fixes/en/fixcentral/help/getstarted.html）。用戶可能還需要查看修復中心的幫助。

IBM developerWorks

IBM developerWorks 提供具體的技術環境中經過驗證的技術信息。

IBM 紅皮書

IBM 紅皮書的開發由 IBM 國際技術支持組織——ITSO 出版。

IBM 紅皮書（http://www.redbooks.ibm.com）

提供有關安裝、配置和解決方案實施等主題的深入指導。

軟件支持和 RSS 源

IBM 軟件支持 RSS 源是用於監測加入網站的新內容的快速、簡單、輕便的格式。

用戶下載一個 RSS 閱讀器或瀏覽器插件後，可以訂閱 IBM 的產品資訊（https://www.ibm.com/software/support/rss）。

日誌文件

日誌文件可以幫助用戶通過記錄用戶在使用產品時所發生的活動，解決問題。

錯誤信息

問題的第一個跡象往往是報出錯誤信息。通過錯誤信息，可以確定問題產生的原因，因而錯誤信息是有幫助的信息。

附錄 C　術語解釋

　　(1) 客戶關係管理系統（CRM）：是利用信息科學技術，實現市場行銷、銷售、服務等活動自動化，使企業能更高效地為客戶提供滿意、周到的服務，以提高客戶滿意度、忠誠度為目的的一種管理經營方式。

　　(2) 企業行銷管理系統（EMM）：企業移動管理是企業在移動信息化營運過程中，可以借助的重要的管理平臺，以完成對企業應用的部署、管控。

　　(3) 應用程序編程接口（API）：一些預先定義的函數，目的是提供應用程序與開發人員基於某軟件或硬件得以訪問一組例程的能力，且無需訪問源碼或理解內部工作機制的細節。

　　(4) IBM 商業智能：通過在內部或在雲端部署企業平臺，幫助企業獲得敏捷性、更快地實現發展，並取得成功。

　　(5) 客戶流失：現代公司通過計算一位客戶一生能為公司帶來多少銷售額和利潤來衡量客戶價值。

　　(6) 客戶流失率：指客戶的流失數量與全部消費產品或服務客戶的數量的比例。它是客戶流失的定量表述，是判斷客戶流失的主要指標，直接反應了企業經營與管理的現狀。

　　(7) 客戶細分：企業在明確的戰略業務模式和特定的市場中，根據客戶的屬性、行為、需求、偏好以及價值等因素對客戶進行分類，並提供有針對性的產品、服務和銷售模式。客戶細分按照客戶的外在屬性分層。通常這種分層最簡單直觀，數據也很容易得到。

　　(8) 業務規則（BR）：與業務相關的操作規範、管理章程、規章制度、行業標準等。

　　(9) 市場購物籃分析模型：用來識別當前客戶在未來可能的收購。

　　(10) 客戶終身價值（Customer Lifetime Value）：又稱客戶生涯價值，指每個購買者在未來可能為企業帶來的收益總和。

　　(11) 數據流：使用 IBM SPSS Modeler 進行數據挖掘時，一系列數據節點的運行過程。

　　(12) 淨推薦值（Net Promoter Score）：又稱淨促進者得分、口碑，是計量某個客戶將會向其他人推薦某個企業或服務可能性的指數。它是最流行的客戶忠誠度分析指標，專注於客戶口碑如何影響企業成長。通過密切跟蹤淨推薦值，企業

可以讓自己更加成功。

（13）CHAID 分析：一種敏感而直觀的細分方法。它根據細分基礎變量與因變量之間的關係，先將受訪者分成幾組，然後每組再分成幾組。因變量通常是一些關鍵指標，如使用水平、購買意向等。

（14）決策樹（Decision Tree）：在已知各種情況發生概率的基礎上，通過構成決策樹來求取淨現值的期望值大於等於零的概率，評價項目風險，判斷其可行性的決策分析方法，是直觀運用概率分析的一種圖解法。

（15）迴歸分析（Regression Analysis）：確定兩種或兩種以上變量間相互依賴的定量關係的一種統計分析方法。

（16）客戶滿意度 CSR（Consumer Satisfactional Research）：也叫客戶滿意指數，是對服務性行業的客戶滿意度調查系統的簡稱，是一個相對的概念，是客戶期望值與客戶體驗的匹配程度。換言之，就是客戶通過對一種產品可感知的效果與其期望值相比較後得出的指數。

（17）自動數據準備（Automatic Data Processing）：美國自動數據處理公司定期發布的就業人數數據，在美國屬於比較權威的數據。

（18）呼叫中心：充分利用現代通信與計算機技術，如 IVR（交互式語音 800 呼叫中心流程應答系統）、ACD（自動呼叫分配系統）等，可以自動靈活地處理大量各種不同的電話呼入和呼出業務和服務的營運操作場所。

（19）價格敏感度（Price-Sensitive）：表示為客戶需求彈性函數，即由於價格變動引起的產品需求量的變化。

（20）網站分析（Web Analytics）：一種對網站訪客行為的研究。在商務應用背景下，網站分析指從某網站搜集來的資料的使用，以決定網站佈局是否符合商業目標。例如，哪個登錄頁面（Landing Page）比較容易刺激客戶的購買欲。

（21）生產線：產品生產過程所經過的路線，即從原料進入生產現場開始，經過加工、運送、裝配、檢驗等一系列生產線活動所構成的路線。

（22）K 均值聚類算法：先隨機選取 K 個對象作為初始的聚類中心，然後計算每個對象與各個種子聚類中心之間的距離，把每個對象分配給距離它最近的聚類中心。聚類中心以及分配給它們的對象就代表一個聚類。一旦全部對象都被分配了，每個聚類的聚類中心會根據聚類中現有的對象被重新計算。這個過程將不斷重複直到滿足某個終止條件。終止條件可以是沒有（或最小數目），對象被重新分配給不同的聚類，沒有（或最小數目）聚類中心再發生變化，誤差平方和局部最小。

（23）聚類分析：將物理或抽象對象的集合分組為由類似的對象組成的多個類的分析過程。它是一種重要的人類行為。

（24）Apriori 算法：一種挖掘關聯規則的頻繁項集算法，其核心思想是通過候選集生成和情節的向下封閉檢測兩個階段來挖掘頻繁項集。而且算法已經被廣泛地應用到商業、網路安全等各個領域。

（25）貝葉斯分類算法：統計學的一種分類方法，它是一類利用概率統計知識進行分類的算法。

（26）可擴展標記語言（XML）：標準通用標記語言的子集，是一種用於標記電子文件並使其具有結構性的標記語言。

（27）XQuery：等於 XML Query，是 W3C 所制定的一套標準，用來從類 XML（標準通用標記語言的子集）文檔中提取信息，類 XML 文檔，可以理解成一切符合 XML 數據模型和接口的實體，他們可能是文件或 RDBMS。

（28）URI（Uniform Resource Identifier）：在電腦術語中，被稱為統一資源標示符，是一個用於標示某一互聯網資源名稱的字符串。該種標示允許用戶對任何（包括本地和互聯網）資源通過特定的協議進行交互操作。

（29）主數據（MD Master Data）：指系統間共享數據（例如客戶、供應商、帳戶和組織部門相關數據）。

（30）閾值：又叫臨界值，指一個效應能夠產生的最低值或最高值。

（31）文本分析法：從文本的表層深入到文本的深層，從而發現那些不能為普通閱讀所把握的深層意義。

（32）貝葉斯網路：一種概率網路，它是基於概率推理的圖形化網路，而貝葉斯公式則是這個概率網路的基礎。貝葉斯網路是基於概率推理的數學模型。所謂概率推理就是通過一些變量的信息來獲取其他的概率信息的過程，基於概率推理的貝葉斯網路（Bayesian Network）是為了解決不定性和不完整性問題而提出的，它對於解決由複雜設備的不確定性和關聯性引起的故障有很大的優勢，在多個領域中獲得廣泛應用。

（33）交叉銷售：借助 CRM（客戶關係管理）發現客戶的多種需求，並通過滿足其需求而銷售多種相關服務或產品的一種新興行銷方式。

（34）向上銷售：也稱為增量銷售，根據既有客戶過去的消費喜好，提供更高價值的產品或服務，刺激客戶做更多的消費。如向客戶銷售某一特定產品或服務的升級品、附加品或者其他用以加強其原有功能或者用途的產品或服務。這裡的特定產品或者服務必須具有可延展性，追加的銷售標的與原產品或者服務相關甚至相同，有補充、加強或者升級的作用。例如汽車銷售公司向老客戶銷售新款車型，促使老客戶對汽車更新換代。

（35）PMML：全稱預言模型標記語言（Predictive Model Markup Language），利用 XML 描述和存儲數據挖掘模型，是一個已經被 W3C 所接受的標準。MML 是一種基於 XML 的語言，用來定義語言模型。

（36）門戶站（Portal）：又稱為網路門戶，是一個漢語詞彙，原意是指正門、房屋的出入口，現多用於互聯網的門戶網站，指集成了多樣化內容服務的 Web 站點。

（37）元數據（Metadata）：又稱仲介數據、中繼數據，是描述數據的數據（data about data），主要是描述數據屬性（Property）的信息，用來支持如指示存儲位置、歷史數據、資源查找、文件記錄等功能。

（38）CPF（引導文件）：Cognos 的 Framework Manager 生成的引導文件，引用定義工程的相關 xml 和 xsd 文件。

（39）交叉表（Cross Tabulations）：一種常用的分類匯總表格。

附錄 D　資料來源

（1）DB2 & Data Studio：簡介與使用說明，使用 IBM Data Studio 管理數據庫的最佳實踐，例如，對一個表的數據進行導出操作，在多分區數據庫上的分區組上創建表空間。

http：//www.ibm.com/developerworks/cn/data/library/techarticle/dm－1209neir/index.html

（2）SPSS Modeler：簡介和使用說明，數據挖掘產品 IBM SPSS Modeler 新手使用入門指導，詳細介紹其基本操作，通過典型的數據挖掘算法介紹使用 SPSS Modeler 進行數據挖掘的基本流程，以及 SPSS Modeler 強大的自動建模功能，瞭解如何使用 Modeler 去應用已有的數據挖掘知識進行建模，也可使用自動建模功能產生專業的預測模型。

http：//www.ibm.com/developerworks/cn/data/library/techarticle/dm－1103liuzp/

（3）Cognos：簡介和使用說明，比如安裝、製作第一張交互式離線報表。

http：//www.ibm.com/developerworks/cn/views/data/libraryview.jsp?search_by=%E4%BD%93%E9%AA%8C%E9%AD%85%E5%8A%9B+Cognos+BI+10+%E7%B3%BB%E5%88%97

（4）預測性客戶分析大數據時代背景。

http：//www.ibm.com/support/knowledgecenter/search/%E9%A2%84%E6%B5%8B%E6%80%A7%E5%AE%A2%E6%88%B7%E5%88%86%E6%9E%90%E7%9A%84%E5%A4%A7%E6%95%B0%E6%8D%AE%E6%97%B6%E4%BB%A3

（5）從 IBM AnalyticsZone 下載 IBM 預測客戶情報使用情況報告。

http：//www.ibm.com/analyticszone

（6）從 IBM AnalyticsZone 下載行業加速器。

http：//www.ibm.com/analyticszone

（7）有關連接到數據源方面的其他信息和疑難解答提示，請參閱 SPSS Modeler 文檔。

http：//www.ibm.com/support/knowledgecenter/SS3RA7_16.0.0

（8）培訓預測模型：必須定期用新的數據集對模型進行再次培訓，以調整改變行為模式。有關使用 IBM SPSS Modeler 的信息，請參閱 IBM SPSS Modeler 幫助。

http://www.ibm.com/support/knowledgecenter/SS3RA7_16.0.0/com.ibm.spss.modeler.help/clementine/entities/clem_family_overview.htm?lang=en

（9）評分模型，有關詳細信息，請參閱 IBM SPSS 協作和部署服務部署管理器用戶指南。

http://www.ibm.com/support/knowledgecenter/SS69YH_6.0.0/com.spss.mgmt.content.help/model_management/thick/scoring_configuration_overview.html

（10）創建業務規則，更多的信息，請參閱 IBM 分析決策管理應用程序用戶指南。

http://www.ibm.com/support/knowledgecenter/SS6A3P_8.0.0/com.ibm.spss.dm.userguide.doc/configurableapps/dms_define_rules.htm

（11）部署應用程序，有關詳細信息，請參閱 IBM SPSS 協作和部署服務。

http://www.ibm.com/support/knowledgecenter/SS69YH_6.0.0/com.spss.mgmt.content.help/model_management/_entities/whatsnew_overview_thick.html?cp=SS69YH_6.0.0%2F5

（12）疑難解答資源
①門戶網站
通過查看演示視頻熟悉 IBM 支持門戶網站。
https://www.ibm.com/blogs/SPNA/entry/the_ibm_support_portal_videos
找到所需內容，需要從 IBM 支持門戶網站中選擇用戶的產品。
http://www.ibm.com/support/entry/portal
②服務請求
若要打開 PMR 或「與技術支持交換信息」，通過技術支持頁面查看 IBM 軟件支持交換信息。
http://www.ibm.com/software/support/exchangeinfo.html
③解決中心
使用下拉式菜單導航到用戶的產品修補程序修復中心。
http://www.ibm.com/systems/support/fixes/en/fixcentral/help/getstarted.html
④IBM 專區
作為故障排除的資源，專區提供最流行的做法，包括視頻和其他信息。
http://www.ibm.com/developerworks
⑤IBM 紅皮書
提供有關安裝和配置以及解決方案的實施等方面的深入指導。
http://www.redbooks.ibm.com
⑥軟件支持和 RSS 源
下載 RSS 閱讀器或瀏覽器插件之後，可以在 IBM 軟件支持 RSS 源訂閱 IBM 產品源。
https://www.ibm.com/software/support/rss
（13）行業加速器報告，更多的信息，請參閱 IBM Cognos 報告工作室用戶指南。

http：//www.ibm.com/support/knowledgecenter/SSEP7J_10.2.1/com.ibm.swg.ba.cognos.ug_cr_rptstd.10.2.1.doc/c_rs_introduction.html

（14）可以通過使用框架管理器修改報告的元數據。更多的信息，請參閱 IBM Cognos 框架管理器用戶指南。

http：//www.ibm.com/support/knowledgecenter/SSEP7J_10.2.1/com.ibm.swg.ba.cognos.ug_fm.10.2.1.doc/c_ug_fm_introduction.html%23ug_fm_Introduction

（15）修改數據模型，有關修改或創建框架管理器模型的信息，請參閱 IBM Cognos 框架管理器用戶指南，也可以在 IBM 知識中心搜尋。

http：//www.ibm.com/support/knowledgecenter/SSEP7J_10.2.1/com.ibm.swg.ba.cognos.cbi.doc/welcome.html

（16）模型的數據源，有關這些數據源的功能的詳細信息，請參閱 IBM SPSS Modeler 幫助。

http：//www.ibm.com/support/knowledgecenter/SS3RA7_16.0.0/com.ibm.spss.modeler.help/clementine/entities/clem_family_overview.htm

（17）配置 IBM SPSS 流。更多的信息，請參閱 IBM SPSS Modeler 幫助。

http：//www-01.ibm.com/support/knowledgecenter/SS3RA7_16.0.0/com.ibm.spss.modeler.help/clementine/buildingstreams_container.htm？lang=en

添加配置的流到 IBM 協作和部署服務的存儲庫文件，並配置得分服務。更多的信息，請參閱 IBM SPSS 協作和部署服務用戶指南。

http：//www01.ibm.com/support/knowledgecenter/SS69YH_6.0.0/com.spss.mgmt.content.help/model_management/thick/scoring_configuration_overview.html？lang=en

（18）Cognos 報告工作室是報表設計和創作工具。報告作者可以使用報告工作室創建、編輯和分發範圍廣泛的專業報告。更多的信息，請參閱 IBM Cognos 報告工作室用戶指南。

http：//www.ibm.com/support/knowledgecenter/SSEP7J_10.2.1/com.ibm.swg.ba.cognos.ug_cr_rptstd.10.2.1.doc/c_rs_introduction.html

（19）有關如何使用報告工作室的詳細信息，請參閱 IBM Cognos 報告工作室用戶指南，可以從 IBM 知識中心獲得本用戶指南。

http：//www.ibm.com/support/knowledgecenter/SSEP7J_10.2.1/com.ibm.swg.ba.cognos.ug_cr_rptstd.10.2.1.doc/c_rs_introduction.html

國家圖書館出版品預行編目(CIP)資料

大數據分析與應用基於IBM客戶預測性智能平台 / 寒潔 主編.
-- 第一版.-- 臺北市：崧博出版：崧燁文化發行, 2018.09

面； 公分

ISBN 978-957-735-444-0(平裝)

1.顧客服務 2.市場分析 3.資料庫管理系統

496.7029　　107015099

書　名：大數據分析與應用基於IBM客戶預測性智能平台
作　者：寒潔 主編
發行人：黃振庭
出版者：崧博出版事業有限公司
發行者：崧燁文化事業有限公司
E-mail：sonbookservice@gmail.com
粉絲頁　　　　　　　網　址：
地　址：台北市中正區重慶南路一段六十一號八樓 815 室
8F.-815, No.61, Sec. 1, Chongqing S. Rd., Zhongzheng Dist., Taipei City 100, Taiwan (R.O.C.)
電　話：(02)2370-3310　傳　真：(02) 2370-3210
總經銷：紅螞蟻圖書有限公司
地　址：台北市內湖區舊宗路二段 121 巷 19 號
電　話：02-2795-3656　傳真：02-2795-4100　網址：
印　刷：京峯彩色印刷有限公司（京峰數位）

　　本書版權為西南財經大學出版社所有授權崧博出版事業有限公司獨家發行
　　電子書繁體字版。若有其他相關權利及授權需求請與本公司聯繫。

定價：400 元

發行日期：2018 年 9 月第一版

◎ 本書以POD印製發行